U0146525

Word

经典应用实例

实例

 墨思客工作室 编

 化学工业出版社

·北京·

Word 2007 是 Microsoft 公司推出的 Microsoft Office System 2007 办公套件产品中最主要的组件之一，Word 在文字处理领域被广泛应用于各种办公和日常事务处理中。针对初、中级学者的需求，本书以通俗易懂的语言、翔实生动的操作案例，全面讲解了 Word 2007 的具体使用方法。本书共由四篇组成，分别为行政篇、商务篇、排版篇和个人篇，从不同的角度全方位地对 Word 文档的制作进行了细致深入的讲解，不仅可以帮助读者有效地牢记制作 Word 文档的技巧和方法，同时学习到专业的 Word 文档的设计技巧，从而大幅地提高自己的设计能力。本书中所有实例或素材文件可以到化学工业出版社官方网站下载页面免费下载。

本书不仅适合初学者，也适合对 Word 已经有一定了解的中级用户，还可作为各类学校的培训教材或参考书。

图书在版编目（CIP）数据

Word 经典应用实例 / 墨思客工作室编. —北京：
化学工业出版社，2009.3
ISBN 978-7-122-04756-4

Ⅰ. W… Ⅱ. 墨… Ⅲ. 文字处理系统，Word
Ⅳ. TP391.12

中国版本图书馆 CIP 数据核字（2009）第 017445 号

责任编辑：瞿　微　　　　　　　　装帧设计：王晓宇
责任校对：陶燕华

出版发行：化学工业出版社（北京市东城区青年湖南街 13 号　邮政编码 100011）
印　　装：三河市延风印装厂
787mm×1092mm　1/16　印张 20¼　彩插 2　字数 502 千字　2009 年 3 月北京第 1 版第 1 次印刷

购书咨询：010-64518888（传真：010-64519686）　　售后服务：010-64518899
网　　址：http://www.cip.com.cn

定　　价：33.00 元

前　言

　　Word 2007 是 Microsoft 公司推出的 Microsoft Office System 2007 办公套件产品中最主要的组件之一，Word 在文字处理领域被广泛应用于各种办公和日常事务处理中。与先前的各个 Word 版本相比，Word 2007 突出"以人为本"的理念，除了使用更加漂亮的界面外，在操作方式、功能菜单等诸多方面都有了很大的更新。

　　Word 无疑是当今各行业办公中处理日常工作所使用频率最高的工具之一，熟练使用 Word 软件，将大大提高我们的工作效率。但据业内人士分析，大约 80% 的用户只使用了约 20% 的软件功能，这是因为用户需要有人帮助他们了解和掌握 Word 中一些比较深入的、高级的功能。本书正是站在这个角度上，结合实际办公、商务、排版以及个人的需要，给出了大量操作性极强的精美实例，通过一些详细操作步骤讲解，结合相应的效果图，引导读者在一步步的操作中，有目的地练习和掌握相关技巧和方法，以期"授人以鱼"的同时能"授人以渔"。

　　本书主要有以下 3 大特色。

◆　**实例经典　内容全面　实战性强**　本书中的每一个实例都是由各个企业、公司、排版和生活中最常用的文档精选改编而成的，针对性强，专业水平高，在工作和学习中都具有代表性，而且用户稍加修改就可以应用到工作或者生活中，从而极大地提高了工作效率。

◆　**专业设计　赏心悦目　表现力强**　本书配套文档的配图与配色都由专业的设计师设计，根据不同的应用方向提供了多种专业配色方案，同时通过学习和应用本书中高水平的 Word 文档设计，可以大幅度地提高读者的设计感觉和表现能力。

◆　**一步一图　图文共举　快速上手**　在介绍实际应用案例的过程中，每一个操作步骤之后均附上对应的图形，并且在图形上注有操作的标注，这种图文结合的方法，便于读者在学习的过程中直观、清晰地掌握操作的效果，易于读者快速理解上手。

　　本书共由四篇组成，分别为行政篇、商务篇、排版篇和个人篇，从不同的角度全方位地对 Word 文档的制作进行了细致深入的讲解，可以帮助读者有效地牢记制作 Word 文档的技巧和方法，同时学习到专业的 Word 文档的设计技巧，从而大幅地提高自己的设计能力。

　　本书由墨思客工作室金卫臣、贾敏编，同时还有冯梅、程明、王莹芳、闫永莉、邱雅莉、吴立娟等人也参加了编写工作。虽然本书在编写过程中编者未敢稍有疏虞，但书中不尽如人意之处仍在所难免，诚请本书的读者提出意见或建议，以便修订并使之更臻完善。

编　者

2008 年 12 月

目　录

第1篇　面面俱到 行政篇

实例1涉及的主要知识点：
◇ 页边距的设置
◇ 文本的输入
◇ 字体的设置
◇ 设置文本段落格式
◇ 在文档中插入日期

实例2涉及的主要知识点：
◇ 插入表格
◇ 设置表样式
◇ 合并单元格
◇ 拆分单元格
◇ 输入并设置文本
◇ 设置表格边框

实例3涉及的主要知识点：
◇ 设置纸张大小和方向
◇ 形状与图片的插入和设置
◇ 设置文本格式
◇ 项目符号的插入与编辑
◇ 为文本设置分栏效果

第 2 篇　我最闪亮 商务篇

实例 9 涉及的主要知识点：
- 艺术字的插入和三维效果的设置
- 圆角矩形的绘制和形状样式、三维效果的设置
- 圆形的绘制和自选图形格式的设置
- 图片的插入与效果设置
- 肘形连接符的绘制

实例 10 涉及的主要知识点：
- 页面颜色和页面边框的设置
- 在页眉和页脚编辑区中插入图片
- 文本的输入和间距的设置
- 图、表的插入和设置

实例 11 涉及的主要知识点：
- 图片的插入和设置
- 形状的绘制和调整
- 艺术字的创建和设置
- 三维效果的创建
- 文本框的插入
- 文本的设置

第 3 篇　锦上添花 排版篇

实例 16 涉及的主要知识点：
✧ 形状的插入和设置
✧ 任意多边形的插入和顶点的编辑
✧ 自由曲线图形的插入和顶点的编辑
✧ 文本格式的编辑和项目符号的设置

实例 17 涉及的主要知识点：
✧ 页面大小和页边距的设置
✧ 对页面进行图案填充
✧ 形状的插入和设置
✧ 艺术字的创建和设置
✧ 图片的插入和设置
✧ 文本框的插入和设置
✧ 文本格式的编辑

实例 18 涉及的主要知识点：
✧ 页面分栏的设置
✧ 形状的插入和设置
✧ 图片的插入和设置
✧ 剪贴画的插入和设置
✧ 文本框的插入和设置
✧ 文本格式的编辑和设置

第 4 篇　我的地盘 个人篇

实例 19 涉及的主要知识点：
- ✧　设置纸张大小和方向
- ✧　设置页边距
- ✧　创建和设置表格
- ✧　插入和设置图片、艺术字
- ✧　文档缩进和对齐网格的设置

实例 20 涉及的主要知识点：
- ✧　对页面边框进行设置
- ✧　形状的插入和设置
- ✧　图片的插入和设置
- ✧　文本框的插入和设置
- ✧　文本格式的编辑和设置
- ✧　阴影效果的设置

第 1 篇

面面俱到 行政篇

本篇导读

　　Word 2007 是 Microsoft Office 2007 办公软件套装中的核心部分之一，也是应用最为广泛的文字处理软件，在日常行政办公中对文档的编辑和排版有着无可替代的重要性。随着多年来软件版本的不断更新，Word 的功能日趋完善。最新的 Word 2007 更是在使用功能和操作界面方面做了很大的改进，使用它可以大大地提高日常行政办公的工作效率，从而可以更快捷地制作出更专业的文档。

Let ' s go

实例 1　会议通知

会议通知是行政办公中使用率最高的文档类型之一，在会议通知中必须简洁、清楚地告知与会人员会议的主要内容、会议时间、会议地点等基本信息，使与会人员能够按时参会并对会议上需要讨论的问题提前做好准备。如果是公文形式的通知，还必须标明文档的主题词及报送、抄送个人或机关。下面就使用 Word 2007 创建会议通知文档。

1.1　实例分析

在会议开始之前，准确及时地通知各与会人员是行政办公中必不可少的工作。在本实例中通过使用 Word 2007 创建关于投标准备会议的通知，其完成后的效果如图 1-1 所示。

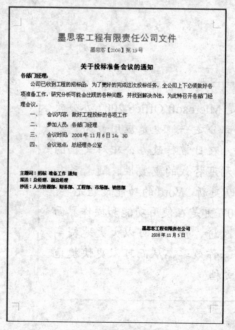

图 1-1　会议通知预览效果

1.1.1　设计思路

本实例由于是本书的第一个实例，所以在创建时基本上使用 Word 2007 的一些基础功能。首先对会议的名称、内容、时间等进行输入，然后通过设置字体和段落格式，使文档更加符合行政公文的格式和要求。

本实例的基本设计思路为：新建文档→输入文本内容→设置文本格式。

1.1.2 涉及的知识点

在会议通知的制作中，首先新建一个空白文档并设置需要的页边距，然后采用自己熟悉的输入法输入文本，再使用浮动工具栏快速设置字体、字号、字体颜色等，最后在【段落】对话框中设置文本的格式。

在会议通知的制作过程中主要用到了以下方面的知识点：

◇ 页边距的设置
◇ 文本的输入
◇ 字体的设置
◇ 设置文本段落格式
◇ 在文档中插入日期

重点知识

1.2 实例操作

在使用 Word 2007 开始创建文档之前，可以使用【页面布局】选项卡的【页面设置】功能区对页边距进行设置，使其更加符合文档的实际需要。然后再进行文本的输入和文本格式的设置。下面就介绍会议通知的具体创建步骤。

步骤1 在任务栏中单击【开始】按钮，然后在弹出的菜单中依次选择【程序】→【Microsoft Office】→【 Microsoft Office Word 2007】命令启动 Word 2007，如图 1-2 所示。

图 1-2 启动 Word 2007

步骤2 在 Word 2007 界面的左上角单击 【Office】按钮，在弹出的菜单中选择【新建】命令，打开【新建文档】对话框。

步骤3 在【空白文档和最近使用的文档】列表中选择【空白文档】选项，然后单击【创建】按钮，新建文档，如图1-3所示。

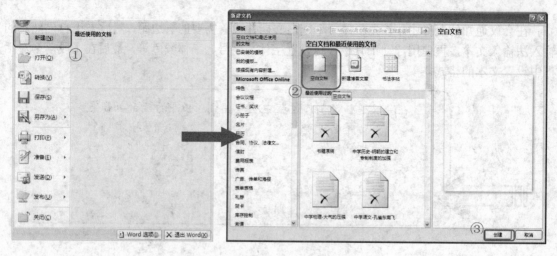

图1-3 新建文档

步骤4 在新建的空白文档中选择【页面布局】选项卡，然后在其中的【页面设置】功能区中单击【纸张大小】按钮，并在弹出的列表中选择【B5】选项，如图1-4所示。

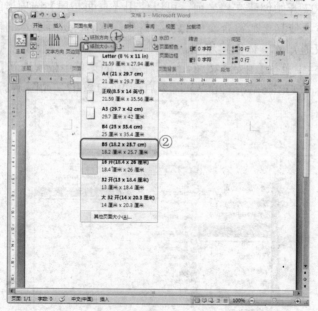

图1-4 设置纸张大小

步骤5 在【页面布局】选项卡的【页面设置】功能区中单击【页边距】按钮，然后在弹出的列表中选择【自定义边距】选项。

步骤6 在打开的【页面设置】对话框中选择【页边距】选项卡，并分别在【上】、【下】、【左】、【右】文本框中输入"1.5厘米"、"1.5厘米"、"1厘米"和"1厘米"，如图1-5所示。

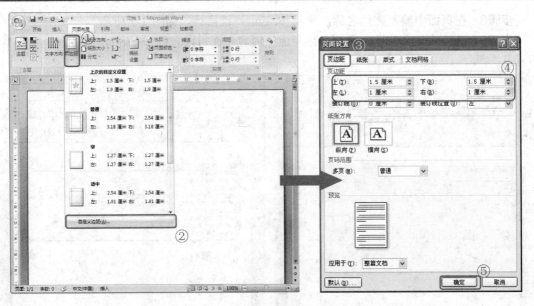

图 1-5　设置页边距

步骤7　单击【确定】按钮即可完成对页边距的设置，效果如图 1-6 所示。

图 1-6　设置页边距后的效果

操作技巧

◇　如果文档没有特殊要求，在单击【页边距】按钮之后，可以在弹出的列表中选择预设选项。

◇　在【页面设置】对话框中设置页边距时，由于 Word 默认的页边距单位是厘米，所示在数值框中可以直接输入数值，而不必再输入单位。

步骤8 在页面中输入文件名称，然后按<Enter>键换行，如图1-7所示。

步骤9 继续输入文件号、通知名称及通知内容，在每段之间按<Enter>键换行，如图1-8所示。

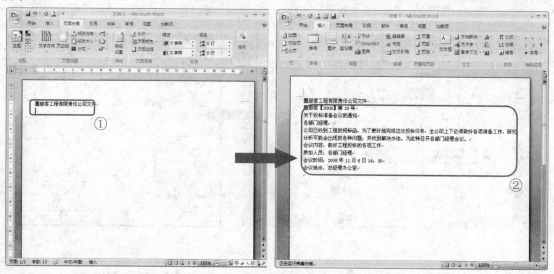

图1-7 输入文件名　　　　　　　　　　　　　　　　图1-8 输入内容1

步骤10 正文内容输入完毕之后，连续按<Enter>键四次，并输入如图1-9所示的内容。

步骤11 在如图1-10所示的位置双击鼠标，将光标定位于此，然后输入公司名称。

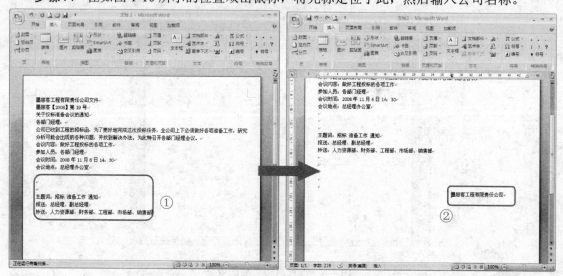

图1-9 输入内容2　　　　　　　　　　　　　　　　图1-10 输入公司名称

步骤12 将光标定位到如图1-11所示的位置，然后在【插入】选项卡的【文本】功能区中单击【日期和时间】按钮，打开【日期和时间】对话框。

步骤13 在打开的【日期和时间】对话框中的【可用格式】列表中选择日期格式，如图1-12所示。

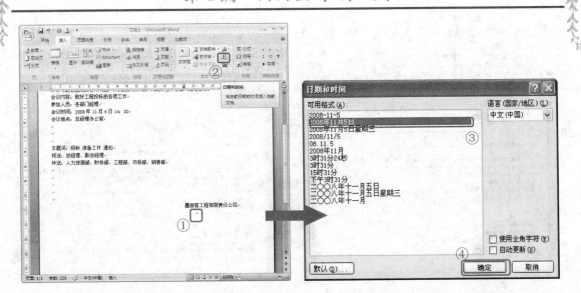

图 1-11　定位光标并打开对话框　　　　　　图 1-12　选择日期格式

步骤14　单击【确定】按钮，即可将当前系统时间插入到文档之中，如图 1-13 所示。

步骤15　按<Page Up>键返回到页面最上方，并拖动鼠标选中文件标题，然后在浮动工具栏中将文件标题的字体设置为【方正大标宋简体】，字号设置为【二号】，对齐方式设置为【居中】，字体颜色设置为【红色】，如图 1-14 所示。

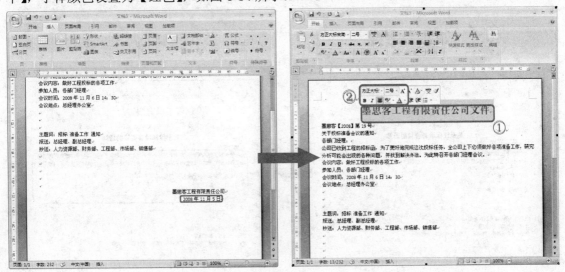

图 1-13　插入日期后的效果　　　　　　图 1-14　设置标题字体

步骤16　选中文件号文本，然后在浮动工具栏中将文件号的字体设置为【宋体（中文正文）】，字号设置为【小四】，对齐方式设置为【居中】，字体颜色设置为【红色】，如图 1-15 所示。

步骤17　使用同样的方法将通知名称的字体设置为【方正大黑简体】，字号设置为【三号】，对齐方式设置为【居中】，字体颜色设置为【黑色】，如图 1-16 所示。

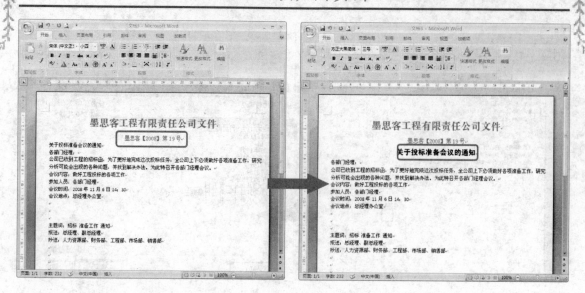

图 1-15　设置文件号字体　　　　　　　图 1-16　设置通知名称字体

步骤18　选择第一段正文，在浮动工具栏中将字号设置为【小四】，然后单击 **B**【加粗】按钮将字体加粗显示，如图 1-17 所示。

步骤19　选择其余的正文将字号设置为【小四】，然后在【开始】选项卡的【段落】功能区的右下角单击 🔲【段落】按钮，打开【段落】对话框，如图 1-18 所示。

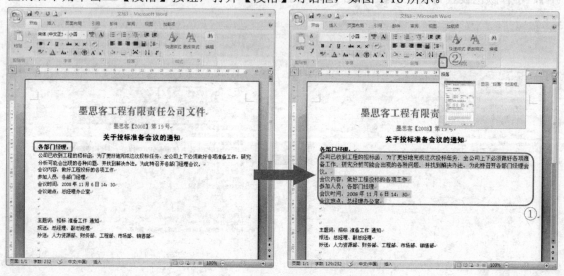

图 1-17　设置首段文本字体　　　　　　图 1-18　设置其余文本字体并打开对话框

步骤20　在打开的【段落】对话框中选择【缩进和间距】选项卡，然后在【特殊格式】下拉列表中选择【首行缩进】，在【磅值】文本框中输入"2 字符"，在【行距】下拉列表中选择【1.5 倍行距】选项，如图 1-19 所示。

步骤21　单击【确定】按钮退出【段落】对话框，即可看到设置之后的文本效果，如图 1-20所示。

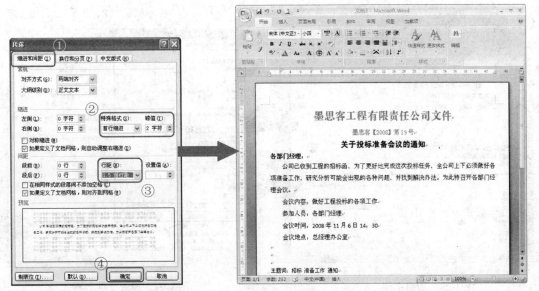

图 1-19　在对话框中设置文本格式　　　　　　　　图 1-20　设置后的效果

　　步骤22　选择如图 1-21 所示的文本内容，单击鼠标右键，在弹出的列表中选择需要的文档
编号格式。

　　步骤23　选择完毕之后可以看到所选文档被设置编号后的效果，如图 1-22 所示。

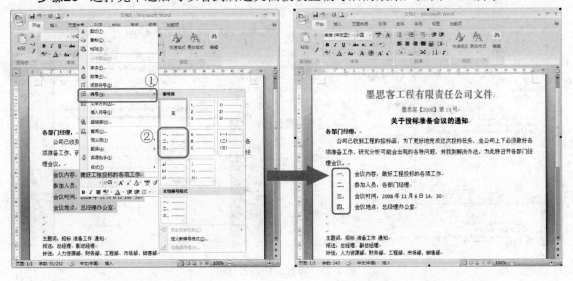

图 1-21　选择文档编号格式　　　　　　　　图 1-22　设置编号的效果

　　步骤24　选择文本内容并单击 **B**【加粗】按钮，将字体加粗显示，如图 1-23 所示。

　　步骤25　选择文件号文本并打开【段落】对话框，在【缩进和间距】选项卡中的【段后】
文本框中输入【自动】，然后单击【确定】按钮即可，如图 1-24 所示。

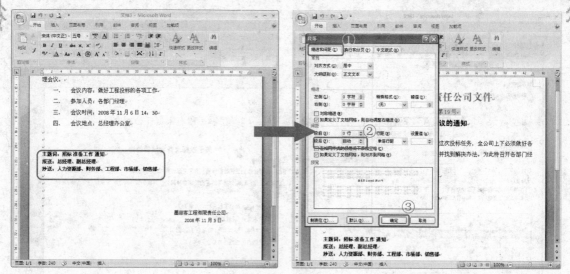

图 1-23　加粗字体　　　　　　　　　图 1-24　设置文件号格式

步骤26　选择通知名称并打开【段落】对话框，在【缩进和间距】选项卡的【行距】下拉列表中选择【最小值】，在【设置值】文本框中输入"15.5 磅"，然后单击【确定】按钮，如图1-25 所示。

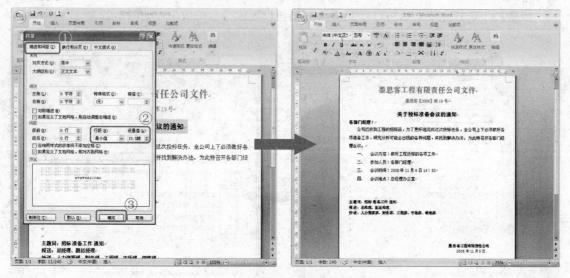

图 1-25　设置文件名的行距

步骤27　至此，会议通知文档创建完毕，单击 【Office】按钮，在弹出的菜单中依次选择【打印】、【打印预览】命令，可以打开【打印预览】视图，如图 1-26 所示。

步骤28　核对无误之后，在【打印预览】选项卡的【预览】功能区中单击【关闭打印预览】按钮，即可退出【打印预览】视图。

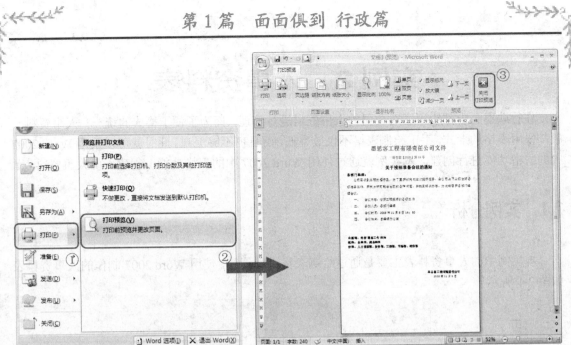

图 1-26　打开【打印预览】视图

1.3　实例总结

本例中根据行政公文的创建要求，使用 Word 2007 制作了会议通知。通过本实例的学习，需要重点掌握以下几个方面的内容。

- 对纸张大小和页边距的设置。
- 文本的输入。
- 对文本字体、字号、颜色、对齐方式的设置。
- 对文本段落格式的设置。

实例 2 人事资料表

在行政办公中都少不了对公司的人事资料进行整理，而为了便于格式的统一，人事资料一般都采用表格的形式，手工绘制表格不仅效率低，而且也不够美观。此时就可以采用 Word 2007 中的表格功能进行创建。本实例就通过使用 Word 2007 中的表格功能，创建一份人事资料表。

2.1 实例分析

本实例中的人事资料表主要是通过绘制表格进行创建，使用 Word 2007 制作的人事资料表如图 2-1 所示。

图 2-1 人事资料表预览效果

2.1.1 设计思路

人事资料表主要是用于填写公司员工的个人资料，如姓名、出生日期、工作经历、个人爱好等方面，在制作时应体现表格的工整性和实用性，既要美观大方，又要达到实用明了的效果。

人事资料表制作的基本思路为：插入表格→设置表格样式→调整表格属性→合并单元格→输入内容→设置表格的边框样式。

2.1.2　涉及的知识点

在人事资料表的制作中将引入表格的概念，即先插入表格，然后在对表格进行设置。

在人事资料表的制作中主要用到了以下方面的知识点：
- ◇　插入表格
- ◇　设置表样式
- ◇　合并单元格
- ◇　拆分单元格
- ◇　输入并设置文本
- ◇　设置表格边框

重点知识

2.2　实例操作

本节就根据前面所分析的设计思路和知识点，使用 Word 2007 对人事资料表的制作步骤进行详细的讲解。

2.2.1　插入表格并设置样式

在插入表格之前需要先设置文档页边距，然后再对表格的标题进行输入和编辑，其具体的操作步骤如下。

步骤1　在任务栏中单击【开始】按钮,在弹出的菜单中依次选择【程序】→【Microsoft Office】→【Microsoft Office Word 2007】命令，启动 Word 2007，如图 2-2 所示。

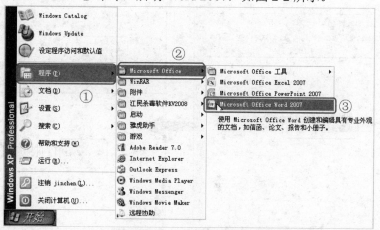

图 2-2　启动 Word 2007

步骤2　在 Word 2007 界面中按<Ctrl>+<N>快捷键，新建一个空白 Word 文档。

步骤3 在文档中选择【页面布局】选项卡，然后在【页面设置】功能区中单击【页边距】按钮，在弹出的列表中选择【自定义边距】选项，打开【页面设置】对话框。

步骤4 在【页面设置】对话框的【左】和【右】文本框中分别输入"1.8 厘米"，然后单击【确定】按钮，完成设置，如图 2-3 所示。

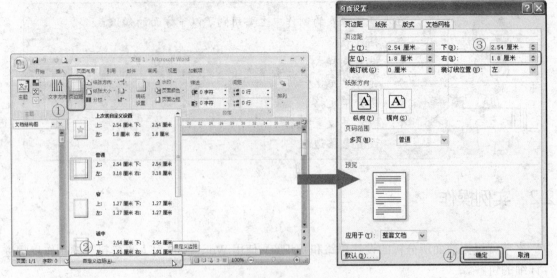

图 2-3 设置左右页边距

步骤5 在文档中的光标处输入公司名称的标题文本，如"墨思客有限责任公司"，然后按 <Enter>键换行，再输入文本"人事资料表"，如图 2-4 所示。

步骤6 选择所输入的文本，在【开始】选项卡的【段落】功能区中单击 ≡【居中】按钮，使文本居中对齐，然后先选择文本"墨思客有限责任公司"，在【字体】功能区中设置字号为【一号】，再选择文本"墨思客"，设置字体为【方正康体简体】，字体颜色为【红色】，如图 2-5 所示。

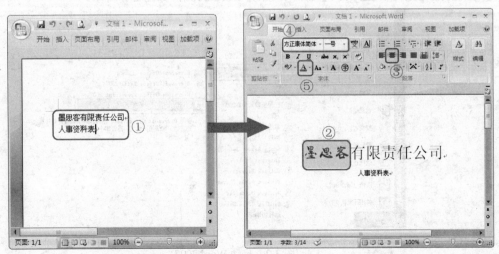

图 2-4 输入文本   图 2-5 设置文本格式

步骤7　选择文本"有限责任公司"，设置字体为【方正综艺简体】，然后选择文本"人事资料表"，设置字体为【微软雅黑】，字号为【三号】，字体颜色为【水绿色，强调字体颜色5，深色25%】，并单击 **B**【加粗】按钮，使文本加粗显示，如图2-6所示。

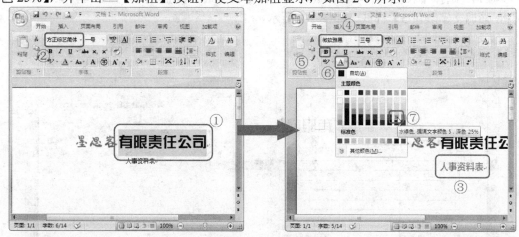

图 2-6　设置文本字体

在默认的情况下，Word中默认的中文字体为【宋体】，西文字体为【Calibri】，如果需要改变文本字体，可以先选择文本，然后在【开始】选项卡【字体】功能区的【字体】下拉列表中选择系统中已安装的字体进行更改。

步骤8　将光标放置在文本"人事资料表"后，选择【插入】选项卡，在【表格】功能区中单击【表格】按钮，打开【插入表格】对话框。

步骤9　在【插入表格】对话框的【列数】文本框中输入"5"，在【行数】文本框中输入"20"，然后单击【确定】按钮，如图2-7所示。

图 2-7　插入表格

步骤10 在所插入的表格左上方单击⊞按钮选择整个表格,然后在弹出的浮动工具栏中设置表格中的字体为【微软雅黑】,字号为【小五】,如图2-8所示。

步骤11 选择【表格工具设计】选项卡,在【表样式】功能区的内置表格样式中选择【浅色网格-强调文字颜色5】样式,如图2-9所示。

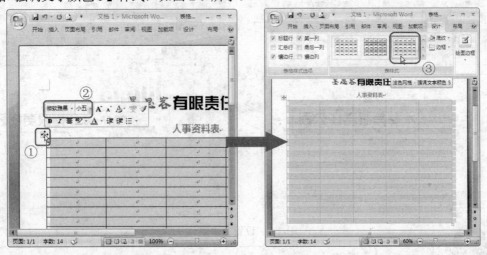

图2-8 设置字体字号　　　　　　　　　　　图2-9 设置表格样式

步骤12 选择【表格工具布局】选项卡,在【单元格大小】功能区中设置表格行高为【0.84厘米】,然后在【对齐方式】功能区中单击▤【居中】按钮,使表格水平居中,如图2-10所示。

图2-10 设置表格行高度和水平居中

步骤13 在 Word 2007 界面的左上角单击🔘【Office】按钮,在弹出的菜单中选择【保存】命令,打开【另存为】对话框。

步骤14 在【另存为】对话框中选择保存路径,在【文件名】文本框中输入文件名称,并在【保存类型】下拉列表中选择要保存的文档类型,然后单击【保存】按钮保存文档,如图2-11所示。

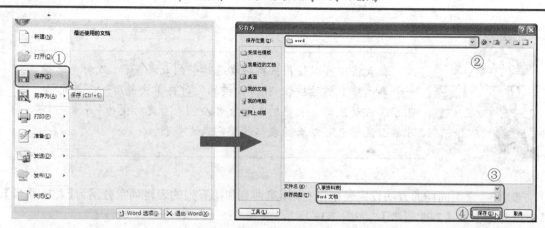

图 2-11　打开对话框保存 word 文档

在 Word 2007 中，可以通过双击所插入的表格打开【表格工具设计】选项卡，在该选项卡中可以对插入表格的样式、底纹、边框等进行设置；而在【表格工具布局】选项卡中可以对单元格大小、对齐方式、合并和拆分单元格等进行设置。

2.2.2　设置表格布局

插入表格后就需要对表格的布局进行设置，其具体的操作步骤如下。

步骤1　选择表格的第一列单元格，然后在【表格工具布局】选项卡的【单元格大小】功能区中设置表格列宽为【2.92 厘米】。

步骤2　选择表格的第二列单元格，然后在【表格工具布局】选项卡的【单元格大小】功能区中设置表格列宽为【5.83 厘米】，如图 2-12 所示。

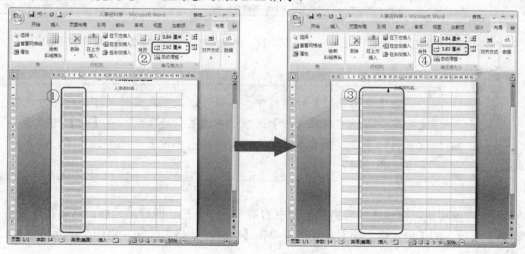

图 2-12　设置表格第一列和第二列的宽度

在表格中可以使用鼠标拖动选择整列或者整行；或者先选择第一个单元格，然后按住<Shift>键的同时再单击最后一个单元格；也可以移动鼠标在表格的上方或者左侧，当光标变为↓或者↗形状时单击鼠标也可以选择表格的整列或者整行。

步骤3 采用同样的方法设置表格第三列、第四列和第五列的表格列宽分别为【1.94 厘米】、【3.89 厘米】和【2.92 厘米】，如图 2-13 所示。

步骤4 在表格左上方使用鼠标右键单击 ⊞ 按钮，在弹出的快捷菜单中选择【表格属性】命令，打开【表格属性】对话框，如图 2-14 所示。

步骤5 在【表格属性】对话框中选择【表格】选项卡，然后在【对齐方式】选项组中单击【居中】选项，然后单击【确定】按钮设置表格位于文档的居中位置，如图 2-15 所示。

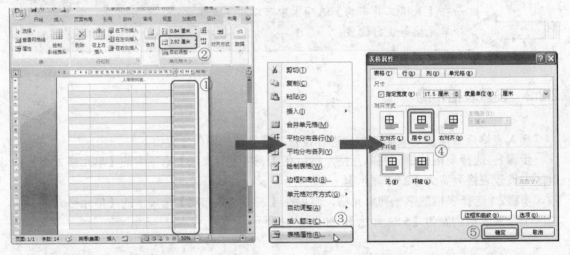

图 2-13 设置表格列宽　　　　图 2-14 快捷菜单　　　　图 2-15 设置表格居中

在【表格属性】对话框中，不仅可以设置表格的尺寸、对齐方式和文字环绕，还可以在【行】选项卡中设置行的高度，在【列】选项卡中设置列的宽度，并且在【单元格】选项卡中设置单元格的宽度、垂直对齐方式和边距。

步骤6 使用鼠标拖动选择表格第五列中的第一、二、三、四行单元格，然后在【表格工具布局】选项卡的【单元格大小】功能区中单击【合并单元格】按钮，将四个单元格合并，如图 2-16 所示。

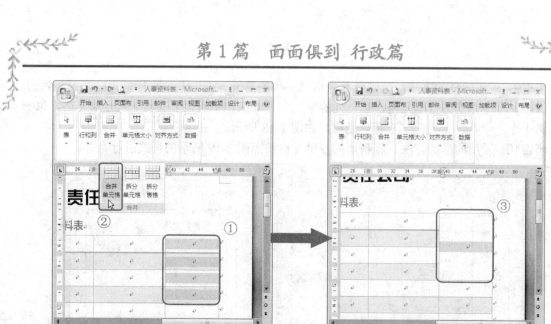

图 2-16　合并单元格

步骤7　使用鼠标拖动选择选择表格第四行的第一、二、三列单元格，然后在【表格工具布局】选项卡的【单元格大小】功能区中单击【拆分单元格】按钮，打开【拆分单元格】对话框。

步骤8　在对话框中设置列数为【18】，行数为【1】，并勾选【拆分前合并单元格】复选框，单击【确定】按钮，完成单元格的拆分，如图 2-17 所示。

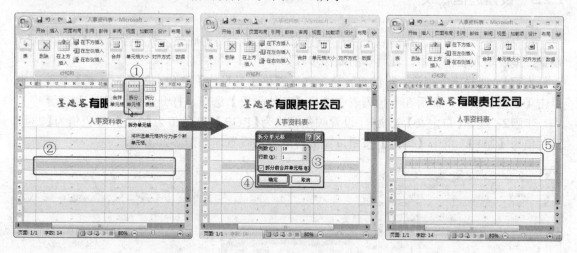

图 2-17　拆分所选的单元格

在表格中，可以选择单个的单元格进行拆分，也可以将多个连续的单元格拆分，在打开【拆分单元格】对话框中，勾选【拆分前合并单元格】复选框则在拆分单元格前先合并所选择的单元格，然后再进行拆分的操作。

步骤9 采用同样的方法，分别合并表格第一列的第五、六、七、八行单元格，第一列的第九、十、十一、十二行单元格，第一列的第十二、十三、十四、十五、十六行单元格，第一列的第十七、十八、十九、二十行单元格，如图 2-18 所示。

步骤10 采用同样的方法，将剩余的各单元格按照图 2-19 所示的样式进行合并。

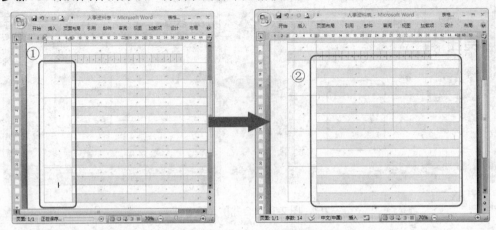

图 2-18　合并第一列的单元格　　　　　图 2-19　分别合并剩余的单元格

2.2.3　设置边框底纹

对表格进行了相应的布局后，接下来可以先设置单元格的底纹，然后再对表格的边框进行设置，最后输入表格文本。其具体的操作步骤如下。

步骤1 选择第一列第六行的单元格，在【表格工具设计】选项卡的【表样式】功能区中单击【底纹】按钮，然后在下拉列表中选择【其他颜色】选项，打开【颜色】对话框。

步骤2 选择【自定义】选项卡，设置颜色模式为【RGB】，红色值为【210】、绿色值为【234】、蓝色值为【241】，单击【确定】按钮，完成对底纹的设置，如图 2-20 所示。

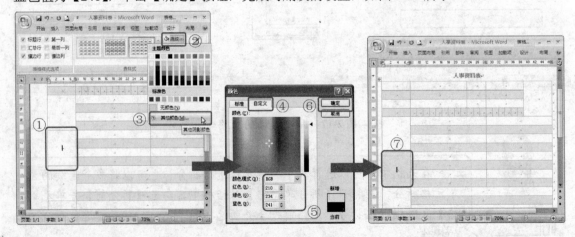

图 2-20　设置单元格底纹

步骤3 采用同样的方法，设置表格中第一列第八行的单元格的底纹为相同的颜色，如图 2-21 所示。

步骤4 在表格左上方单击 ⊞ 按钮选择整个表格，然后在【表格工具设计】选项卡的【表样式】功能区中单击【边框】按钮，然后在下拉列表中选择【边框和底纹】选项，如图 2-22 所示，打开【边框和底纹】对话框。

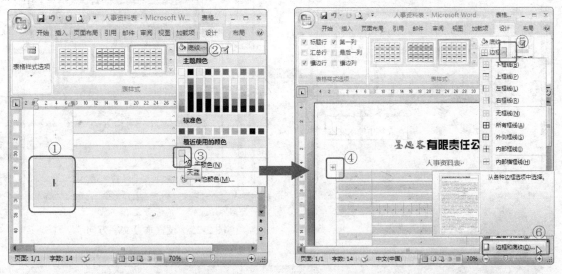

图 2-21　设置单元格的底纹颜色　　　　　图 2-22　选择【边框和底纹】选项

步骤5 在【边框和底纹】对话框的【边框】选项卡中选择【网格】选项，然后在【宽度】下拉列表中选择【2.25 磅】选项，设置完毕单击【确定】按钮，完成表格边框的设置，如图 2-23 所示。

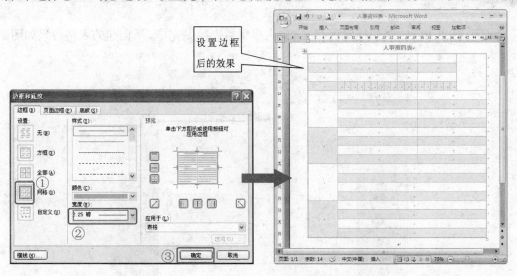

图 2-23　设置表格的边框

步骤6 在单元格中输入如图 2-24 所示的文本，然后选择第一列第五、六、七、八行的单元格，在【表格工具布局】选项卡的【对齐方式】功能区中单击【文字方向】按钮，设置所选单元格的文字方向为垂直方向，如图 2-25 所示。

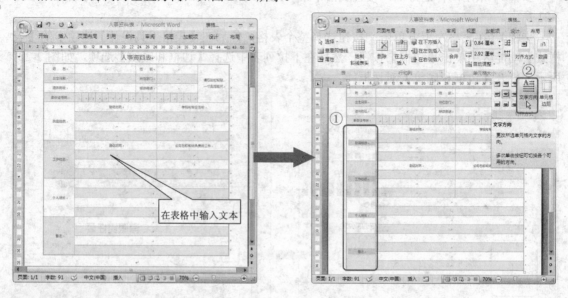

图 2-24　输入文本　　　　　　　　　图 2-25　设置垂直文字方向

操作技巧

　　位于【表格工具布局】选项卡【对齐方式】功能区的【文字方向】按钮，用于调整所选文本的水平或者垂直方向，单击一次调整文本为不同的方向，再次单击则恢复原来的文字方向。

步骤7　按<Ctrl>+<S>快捷键保存文档，人事资料表绘制完毕，所创建的表格效果如图 2-26 所示。

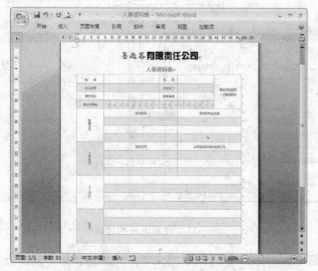

图 2-26　人事资料表格效果

2.3　实例总结

本实例主要介绍了在 Word 文档中插入表格创建人事资料表的方法，通过本实例的学习，需要重点掌握以下几个方面的内容。

- 表格的插入方法，主要是行数和列数的设置。
- 表格样式的设置。
- 单元格行高和列宽的设置。
- 多个单元格的合并，包括多个单元格的选择。
- 单个或多个单元格的拆分。
- 单元格底纹、边框的设置。

实例 **3** 公司简介

公司简介是行政公文中较为常用的类型，在公司简介中主要需要对公司的成立时间、资质、主要经营项目、主要产品类别做简单的介绍，使阅读者在短时间内能够对公司的概况有个大致的了解。下面就使用 Word 2007 创建公司简介文档。

3.1 实例分析

为公司创建简洁美观的简介，是行政人员必须掌握的基本技能。在本实例中通过使用 Word 2007 创建墨思客生物科技有限公司的简介，其完成后的预览效果如图 3-1 所示。

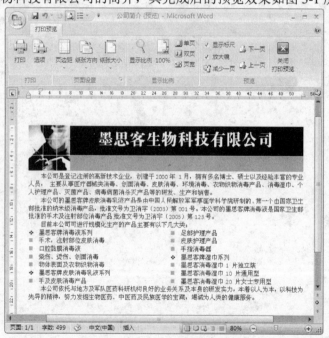

图 3-1 公司简介预览效果

3.1.1 设计思路

在 Word 2007 中可以插入形状、图片来美化文档，还可以调整形状的颜色、位置使之与页面相匹配。对文档中有上下级关系的内容，可以通过设置不同级别的项目符号来加以区分，使其层次更加鲜明，项目符号可以使用已有的项目符号，也可以根据需要重新设置。对文档中有并列关系的内容，可以采用分栏显示，使其跟其他内容有所区别。

本实例的基本设计思路为：新建文档→插入形状和图片→输入文本内容→设置文本格式。

3.1.2　涉及的知识点

在公司简介的制作中，首先新建一个空白文档并设置纸张方向与大小，然后绘制矩形并设置其填充颜色和位置。美化文档之后再输入文本内容，根据文本内容设置分栏，最后设置字体颜色和项目符号等。

在公司简介的制作中主要用到了以下方面的知识点：
◇　新建文档并设置纸张大小和纸张方向
◇　形状与图片的插入和设置
◇　输入文本内容并设置其格式
◇　项目符号的插入和编辑
◇　为文本设置分栏效果

3.2　实例操作

本实例的创建主要由两部分内容组成，即设置页面效果和输入文本内容并设置其格式，下面就分别对这两部分的具体操作方法进行讲解。

3.2.1　设置页面效果

在使用 Word 2007 开始创建文档之前，可以通过插入图片、形状等来设置页面效果，使公司简介更加美观，其具体的操作步骤如下。

步骤1　启动 Word 2007 并新建一个空白文档，在 Word 2007 界面的左上角单击【Office】按钮，然后在弹出的菜单中选择【保存】命令，打开【另存为】对话框。

步骤2　在【另存为】对话框的【保存位置】下拉列表中选择文档的保存位置，并在【文件名】文本框中输入"公司简介"，然后单击【保存】按钮，如图 3-2 所示。

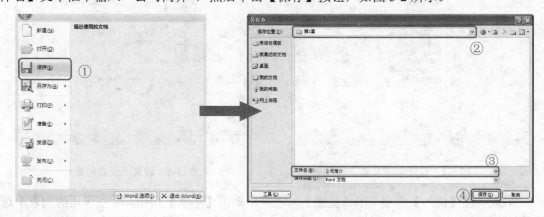

图 3-2　保存文档

步骤3 在【页面布局】选项卡的【页面设置】功能区中单击【纸张方向】按钮，并在弹出的下拉列表中选择【横向】选项，即可将纸张方向改变为横向，如图 3-3 所示。

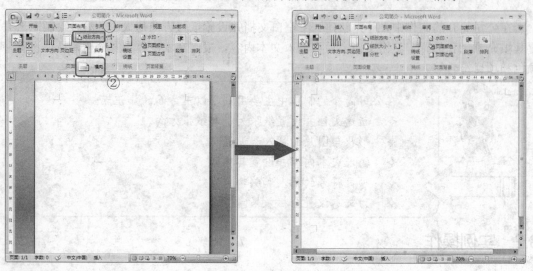

图 3-3　改变纸张方向

步骤4 在【页面布局】选项卡的【页面设置】功能区中单击【纸张大小】按钮，然后在弹出的下拉列表中选择【B5】选项，即可改变纸张大小，如图 3-4 所示。

步骤5 在【页面布局】选项卡的【页面设置】功能区中单击【页边距】按钮，然后在弹出的下拉列表中选择【普通】选项，即可改变纸张的页边距，如图 3-5 所示。

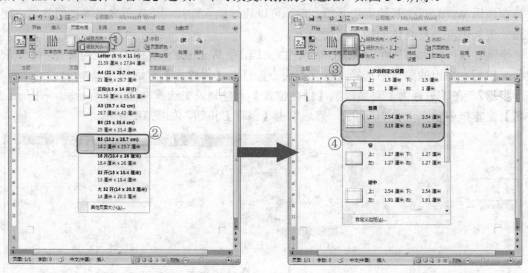

图 3-4　设置纸张大小　　　　　　图 3-5　设置纸张页边距

步骤6 在【插入】选项卡的【插图】功能区中单击【形状】按钮，并在弹出的列表中选择【矩形】选项。

步骤7 拖动鼠标在文档编辑区中绘制一个矩形，并在【绘图工具格式】选项卡的【大小】

功能区中将矩形的高度设置为【2.01 厘米】，宽度设置为【19.34 厘米】，如图 3-6 所示。

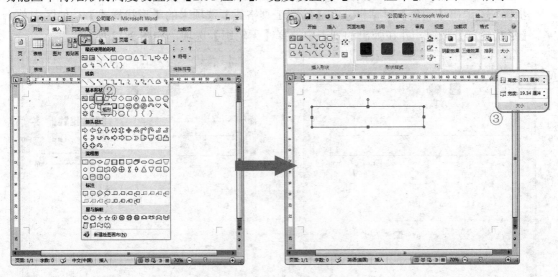

图 3-6　绘制矩形并设置其大小

步骤8　在【绘图工具格式】选项卡的【排列】功能区中单击【位置】按钮，并在弹出的列表中选择【其他布局选项】选项，打开【高级版式】对话框，如图 3-7 所示。

步骤9　在【高级版式】对话框中选择【图片位置】选项卡，并在【水平绝对位置】和【垂直绝对位置】文本框中都输入"0 厘米"，如图 3-8 所示。

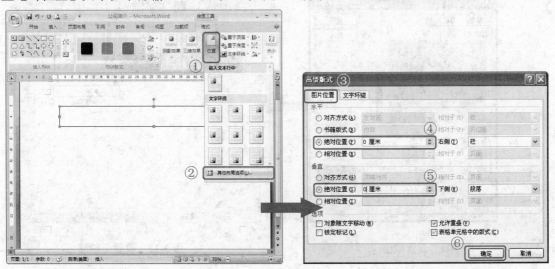

图 3-7　选择【其他布局选项】选项　　　　图 3-8　设置图片位置

步骤10　单击【确定】按钮，退出【高级版式】对话框，形状位置如图 3-9 所示。

步骤11　在【绘图工具格式】选项卡的【形状样式】功能区中单击 ◇▼【形状填充】按钮，并在弹出的列表中选择【其他填充颜色】选项，打开【颜色】对话框，如图 3-10 所示。

步骤12　在【颜色】对话框中选择【自定义】选项卡，然后分别将 RGB 值分别设置为"19"、

"29"和"55"，如图 3-11 所示。

步骤13 退出【颜色】对话框，在【绘图工具格式】选项卡的【形状样式】功能区中单击 【形状轮廓】按钮，并在弹出的列表中选择【无轮廓】选项，如图 3-12 所示。

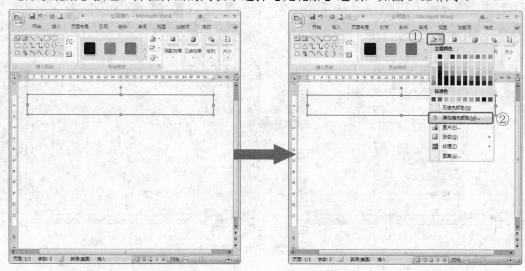

图 3-9　设置形状位置的效果　　　　　图 3-10　打开【颜色】对话框

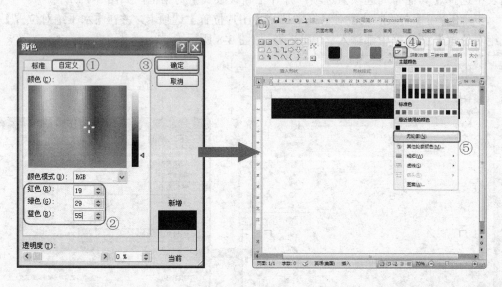

图 3-11　设置颜色　　　　　　　　图 3-12　设置无轮廓

步骤14 在文档编辑区中插入一个高度为"1.07 厘米"、宽度为"19.34 厘米"的矩形，并 将其水平绝对位置设置为"0 厘米"、垂直绝对位置设置为"2.01 厘米"，如图 3-13 所示。

步骤15 将矩形颜色的 RGB 值分别设置为"131"、"153"和"161"，并设置矩形为无轮 廓，如图 3-14 所示。

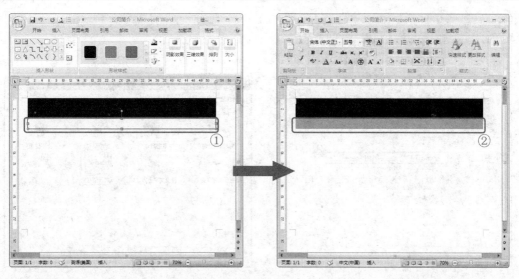

图 3-13　插入矩形并设置其大小位置　　　　图 3-14　设置矩形颜色及轮廓

步骤16　选择深色的矩形，单击鼠标右键，然后在弹出的快捷菜单中选择【添加文字】命令，如图 3-15 所示。

步骤17　在深色矩形中输入"墨思客生物科技有限公司"文本内容，然后在浮动工具栏中将文本字体设置为【方正大标宋简体】，字号设置为【32】，文本对齐方式设置为【居中】，如图 3-16 所示。

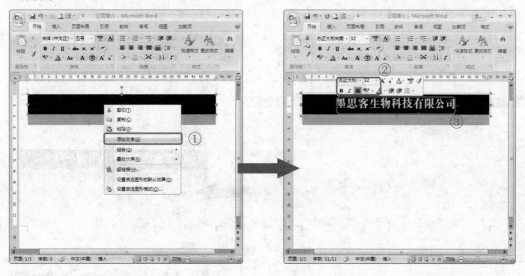

图 3-15　选择命令　　　　　　　　　　图 3-16　添加文本并设置字体格式

步骤18　按住<Ctrl>键选择两个矩形，然后单击鼠标右键，在弹出的快捷菜单中依次选择【组合】→【组合】命令，将两个矩形组合为一个图形，如图 3-17 所示.

步骤19　打开【高级版式】对话框并在其中的【文字环绕】选项卡中选择【嵌入型】选项，如图 3-18 所示，然后单击【确定】按钮，退出该对话框。

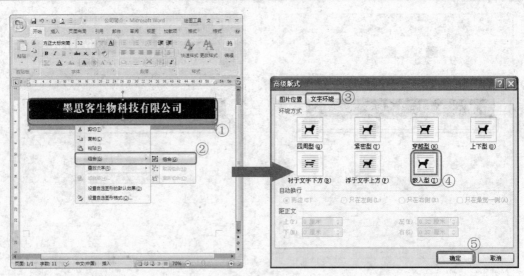

图 3-17　组合形状　　　　　　　　　　图 3-18　设置版式

步骤20　在【插入】选项卡的【插图】功能区中单击【图片】按钮，打开【插入图片】对话框。

步骤21　在【插入图片】对话框中选择路径为"Word 经典应用实例\第 1 篇\实例 3"文件夹中的"图片 1.png"文件，如图 3-19 所示。

步骤22　单击【插入】按钮，退出【插入图片】对话框，即可在文档编辑区中观察插入的图片，如图 3-20 所示。

图 3-19　在【插入图片】对话框中选择图片　　图 3-20　插入图片后的效果

步骤23　打开【高级版式】对话框并在其中的【文字环绕】选项卡中选择【浮于文字上方】选项，如图 3-21 所示，然后单击【确定】按钮，退出该对话框。

步骤24　调整图片和文本内容的位置，使其如图 3-22 所示。

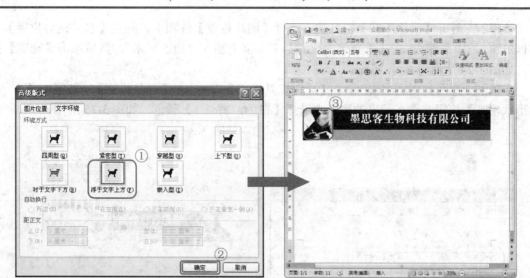

图 3-21 设置图片版式 　　　　　　图 3-22 调整图片和文本的位置

调整图片的位置时，在按住<Ctrl>键的同时按方向键，这样可以逐像素地移动图片。

　　步骤25 在【插入】选项卡的【插图】功能区中单击【形状】按钮，然后在弹出的列表中选择【直线】选项。

　　步骤26 拖动鼠标在文档编辑区中创建一条平行直线，并在【绘图工具格式】选项卡的【大小】功能区中将直线的高度设置为【0 厘米】，宽度设置为【3.02 厘米】，如图 3-23 所示。

图 3-23 绘制平行直线并设置其大小

步骤27 打开【高级版式】对话框，选择【图片位置】选项卡，并在【水平绝对位置】文本框中输入"0 厘米"，在【垂直绝对位置】文本框中输入"1.05 厘米"，然后单击【确定】按钮，如图 3-24 所示。

步骤28 返回到文档编辑区，在【绘图工具格式】选项卡的【形状样式】功能区中单击【形状轮廓】按钮，并在弹出的列表中选择【白色，背景 1】颜色，如图 3-25 所示。

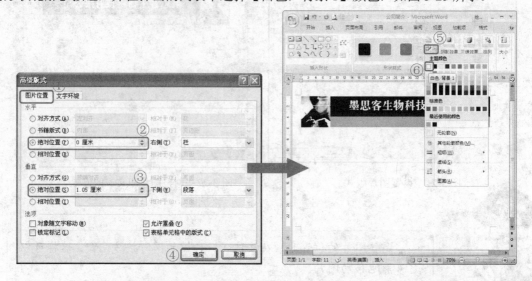

图 3-24 设置直线的位置   图 3-25 设置直线的颜色

步骤29 按住<Ctrl>键向下拖动水平直线再创建一条直线，将其宽度设置为"19.34 厘米"，水平绝对位置设置为"0 厘米"，垂直绝对位置设置为"2.17 厘米"，如图 3-26 所示。

步骤30 插入一条垂直直线，将其高度设置为"3.07 厘米"，水平绝对位置设置为"1 厘米"，垂直绝对位置设置为"0.11 厘米"，并将其颜色设置为"白色"，如图 3-27 所示。

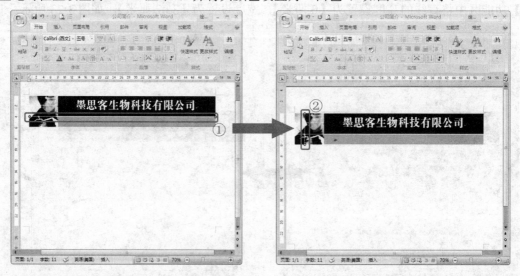

图 3-26 复制水平直线并设置其大小和位置   图 3-27 绘制垂直直线并设置其特性

步骤31　按住<Ctrl>键向右拖动垂直直线再创建出一条直线，将其水平绝对位置设置为"2厘米"，垂直绝对位置设置为"0.11厘米"，如图3-28所示。至此，公司简介页面效果设置完毕。

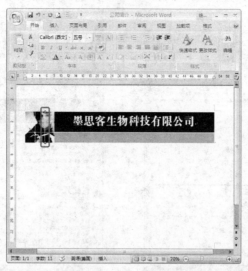

图3-28　复制垂直直线并调整其位置

3.2.2　输入文本并设置格式

在设置完毕公司简介的页面后，就可以对公司简介的文本内容进行输入和设置了，其具体的操作步骤如下。

步骤1　输入公司简介文本内容，在段落间按<Enter>键换行，如图3-29所示。

图3-29　输入文本内容

步骤2 选择如图所示的文本内容，然后在【页面布局】选项卡的【页面设置】功能区中单击【分栏】按钮，并在弹出的列表中选择【两栏】选项，如图 3-30 所示。

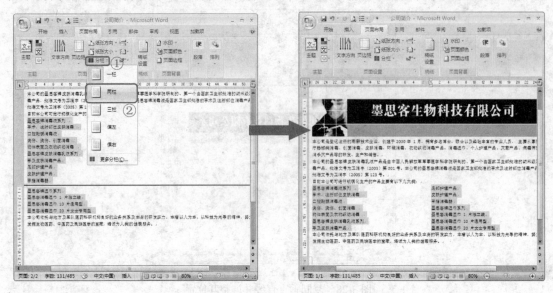

图 3-30　为部分文本设置分栏效果

步骤3 将文本字体设置为【宋体】，字号设置为【小四】，字体颜色的 RGB 值分别设置为 "53"、"86" 和 "123"，如图 3-31 所示设置字体格式。

步骤4 选择所有单栏显示的文本内容并打开【段落】对话框，在【缩进和间距】选项卡的【特殊格式】下拉列表中选择【首行缩进】选项，在【磅值】文本框中输入 "2 字符"，然后单击【确定】按钮，如图 3-32 所示设置段落格式。

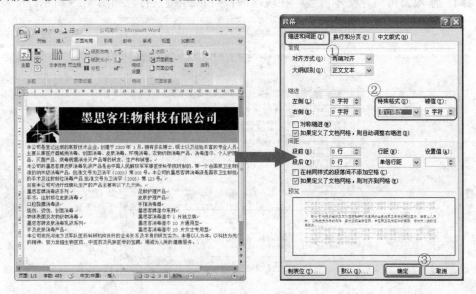

图 3-31　设置字体格式　　　　图 3-32　设置段落格式

步骤5　选择文本内容，然后在【开始】选项卡的【段落】功能区中单击 ☰ ▾【项目符号】按钮，并在弹出的列表中选择如图 3-33 所示的项目符号。

步骤6　选择文本内容，然后单击 ☰ ▾【项目符号】按钮，并在弹出的列表中选择如图 3-34 所示的项目符号。至此，公司简介文档创建完毕。

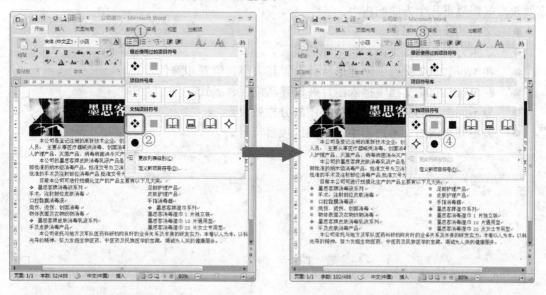

图 3-33　设置项目符号 1　　　　　　　　　　　图 3-34　设置项目符号 2

> ◇　如果项目符号列表中没有需要的项目符号，可以先单击 ☰ ▾【项目符号】按钮，然后在弹出的列表中选择【定义新项目符号】选项，打开【定义新项目符号】对话框，如图 3-35 所示。
>
> ◇　在【定义新项目符号】对话框中单击【符号】按钮，打开【符号】对话框，可在其中选择需要的符号。
>
> ◇　在【定义新项目符号】对话框中单击【字体】按钮，打开【字体】对话框，可在其中设置符号的颜色等特性，如图 3-36 所示。

重点知识

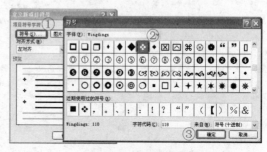

图 3-35　定义新项目符号

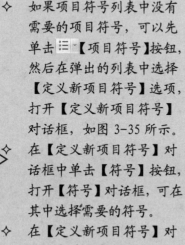

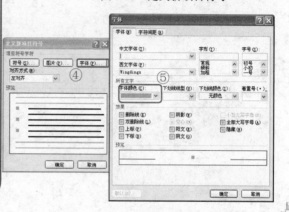

图 3-36　设置项目符号的颜色等特性

3.3 实例总结

本例中根据行政公文的创建要求，使用 Word 2007 制作了公司简介。通过本实例的学习，需要重点掌握以下几个方面的内容。

- 文档的新建和保存。
- 纸张方向、纸张大小和页边距的设置。
- 在 Word 2007 文档中创建形状并设置其大小、位置和颜色。
- 在 Word 2007 文档中插入图片并设置其位置、版式。
- 为不同类型的文本内容设置不同的分栏效果。
- 为不同级别的文本内容添加不同的项目符号。

实例 **4**　会议纪要

　　会议纪要的制作是行政工作必不可少的一项内容，它能记录会议中的重要内容以作为会议的备份资料。本实例就通过使用 Word 2007 创建会议纪要文档。

4.1　实例分析

　　本实例中的会议纪要主要是通过设置页眉、创建控件以及设置表格进行创建，使用 Word 2007 制作的会议纪要预览效果如图 4-1 所示。

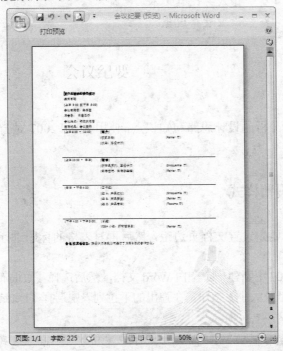

图 4-1　会议纪要预览效果

4.1.1　设计思路

　　会议纪要主要是用于记录会议的主要内容，包括会议的时间、地点、召集者、与会者、主要会议内容等信息资料，在制作时应体现会议的严肃性，文字叙述应简单明了，同时还应注意对一些特定的内容，如时间、地点、与会者等信息使用控件，从而防止内容被修改。

　　制作会议纪要文档的基本设计思路为：设置页眉→在文档中使用控件→插入表格→设置表格数据的段落格式→结束。

4.1.2　涉及的知识点

在会议纪要文档的制作过程中将引入页眉和控件的概念，即先对文档的页眉进行设置，然后在文档中插入内容控件。

在会议纪要的制作中主要用到了以下方面的知识点：
- ◇　设置页眉
- ◇　插入控件
- ◇　插入并设置表格
- ◇　设置段落
- ◇　输入并设置文本
- ◇　设置表格边框

4.2　实例操作

本节就根据前面所分析的设计思路和知识点，使用 Word 2007 对会议纪要的制作步骤进行详细的讲解。

4.2.1　插入表格并设置样式

在插入表格之前需要先设置文档页边距，然后再对表格的标题进行输入和编辑，其具体的操作步骤如下。

步骤1　在 Word 2007 中新建一个空白 Word 文档，然后选择【页面布局】选项卡，在【页面设置】功能区中单击【纸张大小】按钮，在弹出的下拉列表中选择【Letter】选项，如图 4-2 所示。

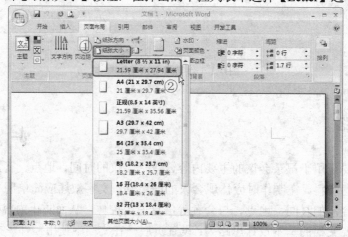

图 4-2　设置纸张大小

步骤2　单击【页边距】按钮，在弹出的列表中选择【自定义边距】选项，打开【页面设置】对话框，在对话框的【上】文本框中输入"1.27 厘米"，然后单击【确定】按钮，完成上边距的设置，如图 4-3 所示。

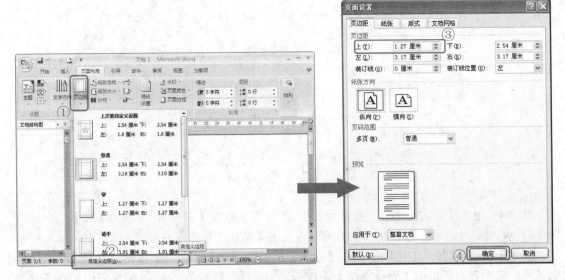

图 4-3　设置上页边距

步骤3　选择【插入】选项卡，在【页眉页脚】功能区中单击【页眉】按钮，在弹出的列表中选择【编辑页眉】选项，进入页眉编辑区，如图 4-4 所示。

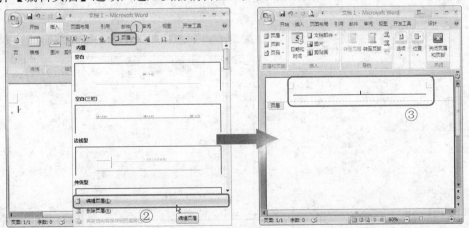

图 4-4　进入页眉编辑区

操作技巧

　　在使用 Word 2007 首次进入页眉编辑区时，位于光标的下方位置会自动出现一条显示线，这条显示线不能被选择，但是可以上下移动。如果需要隐藏这条显示线，可以在【页面布局】选项卡的【稿纸】功能区中单击【稿纸设置】按钮，在弹出的【稿纸设置】对话框中直接单击【取消】按钮，如图 4-5 所示，退出对话框即可隐藏显示线。

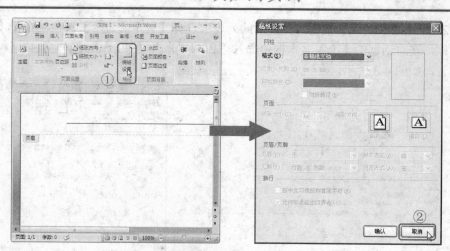

图 4-5　隐藏显示线

步骤4　在光标处输入文本"会议纪要"，并设置字体为【宋体】，字号为【48】，字体颜色为【白色，背景 1，深色 15%】，并单击 ■ 【左对齐】按钮，使文字左对齐显示，如图 4-6 所示。

步骤5　选择【插入】选项卡，在【插图】功能区中单击【图片】按钮，打开【插入图片】对话框，然后在对话框的【查找范围】下拉列表中，选择路径为"Word 经典应用实例\第 1 篇\实例 4"文件夹中的"01.png"图片文件，并单击【插入】按钮插入图片，如图 4-7 所示。

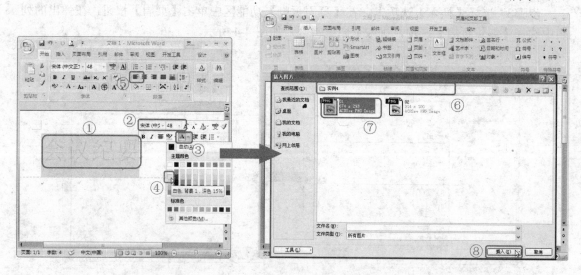

图 4-6　输入文本并设置字体　　　　　　　　　　图 4-7　插入图片

在 Word 2007 中，可以通过双击所插入的图片打开【图片工具格式】选项卡，在该选项卡中可以对插入图片的亮度、对比度、颜色模式、图片样式、排列以及大小等进行设置，也可以对图片进行旋转和压缩等操作。

步骤6　双击所插入的图片，然后在【图片工具格式】选项卡的【排列】功能区中单击【位置】按钮，在弹出的下拉列表中选择【其他布局选项】选项，打开【高级版式】对话框。

步骤7　在【高级版式】对话框的【文字环绕】选项卡中选择【衬于文字下方】选项，如图 4-8 所示设置图片的环绕方式。

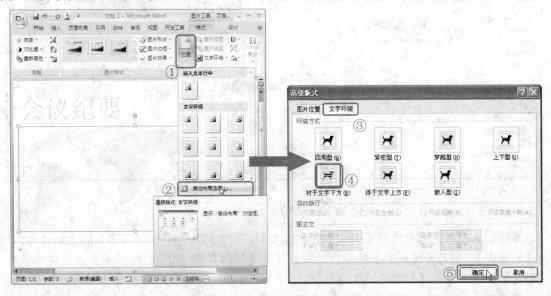

图 4-8　设置图片的环绕方式

步骤8　选择【图片位置】选项卡，设置图片相对于【页面】的水平对齐方式为【居中】；设置其垂直的绝对位置为【1.85 厘米】，设置完毕单击【确定】按钮，所插入的图片位置如图 4-9 所示。

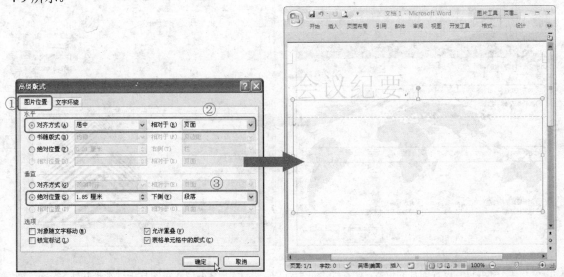

图 4-9　设置图片的位置

步骤9　打开【插入图片】对话框，选择路径为 "Word 经典应用实例\第 1 篇\实例 4" 文件夹中的【2.png】图片文件，并单击【插入】按钮，插入图片。

　　步骤10　选择插入的图片并打开【高级版式】对话框，在【文字环绕】选项卡中选择【衬于文字下方】选项，如图 4-10 所示。

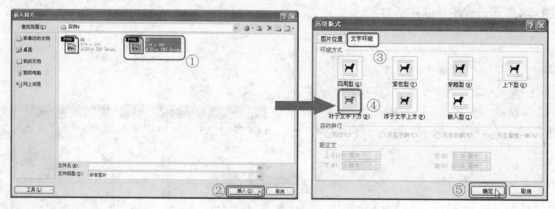

图 4-10　插入图片并设置环绕方式

　　步骤11　在对话框中选择【图片位置】选项卡，设置图片相对于【页面】的水平对齐方式为【右对齐】；相对于【页面】的垂直对齐方式为【下对齐】，如图 4-11 所示。设置完毕单击【确定】按钮，退出【高级版式】对话框。

　　步骤12　在编辑区中选择【图片工具格式】选项卡，并在【排列】功能区中单击【旋转】按钮，然后在列表中选择【水平翻转】选项，对图片进行水平翻转，如图 4-12 所示。

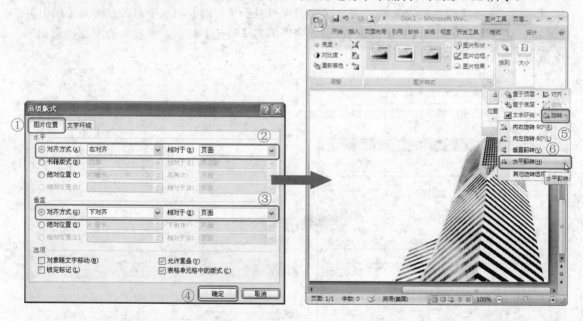

图 4-11　设置图片的位置　　　　　　图 4-12　对图片进行水平翻转

　　步骤13　在【调整】功能区中单击【重新着色】按钮，然后在弹出的列表中选择【背景颜色 2 浅色】选项，如图 4-13 所示。

步骤14　设置完毕选择【页眉和页脚工具设计】选项卡，然后在【关闭】功能区中单击【关闭页眉和页脚】按钮，退出页眉和页脚编辑区，如图 4-14 所示。

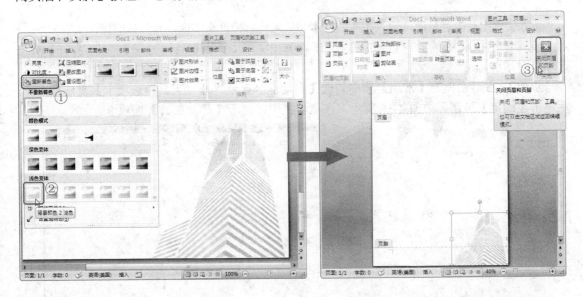

图 4-13　对图片重新着色　　　　　　　　图 4-14　退出页眉和页脚编辑区

步骤15　按<Ctrl>+<S>快捷键保存文档，在弹出的【另存为】对话框中选择保存路径，在【文件名】文本框中输入文件名称，并在【保存类型】下拉列表中选择要保存的文档类型，然后单击【保存】按钮保存文档，如图 4-15 所示。

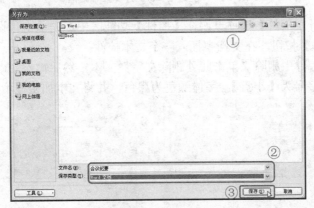

图 4-15　保存文档

　　在【另存为】对话框的【保存类型】下拉列表可以选择文档的保存格式。默认选项【Word 演示文稿】为 Word 2007 文件格式，其扩展名为".docx"，只能在 Word 2007 程序中被打开；如果保存类型选择为【Word 97—2003 演示文稿】选项就可以在多个 Word 版本中打开并进行编辑，但是 Word 2007 中所特有的功能将无法保存。

重点知识

4.2.2 输入会议纪要内容

输入会议纪要内容是通过输入相应的文本和插入内容控件来实现，其具体的操作步骤如下。

步骤1 在文档中单击 【Office】按钮，在弹出菜单中单击【Word 选项】按钮，打开【Word 选项】对话框。

步骤2 在对话框的【常用】项中勾选【在功能区显示"开发工具"选项卡】复选框，然后单击【确定】按钮，如图 4-16 所示，在菜单栏中将显示【开发工具】选项卡。

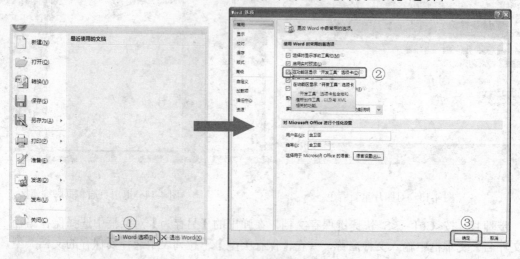

图 4-16　设置【Word 选项】对话框

步骤3 选择【开发工具】选项卡，在【控件】功能区中，先单击【设计模式】按钮，然后再单击 Aa【纯文本】按钮，在文档中插入一个文本控件。

步骤4 在文本控件中删除"单击此处删除文字"文本，然后输入文本"新产品演示和销售技巧"，设置文本字号为【小五】，字体颜色为黑色，并将文本加粗显示，如图 4-17 所示。

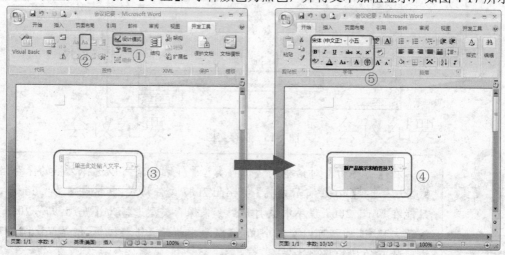

图 4-17　插入文本控件

重点知识　Word 2007 中的内容控件是可进行添加和自定义以用于模板、表单和文档的单个控件。在【控件】功能区中，可以选择插入文本控件、图片内容控件、组合框、下拉列表控件、日期选取器等控件进行添加。添加完毕后还可以通过单击【属性】按钮，对各控件的属性进行更改设置。

步骤5　在【开始】选项卡的【段落】功能区中单击【段落】按钮，打开【段落】对话框，在对话框中设置段前和段后的间距都为【0】，设置行距为【单倍行距】，然后单击【确定】按钮完成设置，如图 4-18 所示。

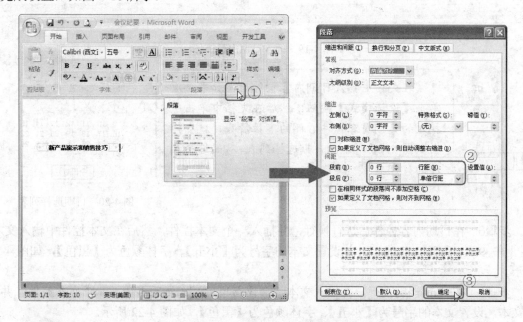

图 4-18　设置【段落】对话框

重点知识　在默认的情况下，如果 Word 文档中对页眉中的文本进行了段落设置，则在退出页眉和页脚编辑区后，文档中的段落格式同页眉中的段落格式相同。在本实例中，前面对页眉中的文档段落的【段后】间距设置了【1.7 行】的值，因此这里要将其调整为默认的间距值。

步骤6　将光标移动到文本控件后，并按<Enter>键换行，然后在【开发工具】选项卡的【控件】功能区中单击　【日期选取器】按钮，插入日期内容控件。

步骤7　在文本控件中删除"单击此处输入日期"文本，然后输入文本"选择日期"，并设置文本的字号为【小五】，字体颜色为黑色，如图 4-19 所示。

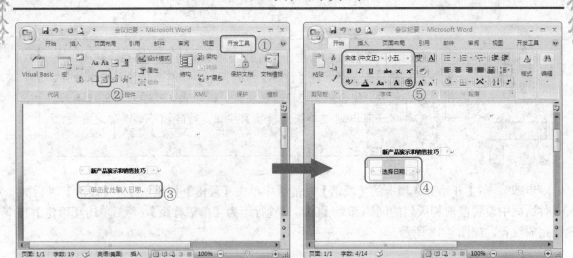

图 4-19　插入日期内容控件

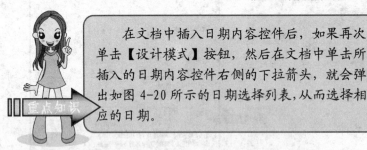

在文档中插入日期内容控件后，如果再次单击【设计模式】按钮，然后在文档中单击所插入的日期内容控件右侧的下拉箭头，就会弹出如图 4-20 所示的日期选择列表，从而选择相应的日期。

图 4-20　日期选择列表

步骤8　在日期内容控件后进行换行，并插入一个文本控件，然后在文本控件中输入文本"[上午 9:00 到下午 5:00]"，并设置文本的字号为【小五】、字体颜色为【黑色】，如图 4-21 所示。

步骤9　按<Enter>键换行，并输入文本"会议召集者："，然后再插入一个文本控件，并输入文本，设置文本的字号为【小五】、字体颜色为【黑色】，如图 4-22 所示。

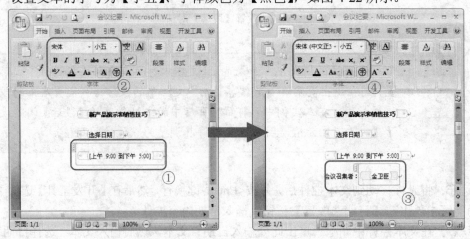

图 4-21　插入文本控件　　　　　　图 4-22　在文本后插入文本控件

步骤10 将光标放置到文本控件中，然后在【开发工具】选项卡的【控件】功能区中单击【属性】按钮，打开【内容控件属性】对话框。

步骤11 在对话框中勾选【无法编辑内容】复选框，然后单击【确定】按钮，完成锁定内容的设置，如图 4-23 所示。

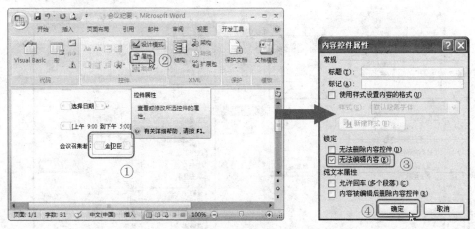

图 4-23 设置文本控件内容锁定

步骤12 按<Enter>键换行，并输入文本"与会者："，然后在【开发工具】选项卡的【控件】功能区中单击【下拉列表】按钮，插入下拉列表内容控件，如图 4-24 所示。

步骤13 将内容控件中的文本修改为【单击显示】，字体设置与前面相同，然后打开【内容控件属性】对话框。

步骤14 在对话框中选择【选择一项】文本，并单击【修改】按钮，打开【修改选项】对话框，在【显示名称】文本框中输入"单击显示"，然后单击【确定】按钮，返回【内容控件属性】对话框中，如图 4-25 所示。

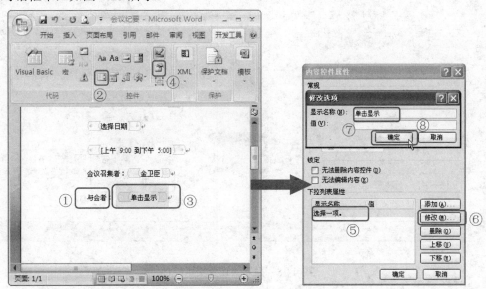

图 4-24 插入下拉列表内容控件 图 4-25 设置显示名称

步骤15 在对话框中单击【添加】按钮，然后输入第一位与会者的姓名，输入完毕单击【确定】按钮，如图 4-26 所示。

步骤16 采用同样的方法将各位与会者的姓名都添加到对话框中，设置完毕单击【确定】按钮返回编辑区，其效果如图 4-27 所示。

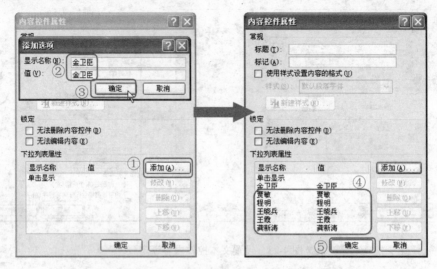

图 4-26　添加姓名　　　　　　　　　　图 4-27　添加姓名完后的效果

步骤17 按<Enter>键换行，输入文本"会议地点："，并插入一个文本控件，然后在文本控件中输入文本，并设置文本的字号为【小五】、字体颜色为【黑色】。

步骤18 按<Enter>键换行，输入文本"携带物品"，并插入一个文本控件，然后在文本控件中输入文本，并设置文本的字号为【小五】、字体颜色为【黑色】，如图 4-28 所示。

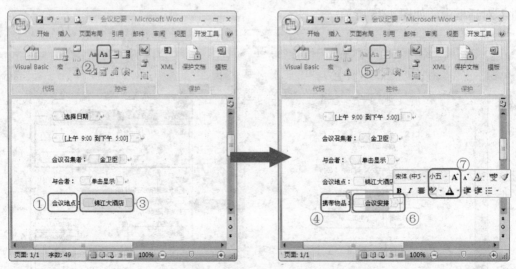

图 4-28　插入并设置文本控件

步骤19 按<Ctrl>+<S>快捷键保存文档，完成会议纪要内容的输入。

4.2.3　插入日程安排的表格

在输入会议纪要的内容后，下面就在文档中插入表格，从而对会议的安排进行设置。其具体的操作步骤如下。

步骤1　在【开发工具】选项卡的【控件】功能区中单击【设计模式】按钮，退出控件的设计模式，并将光标放置在"会议安排"控件之后，如图 4-29 所示。

步骤2　在【插入】选项卡的【表格】功能区中单击【表格】按钮，并在弹出的列表中选择【插入表格】选项，在打开的【插入表格】对话框中设置列数为【3】、行数为【4】，然后单击【确定】按钮插入表格，如图 4-30 所示。

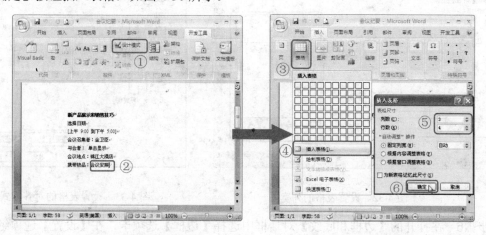

图 4-29　退出设计模式　　　　　　　　图 4-30　插入表格

步骤3　在【表格工具布局】选项卡的【单元格大小】功能区中设置表格的第一行的行高为"1.67 厘米"，第二行的行高为"2.2 厘米"，第三行的行高为"2.22 厘米"，第四行的行高为"1.11 厘米"，此时的表格效果如图 4-31 所示。

图 4-31　设置表格的行高

步骤4 设置表格第一列的列宽为"3.68 厘米"，第二列的列宽为"6.73 厘米"，第三列的列宽为"5.21 厘米"，此时的表格效果如图 4-32 所示。

步骤5 选择整个表格，然后在【表格工具布局】选项卡的【表】功能区中单击【属性】按钮，打开【表格属性】对话框，然后在对话框的【表格】选项卡中选择对齐方式为【居中】，然后单击【边框和底纹】按钮，如图 4-33 所示。

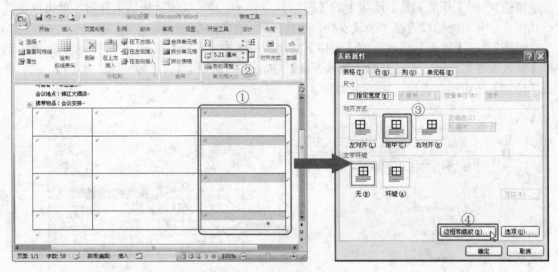

图 4-32　设置表格的列宽　　　　　　　　　　图 4-33　设置表格的对齐方式

步骤6 在打开的【边框和底纹】对话框中选择【边框】选项卡，在【设置】选项组中先选择【无】选项，然后在预览图的左侧依次单击 按钮和 按钮，设置完毕单击【确定】按钮即可完成表格的边框显示设置，如图 4-34 所示。

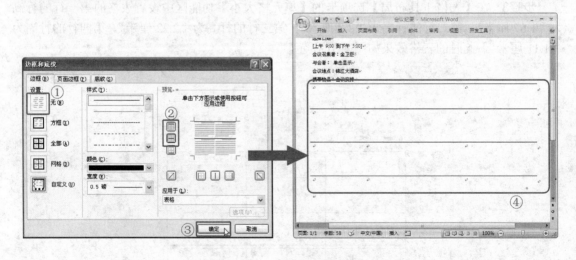

图 4-34　设置表格的边框显示

步骤7 在表格的各单元格中分别输入文本，设置文本的字号为【小五】、字体颜色为【黑色】，如图 4-35 所示。

步骤8 将光标分别放置到表格第二列单元格的最后一行文本的后面,然后依次在【页面布局】选项卡的【段落】功能区中设置段后的间距都为"2行",如图4-36所示。

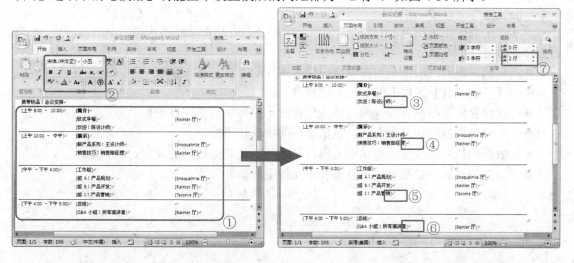

图 4-35 在表格中输入文本　　　　　　图 4-36 设置最后一行文本的间距

步骤9 将光标放置在表格外的空白区域中,输入关于会议的其他信息文本,并设置文本的字号为【小五】、字体颜色为【黑色】,如图4-37所示。

步骤10 按<Ctrl>+<S>快捷键保存文档,会议纪要文档创建完毕,其效果如图4-38所示。

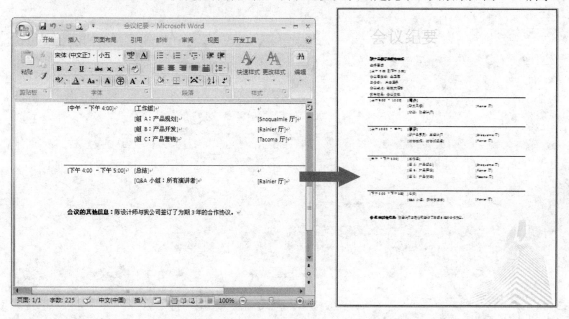

图 4-37 输入其他文本　　　　　　　　图 4-38 文档效果

4.3 实例总结

本实例主要介绍了在 Word 文档中创建会议纪要的方法，通过本实例的学习，需要重点掌握以下几个方面的内容。

- 页眉的编辑方法，包括在页眉中插入图片的方法。
- 【开发工具】选项卡的显示和隐藏方法。
- 在设计模式中插入控件的方法，包括文本控件和日期控件的插入方法。
- 下拉列表控件的设置方法，包括信息的修改和添加。
- 表格的插入和设置，包括单元格行高、列宽和表格边框的设置。
- 段落的设置，包括页眉中段落和单元格中段落的设置。

实例 5　聘用合同

在没有设置专门的人力资源部门的公司中，人员的招聘、管理工作都是由行政部门来完成的，在熟悉国家相关法律、法规的基础上，制定详尽、合理、公平的聘用合同也是行政人员必须具备的工作技能，本实例中就使用 Word 2007 创建聘用合同文档。

5.1　实例分析

创建符合法律规定、条款详尽、公平合理的空白聘用合同文档，并将其保存以备日后使用是行政人员的一项重要工作。在本实例中通过使用 Word 2007 创建空白聘用合同文档，其完成后的预览效果如图 5-1 所示。

图 5-1　聘用合同预览效果

5.1.1　设计思路

在 Word 2007 的文档中可以根据实际需要设置装订线的位置，如果一篇文档中含有多种需要使用同一类样式的内容，可以在第一次出现类似对象的时候设置样式，在以后添加同类内容时直接应用即可。Word 2007 还提供自动拼写和语法检查功能，可以帮助避免一些常见的语言方面的错误，灵活应用该功能，可以大大提高工作的正确率。

本实例的基本设计思路为：新建文档→设置装订线→输入内容→创建样式→应用样式→检查拼写。

5.1.2 涉及的知识点

在聘用合同文档的制作中，首先需要对装订线进行设置，然后在输入合同内容的基础上为文本内容创建样式，创建样式之后可以在同类文本内容上应用设置过的样式，使整篇文档的样式更加整齐统一，最后还可以对输入的内容进行检查及核对等。

在聘用合同文档的创建中主要用到了以下方面的知识点：
◇ 为文档页面设置装订线
◇ 为不同的内容创建不同的样式
◇ 应用样式
◇ 对输入的文本内容进行检查

5.2 实例操作

下面就按照之前所做的分析来介绍创建聘用合同文档的具体操作步骤。

步骤1 启动 Word 2007 并新建一个空白文档，在 Word 2007 界面的左上角单击 【Office】按钮，然后在弹出菜单中选择【保存】命令，打开【另存为】对话框。

步骤2 在【另存为】对话框的【保存位置】下拉列表中选择文档的保存位置，并在【文件名】文本框中输入"聘用合同"，然后单击【保存】按钮，如图 5-2 所示。

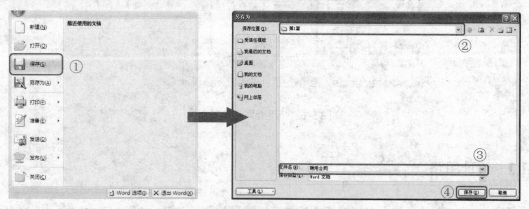

图 5-2 保存文档

步骤3 在【页面布局】选项卡的【页面设置】功能区中单击【纸张大小】按钮，并在弹出的列表中选择【16 开】选项，如图 5-3 所示。

步骤4 在【页面布局】选项卡的【页面设置】功能区中单击【页边距】按钮，然后在弹出的列表中选择【自定义边距】选项，打开【页面设置】对话框，如图 5-4 所示。

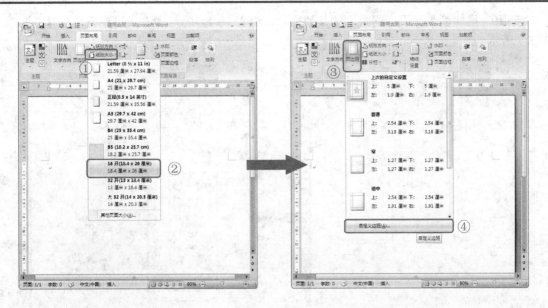

图 5-3　设置纸张大小　　　　　　　　　图 5-4　打开【页面设置】对话框

步骤5　在打开的【页面设置】对话框中选择【页边距】选项卡，然后分别在【上】、【下】、【左】、【右】文本框中输入"2.54 厘米"、"2.54 厘米"、"3.18 厘米"和"3.18 厘米"。

步骤6　在【装订线】文本框中输入"0.5 厘米"，在【装订线位置】下拉列表中选择【左】选项，然后单击【确定】按钮，关闭该对话框，如图 5-5 所示。

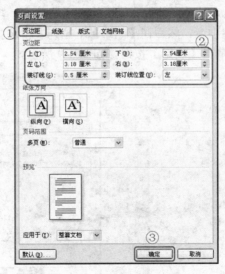

图 5-5　设置页边距和装订线

步骤7　选择第一行内容，在【开始】选项卡的【段落】功能区中单击 ≡【右对齐】按钮，将该行的文本对齐方式设置为右对齐，然后输入"编号："文本内容。

步骤8　在【开始】选项卡的【字体】功能区中单击 U【下划线】按钮，然后按 10 次空格键，即可为编号后的空白处添加下划线，如图 5-6 所示。

步骤9 继续输入聘用合同封面的其他内容，将文本内容的对齐方式设置为【左对齐】，如图 5-7 所示。

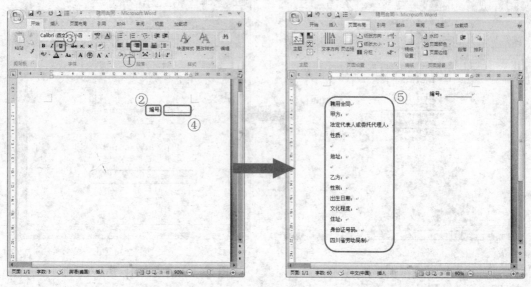

图 5-6　添加下划线　　　　　　　　　　　　　图 5-7　输入封面内容

步骤10 选择"聘用合同"标题内容，在浮动工具栏中将字体设置为【方正大黑简体】，字号设置为【初号】，对齐方式设置为【居中】，如图 5-8 所示。

步骤11 在【开始】选项卡的【字体】功能区的右下角单击 按钮，打开【字体】对话框，并在其中选择【字符间距】选项卡，然后在【间距】下拉列表中选择【加宽】选项，在【磅值】文本框中输入"4 磅"，最后单击【确定】按钮，如图 5-9 所示。

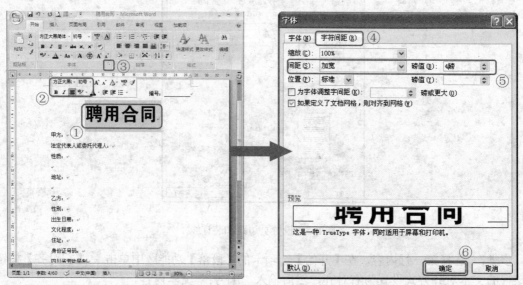

图 5-8　设置字体格式　　　　　　　　　　　　图 5-9　设置字符间距

步骤12　在【开始】选项卡【段落】功能区的右下角单击 □ 按钮，打开【段落】对话框，并在其中选择【缩进和间距】选项卡，然后分别在【段前】和【段后】文本框中输入"20磅"和"30磅"，最后单击【确定】按钮，如图5-10所示。

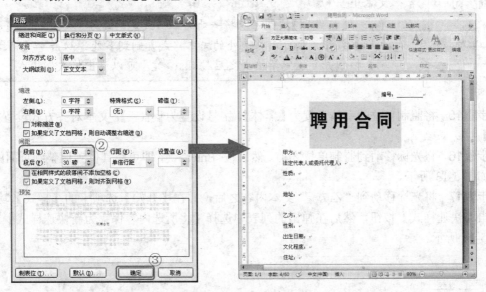

图5-10　设置段前、段后间距

步骤13　选择"甲方："文本内容，然后在浮动工具栏中将字体设置为【创艺简标宋】，字号设置为【三号】，如图5-11所示。

步骤14　在【开始】选项卡的【剪贴板】功能区中单击 ✍【格式刷】按钮，然后拖动鼠标选择双方当事人信息的其他文本内容，如图5-12所示使用格式刷复制格式。

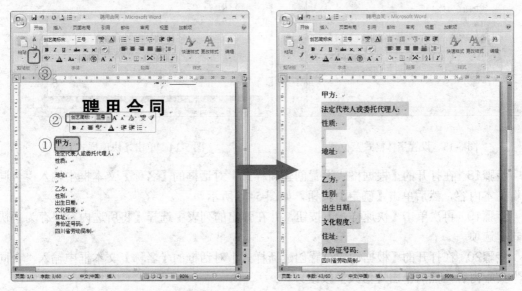

图5-11　设置字体格式　　　　　　　　图5-12　使用格式刷复制格式

❖ 使用格式刷，可以快速将一个位置的文本格式复制到另一个位置的文本上。

❖ 单击 ✔【格式刷】按钮可以将一处文本格式复制到另一处，双击 ✔【格式刷】按钮，则可以将一处的文本格式复制到多处。双击 ✔【格式刷】按钮并复制完毕格式之后按<Esc>键，可以退出格式刷模式。

重点知识

步骤15 将监制单位的字体设置为【黑体】，字号设置为【小三】，文本对齐方式设置为【右对齐】。

步骤16 将光标移动到监制单位之前，然后按<Enter>键，即可将其位置调整到页面的最下端，如图5-13所示。

步骤17 将光标移动到"乙方："文本内容之后，并在【开始】选项卡的【样式】功能区中单击【快速样式】按钮，然后在弹出的列表中选择【将所选内容保存为新快速样式】选项，如图5-14所示。

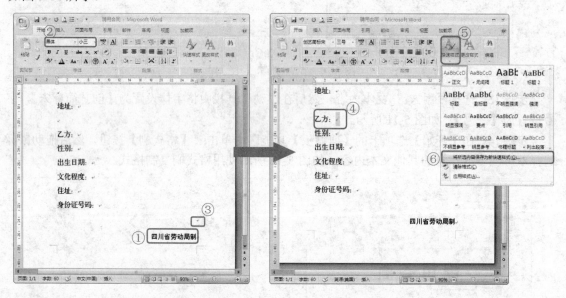

图 5-13 设置字体格式及位置　　　　　　　图 5-14 单击【快速样式】按钮

步骤18 在打开的【根据格式设置创建新样式】对话框的【名称】文本框中输入"合同条款"文本内容，然后单击【确定】按钮，如图5-15所示。

步骤19 再次单击【快速样式】按钮，并在弹出的列表中选择【将所选内容保存为新快速样式】选项。

步骤20 在打开的【根据格式设置创建新样式】对话框的【名称】文本框中输入"合同细则"文本内容，然后单击【修改】按钮。

步骤21 在打开的对话框的【格式】下拉列表中选择【宋体（中文正文）】、【五号】选项，并单击 **B**【加粗】按钮，然后单击【确定】按钮，退出该对话框，如图5-16所示。

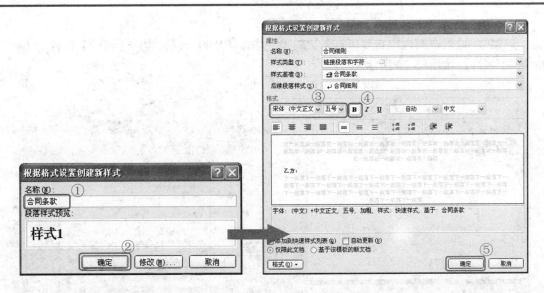

图 5-15　设置【合同条款】样式　　　　　图 5-16　设置【合同细则】样式

❖ 设置好的样式会出现在【快速样式库】之中，单击【快速样式】按钮即可看到，如图 5-17 所示。

❖ 在【样式】功能区右下角单击 按钮，可以打开【字体】列表框。将光标移动到其中任意一个自定义样式上，然后单击鼠标右键，并在弹出的快捷菜单中选择【删除】命令即可将用户自定义的样式删除，如图 5-18 所示。

❖ Word 2007 中内置的如【标题1】、【正文】等样式不能被删除。

图 5-17　快速样式库

图 5-18　删除自定义样式

步骤22 将光标移动到监制单位之后，然后按<Enter>键即可插入一个新页面，将新页面的文本对齐方式设置为【左对齐】，如图 5-19 所示。

步骤23 输入合同内容直到所有条款输入完毕，然后将合同内容的【缩进】设置为【首行缩进、2 字符】，如图 5-20 所示。

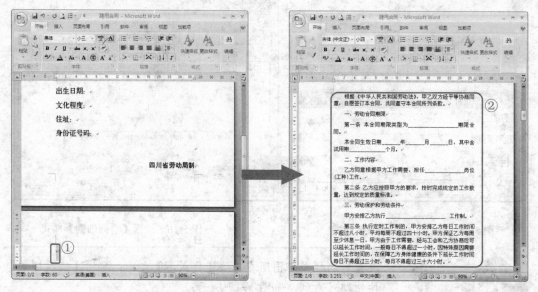

图 5-19　新建页面并设置对齐方式　　　　图 5-20　输入合同内容并设置缩进

步骤24 选择【一、劳动合同期限】文本内容，然后在【开始】选项卡的【样式】功能区中单击【快速样式】按钮，并在弹出的列表中选择【合同条款】选项，如图 5-21 所示。

步骤25 双击 ✐【格式刷】按钮，将"一、劳动合同期限"文本格式复制到其他合同条款上。

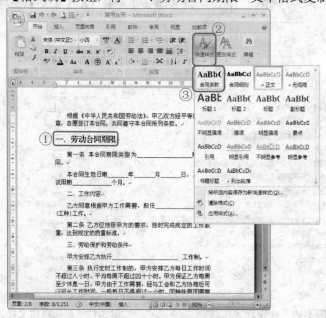

图 5-21　应用"合同条款"格式

步骤26 选择"第一条"文本内容，然后在【开始】选项卡的【样式】功能区中单击【快速样式】按钮，并在弹出的列表中选择【合同细则】选项，如图5-22所示。

步骤27 双击 ✐【格式刷】按钮，将"第一条"的文本格式复制到其他合同细则上。

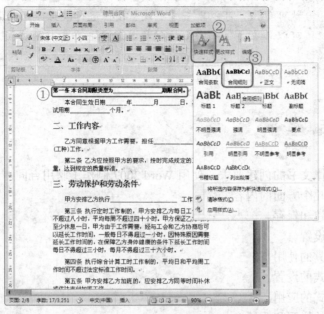

图5-22　应用"合同细则"样式

步骤28 按<Page Up>键返回到合同的标题处，然后在【审阅】选项卡的【校对】功能区中单击【拼写和语法】按钮，打开【拼写和语法】对话框，如图5-23所示。

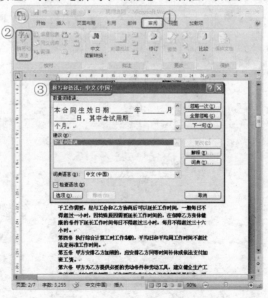

图5-23　【拼写和语法】对话框

步骤29 检查完毕之后，退出该对话框，即可完成聘用合同文档的创建。

在打开的【拼写和语法】对话框中会列出错误并给出建议，如果认可建议，可以单击【更改】按钮进行改正，如果认为建议错误，则可以单击【下一句】按钮将其忽略并查看其他错误。

5.3 实例总结

本例中根据法律文书的创建要求，使用 Word 2007 制作了聘用合同。通过本实例的学习，需要重点掌握以下几个方面的内容。

- 文档的新建和保存。
- 装订线的设置。
- 格式刷工具的使用。
- 自定义样式的设置。
- 自定义样式的应用。
- 检查文档的拼写和语法。

实例 **6**　办公用品领用单

在现代企业中为更好地控制办公消耗成本，规范办公用品的发放、领用和管理工作，一般都会制定相关规定，在办公用品的领用过程中还需要填写专用的领用单，下面就使用 Word 2007 创建办公用品领用单。

6.1　实例分析

办公用品领用统计制度对企业控制成本、加强成本管理有着非常重要的作用。在本实例中将使用 Word 2007 创建办公用品领用单，其完成后的效果如图 6-1 所示。

图 6-1　办公用品领用单效果

6.1.1　设计思路

在使用 Word 2007 创建文档时，可以通过插入图片、纹理或颜色来设置页面背景效果，使页面效果更加美观。在本实例的创建过程中，首先通过渐变色来设置页面填充效果，然后以表格形式来体现办公用品领用单的功能性。

本实例的设计基本思路为：新建文档→设置页面填充效果→插入表格→调整表格。

6.1.2 涉及的知识点

在办公用品领用单的创建过程中，首先新建一个空白文档并设置页面填充效果，然后在文档中插入一个表格，在表格内输入内容之后再使用【表格工具】选项卡设置表格的外观、对齐方式等特性。

在办公用品领用单的创建过程中主要用到了以下方面的知识点：
◇ 设置页面填充效果
◇ 文本的输入与文本格式的设置
◇ 表格的插入
◇ 设置表格样式
◇ 设置表格布局

6.2 实例操作

下面就根据刚才所做的实例分析，逐一介绍办公用品领用单的具体创建步骤。

步骤1 启动 Word 2007 并新建一个空白文档，并以"办公用品领用单"为名称将其进行保存。

步骤2 在【页面布局】选项卡的【页面设置】功能区中单击【纸张方向】按钮，并在弹出的下拉列表中选择【横向】选项，如图 6-2 所示。

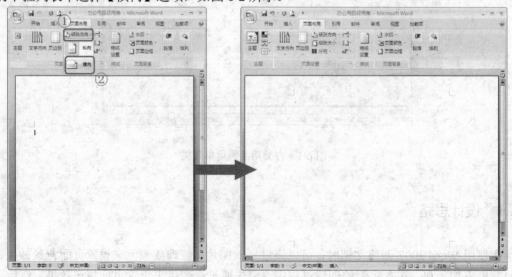

图 6-2 设置纸张方向

步骤3 在【页面布局】选项卡的【页面设置】功能区中单击【纸张大小】按钮，并在弹出的列表中选择【B5】选项，如图6-3所示。

步骤4 在【页面布局】选项卡的【页面设置】功能区中单击【页边距】按钮，然后在弹出的列表中选择【普通】选项，如图6-4所示。

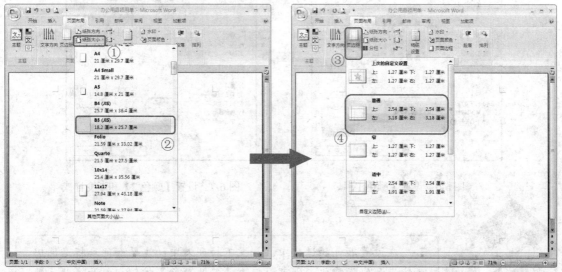

图6-3 设置纸张大小　　　　　　　　图6-4 设置页边距

步骤5 在【页面布局】选项卡的【页面背景】功能区中，单击【页面颜色】按钮，然后在弹出的列表中选择【填充效果】选项，打开【填充效果】对话框，如图6-5所示。

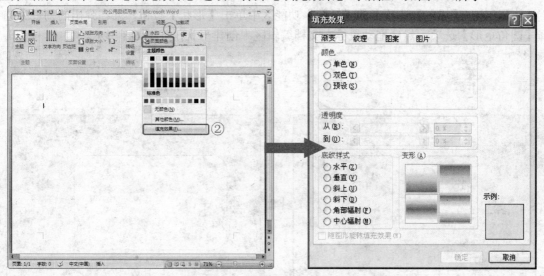

图6-5 打开【填充效果】对话框

步骤6 在【填充效果】对话框的【渐变】选项卡中点选【双色】单选钮，然后在【颜色1】下拉列表中选择【深蓝、文字2，淡色40%】选项，如图6-6所示。

步骤7 在【颜色2】下拉列表中选择【深蓝、文字2，淡色80%】选项，然后在【底纹样式】区域中点选【水平】单选钮，并在【变形】区域中选择左下角的样式，如图6-7所示。

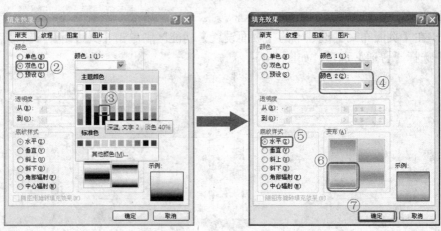

图 6-6 设置【颜色 1】　　　　　　　图 6-7 设置【颜色 2】和渐变样式

 操作技巧　　在设置颜色的过程中，如果下拉列表中的主题颜色和标准色仍不能满足实际需要，则可以单击【其他颜色】按钮，打开【颜色】对话框，在其中进行自定义颜色的设置。

步骤8　在【插入】选项卡的【插图】功能区中单击【形状】按钮，并在弹出的列表中选择【圆角矩形】选项，然后拖动鼠标在文档编辑区中创建形状，如图 6-8 所示。

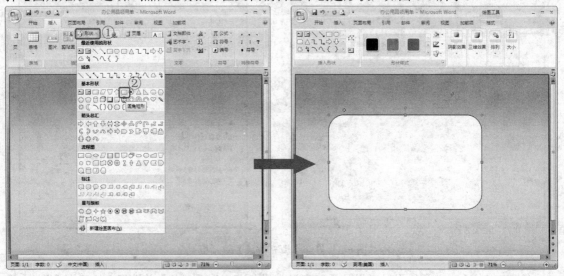

图 6-8 创建圆角矩形

步骤9　在【绘图工具格式】选项卡的【大小】功能区中将圆角矩形的高度设置为【12.48 厘米】，宽度设置为【21.7 厘米】，如图 6-9 所示。

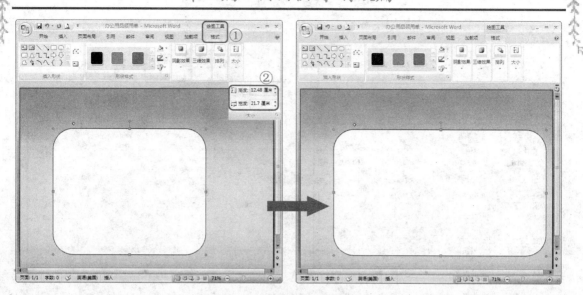

图 6-9 设置圆角矩形的大小

步骤10 在【绘图工具格式】选项卡的【排列】功能区中单击【位置】按钮，并在弹出的列表中选择【其他布局选项】选项，如图 6-10 所示。

步骤11 在打开的【高级版式】对话框中选择【图片位置】选项卡，然后在【水平绝对位置】文本框中输入"-1.04 厘米"，在【垂直绝对位置】文本框中输入"0.45 厘米"，如图 6-11 所示。

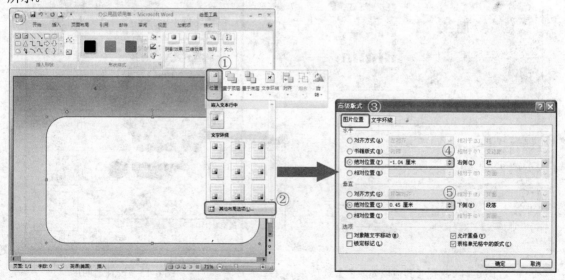

图 6-10 选择【其他布局选项】选项   图 6-11 设置形状的位置

步骤12 在【高级版式】对话框中选择【文字环绕】选项卡，并在其中的【环绕方式】区域中选择【衬于文字下方】选项，然后单击【确定】按钮，退出该对话框，如图 6-12 所示。

步骤13 在【绘图工具格式】选项卡的【形状样式】功能区中单击 【形状轮廓】按钮，并在弹出的列表中选择【无轮廓】选项，如图 6-13 所示。

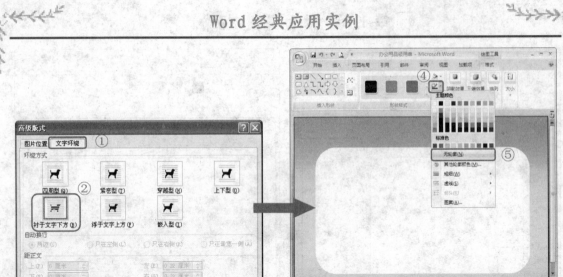

图 6-12　设置环绕方式　　　　　　　　图 6-13　设置形状轮廓

步骤14　在【绘图工具格式】选项卡的【形状样式】功能区中单击 【形状填充】按钮，并在弹出的列表中选择【其他填充颜色】选项，如图 6-14 所示。

步骤15　在打开的【颜色】对话框中选择【标准】选项卡，并在【透明度】文本框中输入"45%"，然后单击【确定】按钮，如图 6-15 所示。

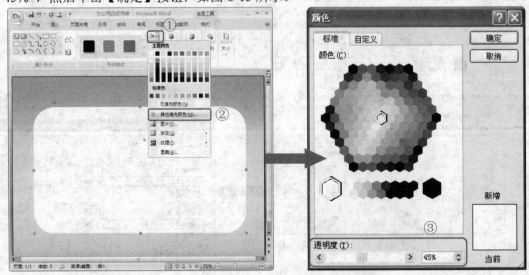

图 6-14　选择【其他填充颜色】选项　　　　　图 6-15　设置透明度

步骤16　在文档编辑区中输入"办公用品领用单"，然后将字体设置为【方正美黑简体】，字号设置为【小初】，字体颜色设置为【蓝色，强调文字颜色 1，深色 25%】，对齐方式设置为【居中】，如图 6-16 所示。

步骤17　按<Enter>键，另起一行，在【插入】选项卡的【表格】功能区中单击【表格】按钮，然后在弹出的列表中选择【插入表格】选项，打开【插入表格】对话框，如图 6-17 所示。

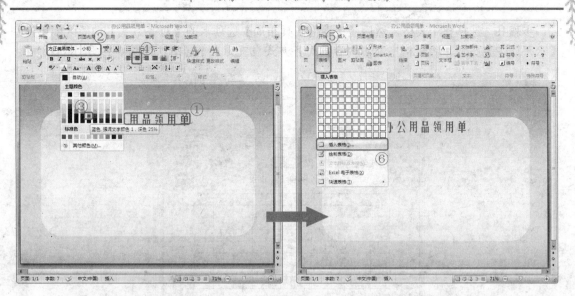

图 6-16 输入标题并设置格式　　　　　图 6-17 选择【插入表格】选项

步骤18　在打开的【插入表格】对话框的【列数】文本框中输入"10"，在【行数】文本框中输入"8"，然后单击【确定】按钮，返回到文档编辑区查看插入表格后的效果，如图 6-18 所示。

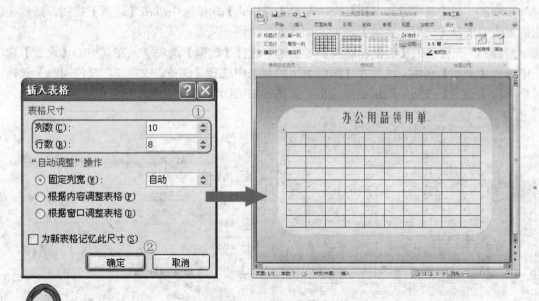

图 6-18 插入表格

　　如果插入 10×8 以下规格的表格，则可以在【表格】功能区中单击【表格】按钮，并在弹出的列表的【插入表格】区域中拖动鼠标选择需要的行数和列数即可快速插入表格。

步骤19 选择整个表格，然后在【表格工具布局】选项卡的【对齐方式】功能区中单击 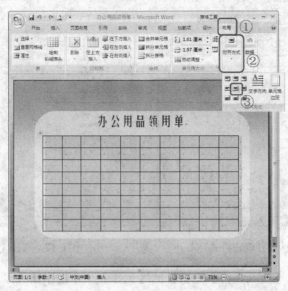 【水平居中】按钮，将表格中文本内容的对齐方式设置为水平居中，如图 6-19 所示。

图 6-19 设置表格内容的对齐方式

步骤20 在【表格工具设计】选项卡的【表样式】功能区中单击【边框】按钮，然后在弹出的列表中选择【边框和底纹】选项，如图 6-20 所示。

步骤21 在打开的【边框和底纹】对话框中选择【边框】选项卡，在其中的【设置】选项组中选择【全部】选项，然后在【颜色】下拉列表中选择【深蓝，文字 2，淡色 40%】选项，最后单击【确定】按钮，退出该对话框，如图 6-21 所示。

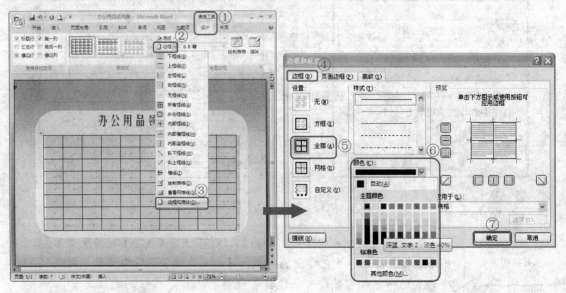

图 6-20 选择【表框和底纹】选项　　　　　　图 6-21 设置边框颜色

步骤22 选择表格的第一行，然后在【表格工具布局】选项卡的【合并】功能区中单击【合并单元格】按钮，即可将该行中的所有单元格合并为一个单元格，如图6-22所示。

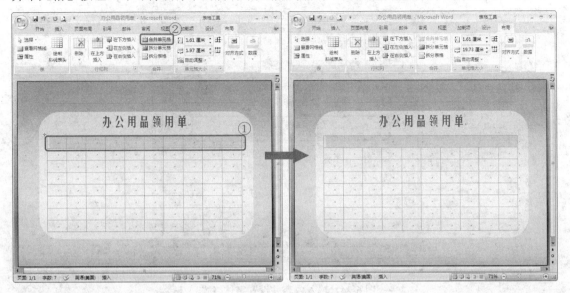

图6-22 合并单元格

步骤23 在【表格工具设计】选项卡的【绘图边框】功能区中单击【绘制表格】按钮，然后在【笔颜色】下拉列表中选择【深蓝，文字2，淡色40%】选项。

步骤24 拖动变为笔形的光标绘制一条垂直线段，将第一行分为两个大小不等的单元格，如图6-23所示。

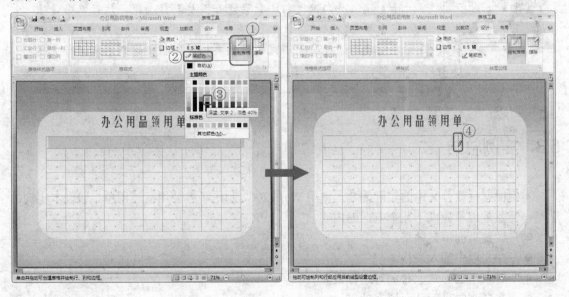

图6-23 绘制表格

步骤25 在表格中输入内容，并将其字体设置为【宋体（中文正文）】，字号设置为【五号】，并将字体加粗，如图 6-24 所示。至此，办公用品领用单文档创建完毕。

图 6-24　输入内容并设置字体格式

> ✧ 在办公用品领用单文档创建完毕之后，直接单击【打印预览】
> 按钮，将无法显示设置好的页面填充效果。
> ✧ 这时，可以在【打印预览】选项卡的【打印】功能区中单击【选
> 项】按钮，打开【Word 选项】对话框。在该对话框中选择【显
> 示】项，并勾选【打印背景色和图片】复选框，然后单击【确
> 定】按钮。
> ✧ 在对没有设置背景填充效果的文档进行打印时则不需进行上述
> 操作。

6.3　实例总结

本例根据行政办公中的实际需要，使用 Word 2007 制作了办公用品领用单。通过本实例的
学习，需要重点掌握以下几个方面的内容。

● 设置页面填充效果。
● 在文档中插入表格。
● 对表格的样式、布局等进行设置。
● 在打印时显示页面填充效果。

实例 **7**　公司组织结构图

对于行政工作人员来讲，应该对公司的文化背景、人事制度等需要有一定的了解，而对于公司的组织结构，就更需要有详细的认识。本实例就通过用 Word 2007 创建公司的组织结构图。

7.1　实例分析

本实例中的公司组织结构图主要是通过设置页眉、页面颜色以及插入 SmartArt 图形并进行设置完成的，使用 Word 2007 制作的公司组织结构图如图 7-1 所示。

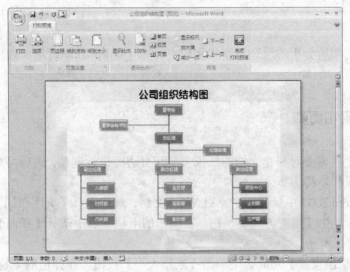

图 7-1　组织结构图预览效果

7.1.1　设计思路

公司组织结构图主要是通过图表的形式展现公司的组织结构关系，应注意结构关系的体现，在各层次之间应使用不同的颜色加以区分。在制作组织结构图之前，还应该对文档的页眉和文档的填充效果进行设置。

公司组织结构图的基本设计思路为：设置纸张大小→设置页眉→设置页面颜色→插入 SmartArt 图形（即组织结构图）→对组织结构图进行修改设置→结束。

7.1.2　涉及的知识点

在组织结构图的制作过程中将会在页眉中插入图片，并对图片进行设置，然后再对页面颜色进行调整。

在组织结构图的制作中主要用到了以下方面的知识点：

◇　插入图片并调整其形状
◇　设置页面的填充颜色
◇　插入组织结构图
◇　在组织结构图中添加文本
◇　设置组织结构图的形状和样式

7.2　实例操作

本节就根据前面所分析的设计思路和知识点，使用 Word 2007 对组织结构图的制作步骤进行详细的讲解。

7.2.1　设置页眉和页脚

在设置页眉之前需要对新建文档的纸张大小和页边距进行调整，然后再对页眉和页脚进行设置，其具体的操作步骤如下。

步骤1　在 Word 2007 中新建一个空白 Word 文档，然后选择【页面布局】选项卡，在【页面设置】功能区中单击【纸张方向】按钮，在弹出的下拉列表中选择【横向】选项，将页面设置为横向，如图 7-2 所示。

步骤2　在【页面设置】功能区中单击【纸张大小】按钮，在弹出的下拉列表中选择【其他页面大小】选项，打开【页面设置】对话框，如图 7-3 所示。

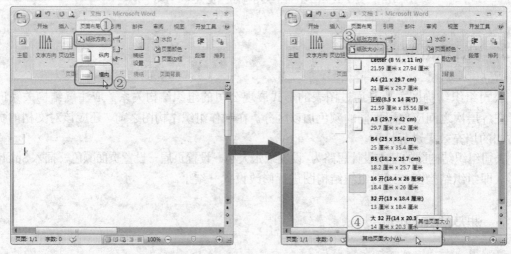

图 7-2　将页面设置为横向　　　　　　　　图 7-3　打开【页面设置】对话框

步骤3 在对话框中选择【纸张】选项卡，然后设置纸张的宽度为【21.59 厘米】、高度为【13.97 厘米】，设置完毕单击【确定】按钮，如图 7-4 所示。

步骤4 选择【页面布局】选项卡，在【页面设置】功能区中单击【页边距】按钮，并在列表中选择【窄】选项，即设置页面上、下、左、右的页边距都为"1.27 厘米"，如图 7-5 所示。

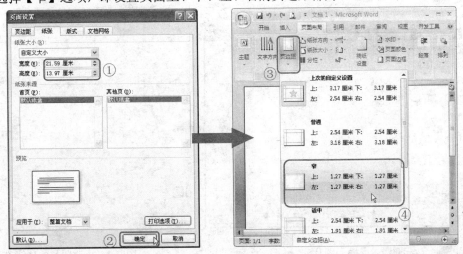

图 7-4 设置纸张大小　　　　　　　图 7-5 设置页边距

步骤5 进入页眉编辑区并隐藏显示线，并在光标处输入文本"公司组织结构图"，并设置字体为【方正粗圆简体】、字号为【小一】、字体颜色为【黑色】，然后在【页眉和页脚设计】选项卡的【段落】功能区中设置段前间距和段后间距均为"0 行"，如图 7-6 所示。

步骤6 选择【页眉和页脚】工具设计选项卡，并在【位置】功能区中设置页眉顶端距离和页脚底端距离均为"0.5 厘米"，如图 7-7 所示。

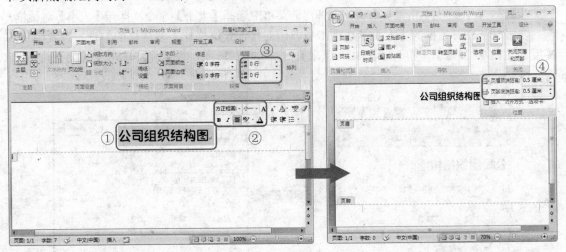

图 7-6 输入文本并设置间距　　　　图 7-7 设置页眉顶端距离和页脚底端距离

步骤7 选择【插入】选项卡，在【插图】功能区中单击【图片】按钮，打开【插入图片】对话框，然后在对话框的【查找范围】下拉列表中，选择路径为"Word 经典应用实例\第 1 篇\

实例7"文件夹中的【bg.jpg】图片文件，并单击【插入】按钮，插入图片，如图7-8所示。

  步骤8 选择所插入的图片，在【图片工具格式】选项卡的【排列】功能区中单击【文字环绕】按钮，在列表中选择【衬于文字下方】选项，更改图片的环绕方式，如图7-9所示。

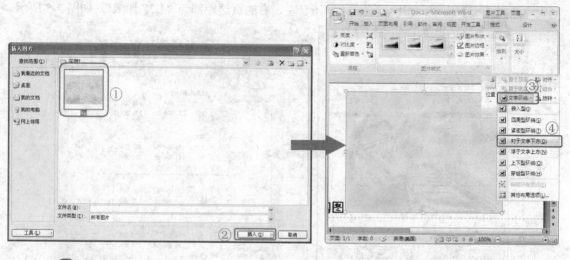

  图7-8 插入图片   图7-9 更改图片的环绕方式

     在【文字环绕】下拉列表中有【嵌入型】、【四周型】、【紧密型】、【衬于文字下方】、【浮于文字上方】、【上下型】和【穿越型】七种图片文字的环绕方式可供选择。如果下拉列表中没有需要的环绕方式，可以选择【其他布局选项】选项，在打开的【高级版式】对话框中可以对【图片位置】和【文字环绕】进行详细的设置。

  步骤9 在图片上单击鼠标右键，在弹出的菜单中选择【大小】命令，打开【大小】对话框。

  步骤10 在对话框的【大小】选项卡中取消对【锁定纵横比】复选框的勾选，设置图片的高度为【13.97厘米】、宽度为【21.59厘米】，如图7-10所示，设置完毕单击【关闭】按钮。

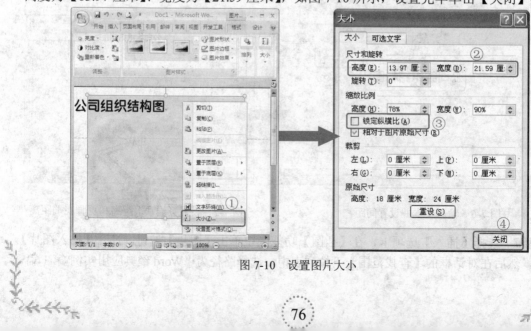

             图7-10 设置图片大小

步骤11 选择所插入的图片，在【图片工具格式】格式选项卡的【排列】功能区中单击【位置】按钮，在列表中选择【其他布局选项】选项，打开【高级版式】对话框，如图7-11所示。

步骤12 在对话框中选择【图片位置】选项卡，然后设置水平对齐方式和垂直对齐方式均为【居中】，并且均是相对于【页面】，设置完毕单击【确定】按钮，如图7-12所示。

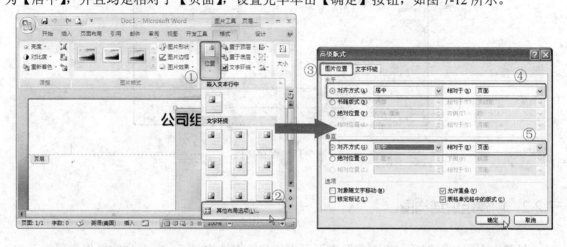

图 7-11　打开高级版式对话框　　　　　　　图 7-12　设置图片的对齐方式

步骤13 选择所插入的图片，在【图片工具格式】选项卡的【图片样式】功能区中单击【图片形状】按钮，在弹出的列表中选择【图文框】选项设置图片的形状，如图7-13所示。

步骤14 选择【页眉和页脚设计】选项卡，然后在【关闭】功能区中单击【关闭页眉和页脚】按钮，退出页眉和页脚的编辑区，如图7-14所示。

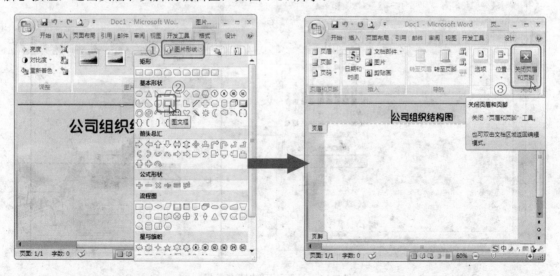

图 7-13　设置图片形状　　　　　　　　　　图 7-14　退出页眉和页脚编辑区

步骤15 按<Ctrl>+<S>快捷键保存文档，在弹出的【另存为】对话框中选择保存路径，在【文件名】文本框中输入文件名称，并在【保存类型】下拉列表中选择要保存的文档类型，然后单击【保存】按钮保存文档，如图7-15所示。

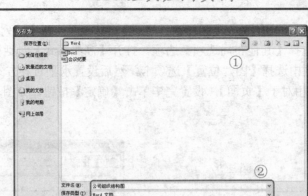

图 7-15　保存文档

7.2.2　创建组织结构图

设置完页眉和页脚后，下面就要在页面中创建组织结构图了，其具体的操作步骤如下。

步骤1　在文档中选择【页面布局】选项卡，然后在【页面背景】选项卡中单击【页面颜色】按钮，在列表中选择【填充效果】选项，打开【填充效果】对话框。

步骤2　在对话框中选择【纹理】选项卡，然后在【纹理】列表框中选择【羊皮纸】选项，设置完毕单击【确定】按钮即可设置页面的填充效果，如图 7-16 所示。

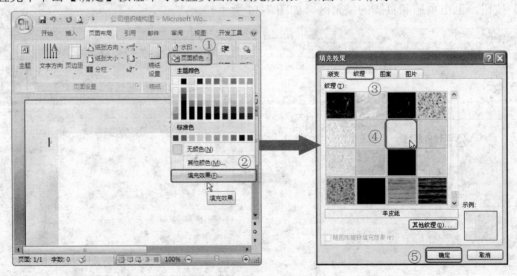

图 7-16　设置页面的填充效果

步骤3　在【插入】选项卡的【插图】功能区中单击【SmartArt】按钮，在弹出的【选择SmartArt 图形】对话框左侧选择【层次结构】选项，然后在右侧选择【组织结构图】，设置完毕单击【确定】按钮即可在文档中插入组织结构图，如图 7-17 所示。

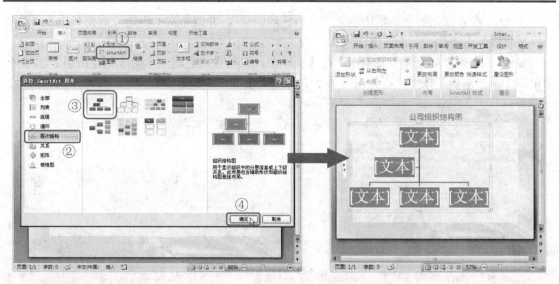

图 7-17 插入组织结构图

操作技巧

插入组织结构图之后，可以在文本框中直接输入相应机构名称的文本；或者在【SmratArt 工具设计】选项卡的【创建图形】功能区中单击【文本窗格】按钮打开文本窗格，在其中输入文本；也可以在组织结构图中单击 按钮，打开文本窗格再输入文本。

步骤4 在组织结构图第一层的文本框中输入文本"董事会"，在组织结构图第二层的文本框中输入文本"董事会秘书处"，然后在组织结构图第三层的文本框中输入文本"总经理"，再删除其余两个文本框，如图 7-18 所示。

步骤5 选择"总经理"文本框，并且在【SmartArt 工具设计】选项卡的【创建图形】功能区中单击【添加形状】按钮，然后在弹出的菜单中选择【添加助理】命令，如图 7-19 所示。

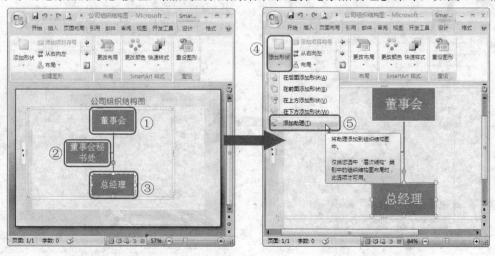

图 7-18 输入文本   图 7-19 添加助理

步骤6 在新创建的文本框中输入文本"经理助理",并调整文本框的位置使其位于"总经理"文本框的右下侧,如图7-20所示。

步骤7 选择"总经理"文本框,在【SmartArt工具设计】选项卡的【创建图形】功能区中单击【添加形状】按钮,在弹出的菜单中选择【在下方添加形状】命令,如图7-21所示。

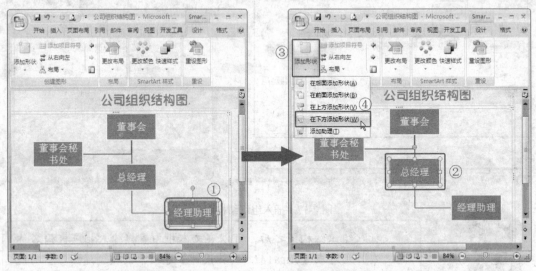

图7-20 输入文本并调整位置　　　　　　　　图7-21 在下方添加形状

步骤8 在新文本框中输入文本"副总经理",然后重复上面的操作,在"总经理"文本框后面再添加两个"副总经理"文本框。

步骤9 按\<Ctrl\>键,选择"总经理"和三个"副总经理"文本框,在【创建图形】功能区中单击【布局】按钮,然后在列表中选择【标准】选项,如图7-22所示。

步骤10 选择左侧的"副总经理"文本框,选择【在下面添加形状】选项在该文本框下面添加三个文本框,并分别在其中输入"人事部"、"财务部"和"行政部",如图7-23所示。

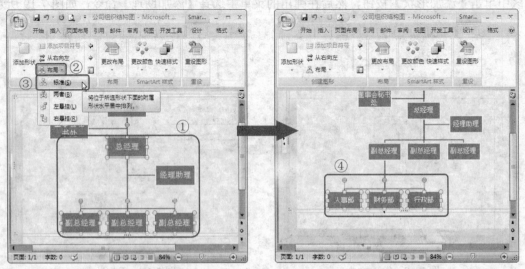

图7-22 改变文本框的布局样式　　　　　　　图7-23 添加文本框并输入文本

步骤11　选择中间的"副总经理"文本框，选择【在下面添加形状】选项在该文本框下面添加三个文本框，并分别在其中输入"业务部"、"客服部"和"配送部"，然后再选择右侧的"副总经理"文本框。选择【在下面添加形状】选项在该文本框下面添加三个文本框，并分别在其中输入"研发中心"、"企划部"和"生产部"，如图7-24所示。

步骤12　按<Ctrl>键，选择三个"副总经理"文本框和其下属的九个文本框，并单击【布局】按钮，在弹出的菜单中选择【右悬挂】命令改变所选文本框的布局样式，如图7-25所示。

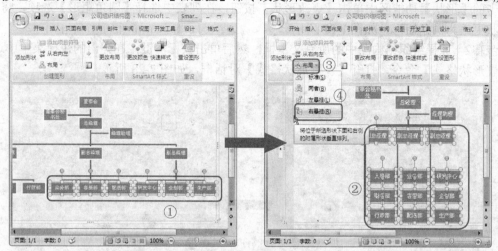

图7-24　添加文本框并输入文本　　　　图7-25　改变文本框的布局样式

> 单击【SmratArt 工具设计】选项卡的【布局】功能区中的【更改布局】按钮，在弹出的列表中可以更改组织结构图的层次结构。选择【其他布局】选项，可以打开【选择 SmartArt 图形】对话框，在其中重新选择 SmartArt 图形替换当前的组织结构图。

步骤13　在组织结构图中分别移动各文本框的位置，如图7-26所示。

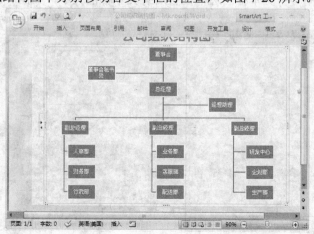

图7-26　调整各文本框的位置

7.2.3 设置组织结构图的样式

创建了组织结构图后，下面就要通过 SmartArt 工具对其设计和格式进行相应的设置，以达到美观组织结构图的目的，其具体的操作步骤如下。

步骤1 按<Ctrl>键，依次选择组织结构图中的所有文本框，然后在【SmartArt 工具格式】选项卡的【形状】功能区中单击【更改形状】按钮，在列表中选择【圆角矩形】选项，将文本框形状更改为圆角矩形，如图 7-27 所示。

步骤2 选择组织结构图中的所有文本框，然后单击鼠标右键，在弹出的快捷菜单中选择【设置形状格式】命令，打开【设置形状格式】对话框，如图 7-28 所示。

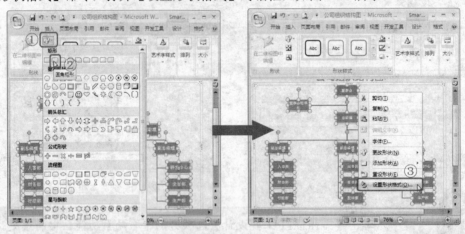

图 7-27 更改文本框的形状　　　　　　　图 7-28 打开【设置形状格式】对话框

步骤3 在对话框左侧选择【线条颜色】选项卡，并在右侧点选【无线条】单选钮，设置完毕单击【关闭】按钮，如图 7-29 所示。

步骤4 在全部文本框被选中的情况下，设置文本框中的文本字体为【微软雅黑】，字号为【10】，然后拖动其中一个文本框的边框调整所有文本框的大小，如图 7-30 所示。

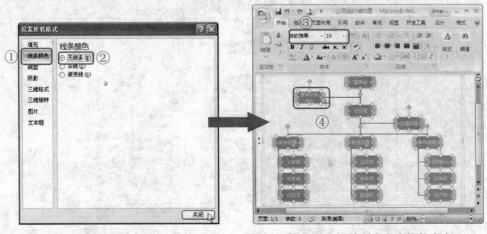

图 7-29 设置线条颜色　　　　　　　图 7-30 调整所有文本框的大小

步骤5　选择组织结构图，然后在【SmartArt 工具设计】选项卡的【SmartArt 样式】功能区中单击【快速样式】按钮，在弹出的列表中选择【优雅】选项，如图 7-31 所示。

步骤6　在组织结构图中选择"董事会"文本框，然后在【SmartArt 工具格式】选项卡的【形状样式】功能区中单击【填充颜色】按钮，在颜色列表中选择【紫色，强调文字颜色 4】选项，如图 7-32 所示。

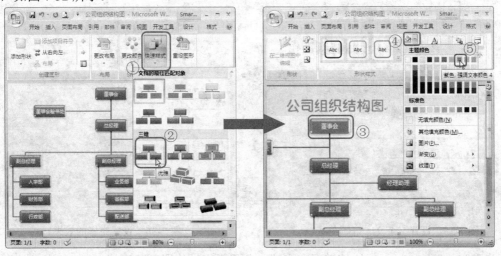

图 7-31　设置组织结构图样式　　　　　　　图 7-32　设置文本框颜色

步骤7　在组织结构图中按住<Ctrl>键，依次选择"董事会秘书处"和"经理助理"两个文本框，然后单击【形状填充】按钮，在颜色列表中选择【黑色，文字 1，淡色 50%】选项，如图 7-33 所示。

步骤8　在组织结构图中选择"总经理"文本框，然后单击【形状填充】按钮，在颜色列表中选择【红色，强调文字颜色 2】选项，如图 7-34 所示。

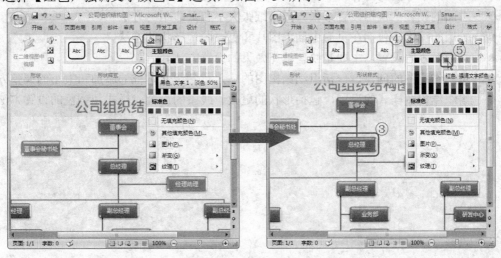

图 7-33　设置两个文本框的颜色　　　　　　图 7-34　设置文本框颜色

步骤9　在组织结构图中按住<Ctrl>键，依次选择三个"副总经理"文本框，然后单击【形

状填充】按钮，在颜色列表中选择【橄榄色，强调文字颜色 3，深色 25%】选项，如图 7-35
所示。

步骤10 采用同样的方法，设置剩余各部门的文本框颜色，如图 7-36 所示。

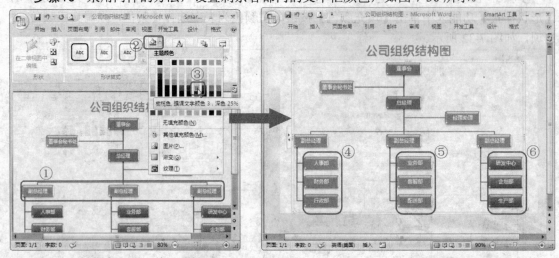

图 7-35 设置三个文本框颜色　　　　　　图 7-36 设置完毕的效果

步骤11 按<Ctrl>+<S>快捷键保存文档，公司组织结构图创建完毕。

7.3 实例总结

本实例主要介绍了在 Word 文档中创建公司组织结构图的方法，通过本实例的学习，需要
重点掌握以下几个方面的内容。

● 页面的设置，包括设置纸张方向、纸张大小和页边距的方法。
● 页眉的编辑，包括在页眉中插入图片和更改图片形状的方法。
● 页面颜色的设置，主要是纹理填充效果的设置方法。
● 组织结构图的创建，包括组织结构图的插入、各级文本框的添加和大小的调整方法。
● 组织结构图样式的设置，包括形状的更改、线条的设置、样式和颜色的设置方法。

实例 8　招聘启事

在市场经济条件下，人力资源的流动加快，因而各企业的员工普遍具有不固定性，所以在行政工作中，人员的招聘也就成为各公司不可缺少的一个环节，本实例就通过用 Word 2007 创建公司人员招聘启事。

8.1　实例分析

本实例中的公司人员招聘启事主要是通过页面设置、设置页眉、绘制形状、插入图片、设置文本缩进和间距来完成，使用 Word 2007 制作的人员招聘启事预览效果如图 8-1 所示。

图 8-1　招聘启事预览效果

8.1.1　设计思路

本实例的招聘启事主要是用于发布公司相应岗位的招聘信息，因而在制作时要对相关的信息进行详细地介绍，如公司信息、职位类别、职位要求、联系方式等信息资料。除此之外，还应该对招聘启事的样式进行设置，以体现公司的文化和风格。

制作招聘启事文档的基本设计思路为：对页面进行设置→设置页眉页脚→输入文本→设置分栏和段落→设置项目符号→设置超链接→结束。

8.1.2　涉及的知识点

在招聘启事实例的制作中，将在页眉和页脚中绘制图形并且插入图片，然后再对图片进行调整。

在招聘启事的制作中主要用到了以下方面的知识点：
◇　纸张大小和页边距的调整
◇　形状的绘制和调整
◇　图片的插入和设置
◇　文本段落和分栏的设置
◇　项目符号的插入和编辑
◇　文本超链接的设置

8.2　实例操作

本节就根据前面所分析的设计思路和知识点，使用 Word 2007 对招聘启事的制作步骤进行详细的讲解。

8.2.1　对页面进行设置

对页面进行设置即对新建文档的纸张大小和页边距进行调整，其具体的操作步骤如下。

步骤1　在 Word 2007 中按<Ctrl>+<N>快捷键新建一个空白 Word 文档，然后选择【页面布局】选项卡，在【页面设置】功能区中单击【纸张大小】按钮，在弹出的下拉列表中选择【A4(21×29.7cm)】选项，设置纸张的大小，如图 8-2 所示。

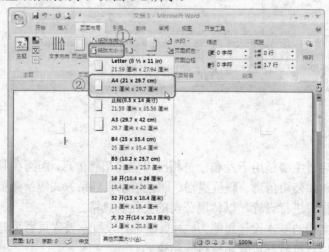

图 8-2　设置纸张大小

步骤2 在【页面设置】功能区中单击【页边距】按钮，并在列表中选择【自定义边距】选项，打开【页面设置】对话框，如图8-3所示。

步骤3 在对话框中选择【页边距】选项卡，然后设置页面的上边距为【4厘米】、下边距为【0.71厘米】、左边距为【3厘米】、右边距为【0.65厘米】，设置完毕单击【确定】按钮，如图8-4所示。

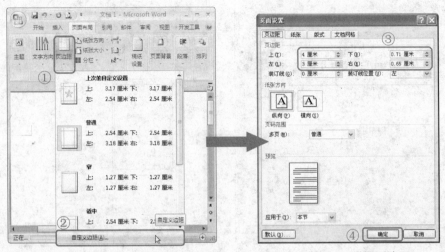

图8-3　选择【自定义边距】选项　　　　图8-4　设置页边距

8.2.2　设置页眉页脚

设置完毕文档的纸张大小和页边距后，接下来就要对页眉和页脚进行设置了，其具体的操作步骤如下。

步骤1 选择【插入】选项卡，然后在【页眉和页脚】功能区中单击【页眉】按钮，在弹出的列表中选择【编辑页眉】选项，进入页眉和页脚编辑区，如图8-5所示。

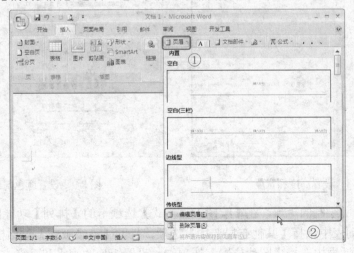

图8-5　进入页眉和页脚编辑区

步骤2 在页眉和页脚编辑区中隐藏显示线，然后在【插入】选项卡的【插图】功能区中单击【形状】按钮，在弹出的列表中选择【矩形】选项，如图 8-6 所示。

步骤3 在编辑区中绘制一个矩形，然后在矩形上单击鼠标右键，在弹出的快捷菜单中选择【设置自选图形格式】命令，打开【设置自选图形格式】对话框，如图 8-7 所示。

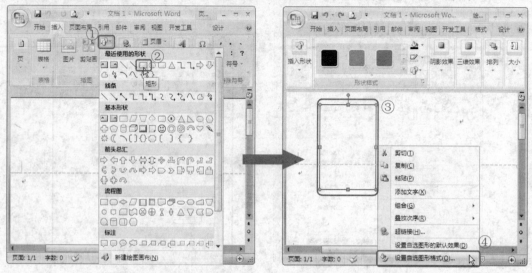

图 8-6　绘制矩形　　　　　　　　　　图 8-7　打开【设置自选图形格式】对话框

步骤4 在对话框中选择【大小】选项卡，然后设置矩形的高度为【4.45 厘米】、宽度为【3.02厘米】，如图 8-8 所示。

步骤5 在对话框中再选择【颜色与线条】选项卡，然后设置填充颜色为【黑色，文字 1】、线条颜色为【无颜色】，设置完毕单击【确定】按钮，如图 8-9 所示。

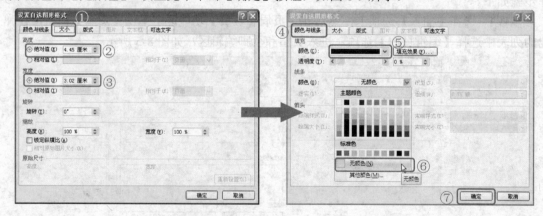

图 8-8　设置高度和宽度　　　　　　　　图 8-9　设置颜色与线条

步骤6 选择所绘制的矩形，在【绘图工具格式】选项卡的【排列】功能区中单击【位置】按钮，在弹出的列表中选择【其他布局选项】选项，打开【高级版式】对话框。

步骤7 在对话框中选择【图片位置】选项卡，设置矩形的水平和垂直方向的绝对位置均为【0.85 厘米】，在【右侧】和【下侧】下拉列表中均选择【页面】选项，如图 8-10 所示，设置完毕单击【确定】按钮。

图 8-10　设置矩形的位置

步骤8　采用同样的方法，在编辑区中创建第二个矩形，并打开【设置自选图形格式】对话框，选择【大小】选项卡，然后设置矩形的高度为【2.54 厘米】、宽度为【9.68 厘米】。

步骤9　选择【颜色与线条】选项卡，并在填充颜色的下拉列表中选择【其他颜色】选项，在打开的【颜色】对话框中选择【自定义】选项卡，设置颜色模式 RGB 值依次为 "204"、"0"、"0"，设置完毕单击【确定】按钮，再设置线条颜色为【无颜色】，如图 8-11 所示。

图 8-11　设置矩形的大小和颜色

> RGB 是色光的彩色模式，其中 R 代表红色（Red），G 代表绿色（Green），B 代表蓝色（Blue），图片色彩均由 RGB 数值决定。当 RGB 色彩数值均为 0 时，为黑色；当 RGB 色彩数值均为 255 时，为白色；当 RGB 色彩数值相等时，产生灰色。三种色彩相叠加形成了其他的色彩。因为三种颜色每一种都有 256 个亮度水平级，所以三种色彩叠加就能形成 1670 万种颜色。

步骤10 选择所绘制的矩形，并打开【高级版式】对话框，选择【图片位置】选项卡，设置矩形的水平方向的绝对位置为【3.86厘米】、垂直方向的绝对位置为【0.85厘米】，在【右侧】和【下侧】下拉列表中均选择【页面】选项，设置完毕单击【确定】按钮，如图8-12所示。

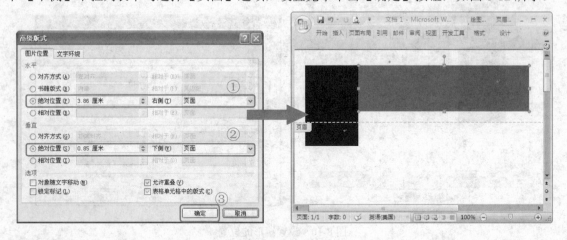

图8-12 设置矩形的水平和垂直位置

步骤11 在编辑区中创建第三个矩形，然后在【绘图工具格式】选项卡的【大小】功能区中设置矩形的高度为【2.54厘米】、宽度为【6.75厘米】，并调整位置使其如图8-13所示。

步骤12 在【绘图工具格式】选项卡的【形状样式】功能区中单击 【形状填充】按钮，然后在列表中依次选择【渐变】、【其他渐变】选项，如图8-14所示。

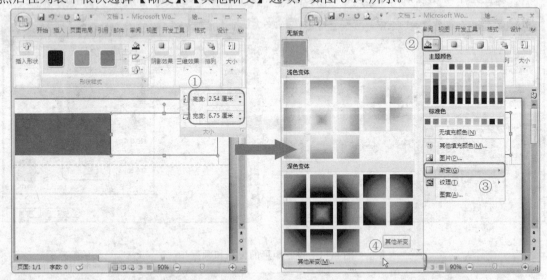

图8-13 设置矩形的大小和位置　　　　　图8-14 选择填充效果

步骤13 打开【填充效果】对话框，在【渐变】选项卡中点选【双色】单选钮，并设置颜色1为【白色，背景1，深色35%】，颜色2为【白色，背景1】，然后点选【中心辐射】单选钮，并在右侧选择第二个变形效果，如图8-15所示，设置完毕单击【确定】按钮。

步骤14 在【绘图工具格式】选项卡的【形状轮廓】功能区中单击 【形状轮廓】按钮，

然后在列表中选择【无轮廓】选项，如图 8-16 所示。

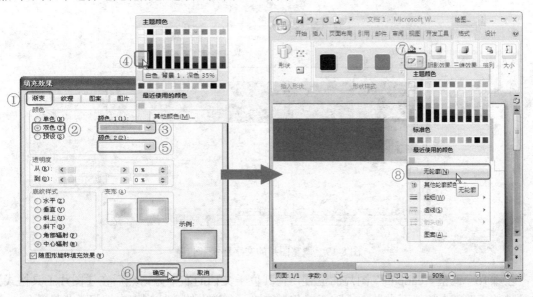

图 8-15　设置矩形的填充效果　　　　图 8-16　设置矩形无轮廓显示

步骤15　在【插入】选项卡的【插图】功能区中单击【图片】按钮，打开【插入图片】对话框，然后在对话框的【查找范围】下拉列表中，选择路径为"Word 经典应用实例\第 1 篇\实例 8"文件夹中的"car.png"、"logo1.png"和"logo2.png"图片文件，并单击【插入】按钮，插入图片，如图 8-17 所示。

步骤16　选择"car.png"图片，在【图片工具格式】选项卡的【排列】功能区中单击【文字环绕】按钮，在弹出的列表中选择【浮于文字上方】选项，如图 8-18 所示。

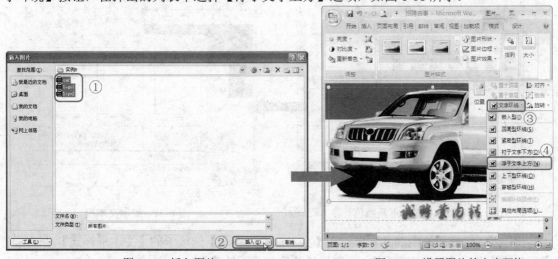

图 8-17　插入图片　　　　　　　　图 8-18　设置图片的文字环绕

步骤17　采用同样的方法设置"logo1.png"和"logo2.png"图片文件的文字环绕都为【浮于文字上方】，然后调整这两个图片的位置，使其如图 8-19 所示。

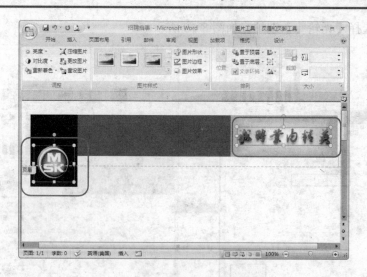

图 8-19　调整图片的文字环绕和位置

步骤18　调整 "car.png" 图片的位置，使其位于文档的右下方，然后在【图片工具格式】选项卡的【调整】功能区中单击【重新着色】按钮，在弹出的下拉列表中选择【背景颜色 2　浅色】选项，如图 8-20 所示。

步骤19　在【插入】选项卡的【文本】功能区中单击【文本框】按钮，在弹出的列表中选择【绘制文本框】选项，在文档中插入文本框，如图 8-21 所示。

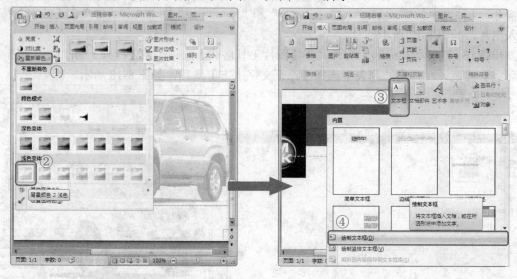

图 8-20　对图片重新着色　　　　　　　　　　图 8-21　绘制文本框

步骤20　选择所绘制的文本框，在【文本框工具格式】选项卡的【文本框样式】功能区中设置形状填充为【无填充颜色】，设置形状轮廓为【无轮廓】。

步骤21　在文本框中输入公司名称文本，如 "MSK 汽车（中国）投资有限公司"，并设置文本字体为【微软雅黑】、字号为【三号】、字体颜色为【白色，背景 1】，然后调整文本框的位置，使其如图 8-22 所示。

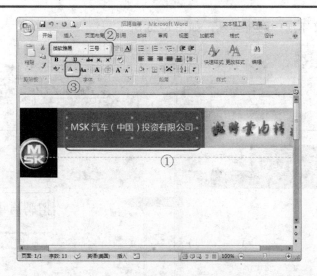

图 8-22　输入文本并调整文本框的位置

步骤22　按<Ctrl>+<S>快捷键保存文档，在弹出的【另存为】对话框中选择保存路径，在【文件名】文本框中输入文件名称，并在【保存类型】下拉列表中选择要保存的文档类型，然后单击【保存】按钮保存文档，如图 8-23 所示。

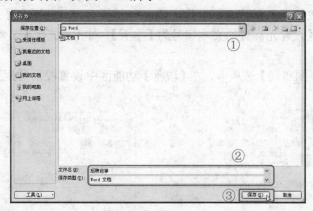

图 8-23　保存文档

8.2.3　输入招聘内容

输入招聘的内容主要是输入相应的文本内容，并对文本进行段落格式方面的设置，具体的操作步骤如下。

步骤1　选择【页眉和页脚设计】选项卡，然后在【关闭】功能区中单击【关闭页眉和页脚】按钮，退出页眉和页脚的编辑区，如图 8-24 所示。

步骤2　在光标处输入文本"招聘启事"，并在【开始】选项卡的【字体】功能区中设置文本字体为【宋体（中文正文）】、字号为【小一】、字体为粗体，然后在【段落】功能区中单击

【居中】按钮，使文本居中对齐显示，如图 8-25 所示。

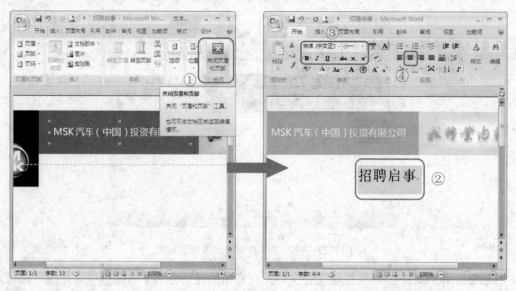

图 8-24　退出页眉和页脚编辑区　　　　　　图 8-25　输入文本并设置格式

步骤3　将光标放置到"招聘启事"后按<Enter>键换行，并分别在【开始】选项卡的【字体】和【段落】功能区设置光标处的文本字号为【小五】、对齐方式为【文本左对齐】，如图 8-26 所示。

步骤4　选择【页面布局】选项卡，在【段落】功能区中设置段后间距为"0 行"，如图 8-27 所示。

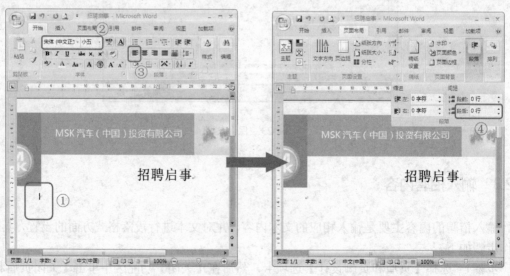

图 8-26　设置字号各对齐方式　　　　　　　图 8-27　设置段后间距

步骤5　在光标处输入公司名称、公司介绍和职位类别的说明文本，然后选择所输入的文本，在【页面布局】选项卡的【段落】功能区中单击 【段落】按钮，打开【段落】对话框。

步骤6　在对话框的【缩进和间距】选项卡中设置行距为【单倍行距】，设置完毕单击【确定】按钮，如图 8-28 所示。

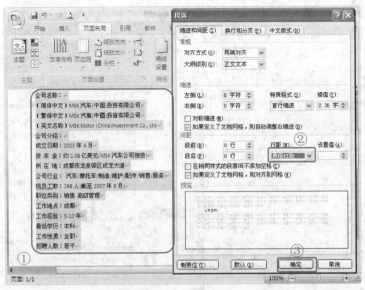

图 8-28　输入文本并设置行距

步骤7　选择公司名称和公司介绍的说明文本，然后在【页面布局】选项卡的【页面设置】功能区中单击【分栏】按钮，在弹出的下拉列表中选择【两栏】选项，将所选文本进行分栏，如图 8-29 所示。

步骤8　将"公司名称"、"公司介绍"和"职位类别：销售高级管理"文本加粗显示，然后选择"职位类别：销售高级管理"文本和公司名称下的说明文本，在【页面布局】选项卡的【段落】功能区中设置其段前间距和段后间距值均为"0.5 行"，如图 8-30 所示。

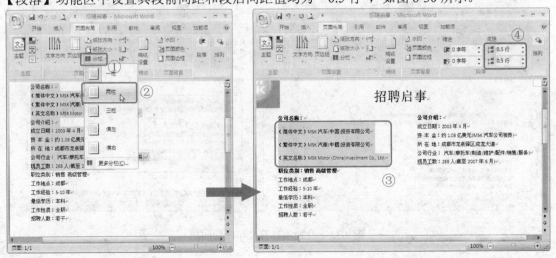

图 8-29　设置所选文本的分栏　　　　　图 8-30　设置所选文本的段落间距

步骤9　按<Enter>键换行，然后在输入相应的文本，然后分别将"职位要求"、"联系方式"

和"注意：请务必在简历首页注明"文本设置为粗体，并设置段前间距和段后间距值均为"0.5行"，如图 8-31 所示。

步骤10 按住<Ctrl>键，分别选择"职责描述"和"候选人要求"文本，在【开始】选项卡的【段落】功能区中单击 ⊟ 【项目符号】按钮，在弹出的列表中选择黑色棱形符号样式，如图 8-32 所示。

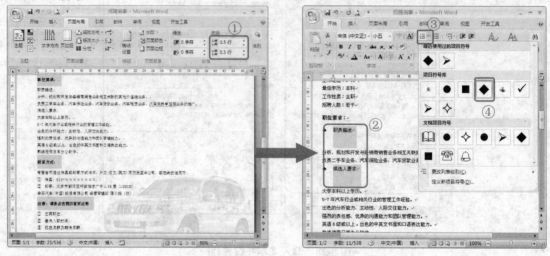

图 8-31 设置文本格式和间距　　　　图 8-32 设置项目符号

步骤11 在【页面布局】选项卡的【段落】功能区中设置段后间距值为"0 行"，然后对"职责描述"和"候选人要求"的说明文本设置项目符号，并设置段后间距值为"0 行"，如图 8-33 所示。

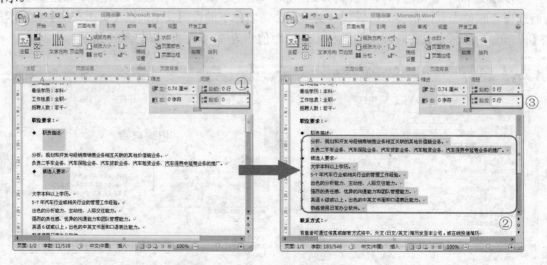

图 8-33 设置项目符号和段后间距

步骤12 依次选择所设置项目符号的文本，在【开始】选项卡的【段落】功能区中单击 ⊟ 【增加缩进量】按钮，对所选择的文本增加缩进量，如图 8-34 所示。

步骤13 绘制一个矩形，然后在【绘图工具格式】选项卡的【大小】功能区中设置矩形的高度为【0.89 厘米】、宽度为【17.3 厘米】，并调整位置使其如图 8-35 所示。

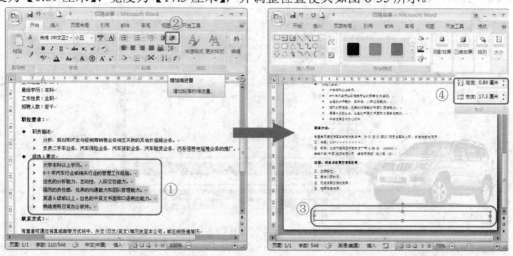

图 8-34　对文本增加缩进量　　　　　　　　　图 8-35　绘制矩形

步骤14　选择所绘制的矩形，在【绘图工具格式】选项卡的【形状样式】功能区中单击 ，【形状填充】按钮，然后在列表中次选择【其他填充颜色】选项，打开【颜色】对话框。

步骤15　在对话框中选择【自定义】选项卡，设置颜色模式的 RGB 值分别为"204"、"0"、"0"，设置完毕单击【确定】按钮，如图 8-36 所示。

步骤16　在【绘图工具格式】选项卡的【形状样式】功能区中单击 ，【形状轮廓】按钮，然后在列表中选择【无轮廓】选项，如图 8-37 所示。

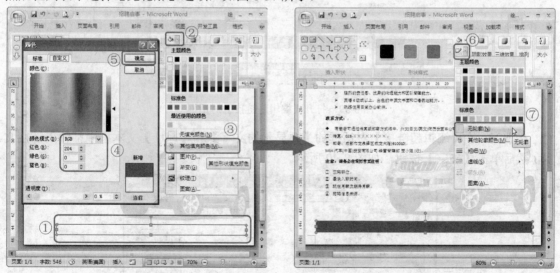

图 8-36　设置填充颜色　　　　　　　　　　　图 8-37　设置形状轮廓

步骤17　在文档中绘制一个文本框，然后选择所绘制的文本框，在【文本框工具格式】选项卡的【文本框样式】功能区中设置形状填充为【无填充颜色】，设置形状轮廓为【无轮廓】。

步骤18　在文本框中输入文本，并设置文本字体为【微软雅黑】、字号为【小五】、字体颜色为【白色，背景1】，然后调整文本框的位置，使其如图8-38所示。

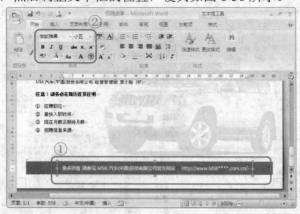

图8-38 输入文本并设置字体

步骤19 选择文本中的链接文本，然后在【插入】选项卡的【链接】功能区中单击【超链接】按钮，如图8-39所示，打开【编辑超链接】对话框。

图8-39 打开【编辑超链接】对话框

步骤20 在【编辑超链接】对话框的【要显示的文字】和【地址】文本框中都输入链接文本，然后单击【确定】按钮，如图8-40所示。

图8-40 设置链接地址

在 Word 2007 中可以对文本、形状、剪贴画、图片、SmartArt 图形等多种对象创建超链接。在【插入超链接】对话框中可以直接设置链接对象的 UPL 地址，也可以将链接对象到【本文档中的位置】、【新建文档】或者【电子邮件地址】。同时，也可以设置链接对象的屏幕提示、书签和目标框架。

步骤21 在文档中重新设置链接文本的颜色为【白色，背景 1】，并单击 Ｕ【下划线】按钮取消文本的下划线，如图 8-41 所示。

步骤22 按<Ctrl>+<S>快捷键保存文档，招聘启事创建完毕，其效果如图 8-42 所示。

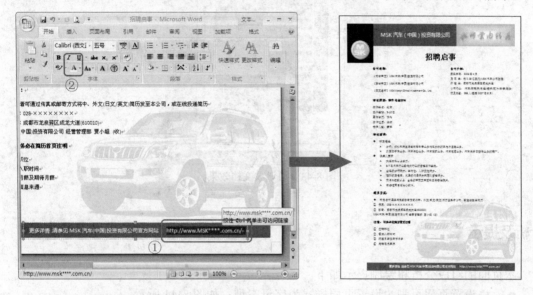

图 8-41 设置链接文本格式　　　　　　　　图 8-42 预览效果

8.3 实例总结

本实例主要介绍了在 Word 文档中创建招聘启事的方法，通过本实例的学习，需要重点掌握以下几个方面的内容。

- 页面的设置，包括设置纸张方向、纸张大小和页边距的方法。
- 页眉的编辑，包括在页眉中插入形状和设置形状填充和轮廓的方法。
- 文本框的插入，包括设置文本框形状填充和轮廓、以及输入文本的方法。
- 段落间距的设置，包括设置段前间距和段后间距的方法。
- 行距的设置，应能理解各行距之间的差异。
- 文本的分栏，尝试各种分栏的效果。

举一反三

本篇的举一反三是创建一个员工通讯录的 Word 文档，主要是以表格的形式创建通讯录，其效果如图 8-43 所示。

图 8-43 通讯录文档效果

分析及提示

本页面的组成分析和绘制提示如下。

- 先设置页眉页脚，设置页眉样式为字母表型，如图 8-44 所示。
- 打开【边框和底纹】对话框，设置页面边框，如图 8-45 所示。
- 位于中心的三个文本框的形状效果为预设 11 的三维效果。
- 在正文中主要是创建表格，然后对表格进行设计和布局的设置。

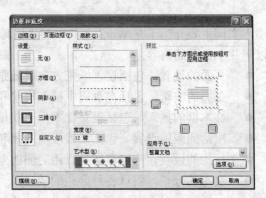

图 8-44 设置页眉样式　　　　　　图 8-45 设置页面边框

第2篇

我最闪亮　商务篇

本篇导读

　　Word 2007 的又一大亮点是在商务办公活动中制作各种产品宣传单、活动海报、客户联络卡以及请柬等各类文档。使用 Word 2007 制作的宣传单、海报等文档，不仅可以直观地表现出各种信息，并且表现的效果也不俗，比传统的纸质商务文稿更能够吸引观看者的注意力，使观看者在短时间内留下深刻印象，在推广产品的同时，也为企业增加了相应的宣传效果。

Let ' s go

实例 9　新产品宣传单

　　使用 Word 2007 不仅可以创建文本类的文档，还可以通过插入图片和绘制形状等功能，创建具有视觉冲击力的产品宣传资料。本实例通过使用 Word 2007 创建新产品的宣传单。

9.1　实例分析

　　本实例中的产品宣传资料主要是通过设置页眉、绘制形状以及插入图片等方法进行创建，其完成后的效果如图 9-1 所示。

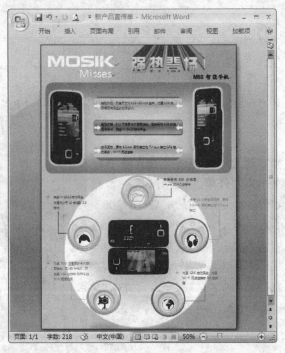

图 9-1　新产品宣传单预览效果

9.1.1　设计思路

　　在 Word 2007 中可以插入形状、艺术字、图片来美化文档，还可以调整形状的颜色、位置使之与页面相匹配。对于所绘制的艺术字和形状，可以对其设置形状样式、阴影效果或者三维效果；如果所插入的是图片，则可以设置图片的发光、柔化边缘以及阴影等效果进行美化。

　　本实例的基本设计思路为：通过绘制形状并设置形状样式编辑页眉→输入文本→插入艺术字→插入图片并设置→绘制形状和说明文本→结束。

9.1.2　涉及的知识点

在新产品宣传单的创建过程中，首先新建一个空白文档并设置页面填充效果，然后在页眉中输入文本并插入艺术字，最后绘制形状并设置形状的样式。

在新产品宣传单的制作中主要用到了以下方面的知识点：
- ◆　艺术字的插入和三维效果的设置
- ◆　圆角矩形的绘制和形状样式、三维效果的设置
- ◆　圆形的绘制和自选图形格式的设置
- ◆　图片的插入和图片效果的设置
- ◆　肘形连接符的绘制和调整
- ◆　项目符号的插入和编辑

9.2　实例操作

本节就根据前面所分析的设计思路和知识点，使用 Word 2007 对新产品宣传单的制作步骤进行详细的讲解。

9.2.1　设置页眉和页脚

设置页眉之前需要对新建的文档设置页面颜色，其具体的操作步骤如下。

步骤1　在 Word 2007 中按<Ctrl>+<N>快捷键，新建一个空白 Word 文档，然后选择【页面布局】选项卡，在【页面设置】功能区中单击【纸张大小】按钮，并在列表中选择【A4(21×29.7cm)】选项，设置纸张的大小，如图 9-2 所示。

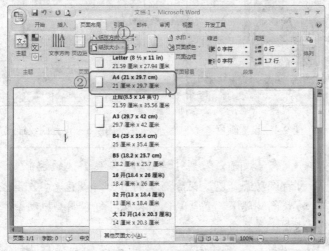

图 9-2　设置纸张大小

步骤2 选择【页面布局】选项卡，然后在【页面背景】功能区中单击【页面颜色】按钮，在弹出的列表中选择【填充效果】选项。

步骤3 在打开的【填充效果】对话框中选择【渐变】选项卡，然后点选【单色】单选钮，并在右侧的【颜色1】下拉列表中选择【其他颜色】选项，如图9-3所示。

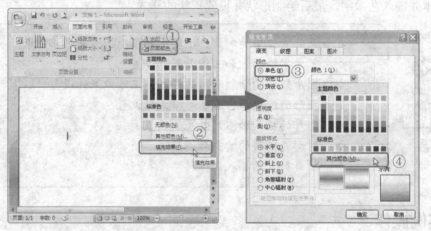

图9-3 打开【填充效果】对话框

步骤4 在打开的【颜色】对话框中选择【自定义】选项卡，然后设置RGB值分别为"204"、"137"、"170"，如图9-4所示，设置完毕单击【确定】按钮，返回【填充效果】对话框。

步骤5 在【填充效果】对话框中拖动【颜色1】下面的拖动条，然后在【底纹样式】选项组中点选【角部辐射】单选钮，在右侧选择第二个变形效果，如图9-5所示，设置完毕单击【确定】按钮。

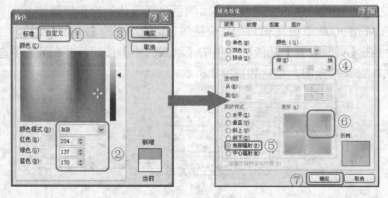

图9-4 设置颜色　　　　　　图9-5 设置底纹样式

操作技巧

在【填充效果】对话框的【渐变】选项卡中，调整【颜色1】下面的拖动条可以改变除渐变的另一种颜色，向左调整拖动条，所设置的颜色就越深，直至黑色；相反，向右调整拖动条，所设置的颜色就越浅，直至白色。

步骤6 选择【插入】选项卡，然后在【页眉和页脚】功能区中单击【页眉】按钮，在弹出的列表中选择【编辑页眉】选项，进入页眉和页脚编辑区，如图9-6所示。

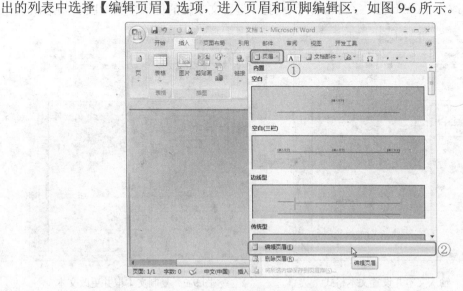

图9-6 进入页眉和页脚编辑区

步骤7 在页眉和页脚编辑区中隐藏显示线，然后在【插入】选项卡的【文本】功能区中单击【文本框】按钮，在弹出的列表中选择【绘制文本框】选项。

步骤8 在编辑区中绘制一个文本框，并在【文本框工具格式】选项卡的【文本框样式】中设置文本框为【无形状填充】和【无轮廓】，如图9-7所示。

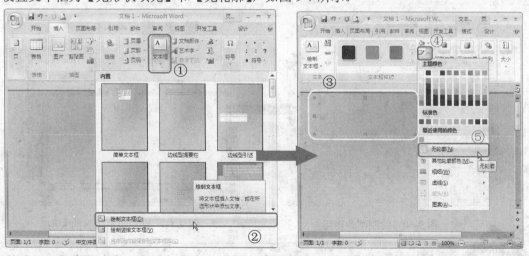

图9-7 绘制文本框

步骤9 在文本框中输入品牌的文本，然后在【开始】选项卡的【字体】功能区中设置文本的字体为【NokianvirallinenkirjasinREGULAR】（对于系统未带的字体读者可以上网下载，将其放在 C:\WINDOWS\Fonts 文件夹中），设置字号为【初号】、字体颜色为【白色，背景1】，设置完毕后调整文本框的位置，使其位于编辑区的左上方，如图 9-8 所示。

步骤10 按住<Ctrl>键，拖动此文本框将其复制一个，然后在复制后的文本框中更改文本内容，并将字体改为【Calibri】，字号改为【小初】，调整文本框的位置使其如图 9-9 所示。

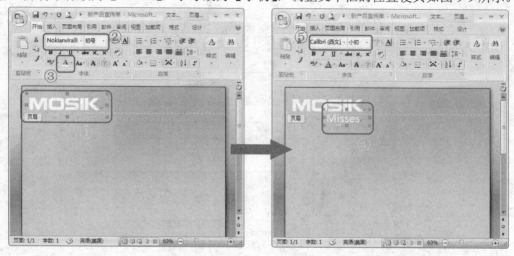

图 9-8　输入文本并设置文本格式　　　　图 9-9　复制文本框并更改文本

步骤11 在【插入】选项卡的【插图】功能区中单击【形状】按钮，在弹出的列表中选择【圆角矩形】选项，在编辑区中绘制一个圆角矩形，如图 9-10 所示。

步骤12 选择所绘制的圆角矩形，在【绘图工具格式】选项卡的【大小】功能区中设置其高度为【9.52 厘米】、宽度为【20.06 厘米】，并调整圆角矩形的位置使其如图 9-11 所示。

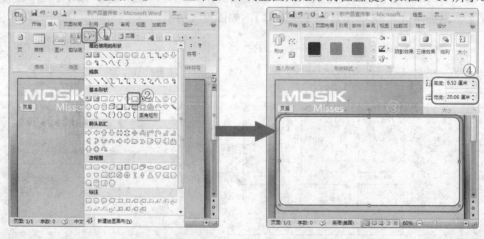

图 9-10　绘制圆角矩形　　　　图 9-11　设置圆角矩形的大小

操作技巧

　　在【绘图工具格式】选项卡的【排列】功能区中单击【位置】按钮，然后在弹出的列表中选择【其他布局选项】选项，打开【高级版式】对话框，在【图片位置】选项卡中可以精确地设置所选形状或者图片的水平和垂直位置。

步骤13 选择所绘制的圆角矩形，在【绘图工具格式】选项卡的【形状样式】功能区中设置外观样式为【中心渐变，深】，如图 9-12 所示，设置圆角矩形的外观样式。

步骤14 在【插入】选项卡的【插图】功能区中单击【形状】按钮，在弹出的列表中选择【椭圆】选项，如图 9-13 所示。

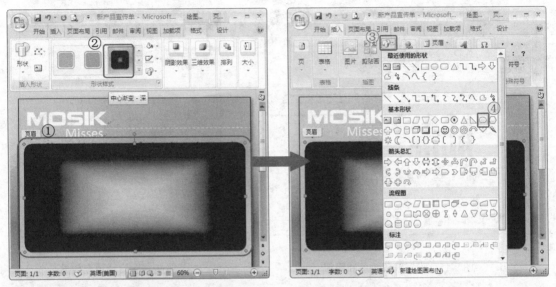

图 9-12　设置圆角矩形的外观样式　　　　图 9-13　绘制椭圆

步骤15 按住<Shift>键，在编辑区中绘制一个圆，然后在所绘制的圆形上单击鼠标右键，在弹出的快捷菜单中选择【设置自选图形格式】命令，打开【设置自选图形格式】对话框。

步骤16 在【设置自选图形格式】对话框中选择【大小】选项卡，然后将高度和宽度均设置为【16 厘米】，并勾选【锁定纵横比】复选框，如图 9-14 所示。

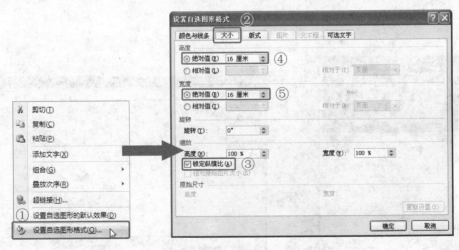

图 9-14　设置圆形的大小

步骤17 在【设置自选图形格式】对话框中选择【颜色与线条】选项卡，设置线条颜色为【黑色，文字 1，淡色 50%】，线条粗细为【3 磅】，如图 9-15 所示。

步骤18 在【设置自选图形格式】对话框中单击【填充效果】按钮，打开【填充效果】对话框，在【颜色】选项组中点选【单色】单选钮，设置颜色 1 为【白色，背景 1】，并在下方调整拖动条至最左侧，然后设置透明度【到】值为【100%】，最后设置底纹样式为【中心辐射】，并在右侧选择第二个变形效果，如图 9-16 所示。

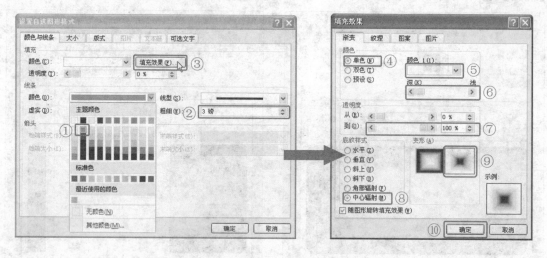

图 9-15　设置线条颜色和粗细　　　　　　　　图 9-16　设置填充效果

步骤19 设置完毕单击【确定】按钮，返回【设置自选图形格式】对话框，然后再单击【确定】按钮，返回编辑区中，调整圆形的位置使其效果如图 9-17 所示。

步骤20 在 Word 2007 界面的左上方单击 【按钮】按钮保存文档，在弹出的【另存为】对话框中选择保存路径，在【文件名】文本框中输入文件名称，并在【保存类型】下拉列表中选择要保存的文档类型，然后单击【保存】按钮保存文档，如图 9-18 所示。

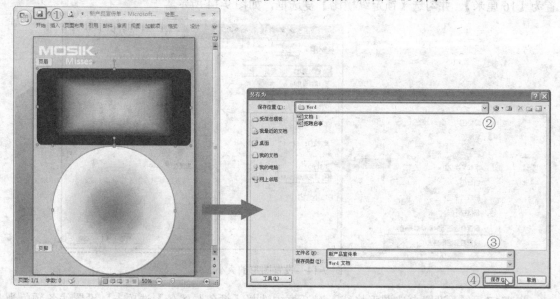

图 9-17　圆形的设置效果　　　　　　　　图 9-18　保存文档

9.2.2　创建产品宣传内容

设置完毕页眉和页脚后，下面就要在页面中创建产品宣传内容了，其具体的操作步骤如下。

步骤1　选择【页眉和页脚设计】选项卡，然后在【关闭】功能区中单击【关闭页眉和页脚】按钮，退出页眉和页脚编辑区，如图 9-19 所示。

步骤2　在编辑区中绘制一个文本框，在【文本框工具格式】选项卡的【文本框样式】中设置文本框为【无形状填充】和【无轮廓】，然后输入文本"M68 智能手机"，调整文本框的位置使其位于文档的右上方，如图 9-20 所示。

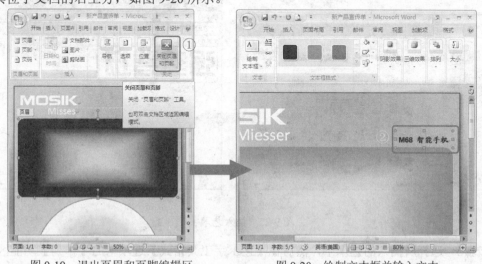

图 9-19　退出页眉和页脚编辑区　　　　图 9-20　绘制文本框并输入文本

步骤3　选择文本框，在【开始】选项卡的【字体】功能区中单击 【字体】按钮，打开【字体】对话框，然后在其中设置中文本的中文字体为【楷体_GB2312】、西文字体为【Arial】、字形为【加粗】、字号为【三号】，如图 9-21 所示，设置完毕单击【确定】按钮。

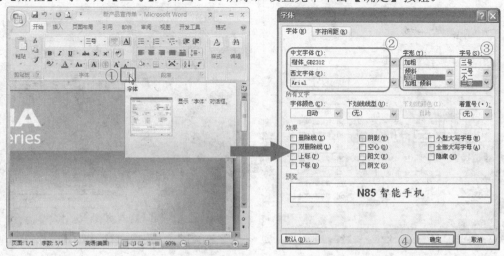

图 9-21　设置文本字体

步骤4 在【插入】选项卡的【文本】功能区中单击【艺术字】按钮，在弹出的列表中选择【艺术字样式10】选项。

步骤5 在打开的【编辑艺术字文字】对话框中输入文本"强势登场!"，然后设置字体为【方正综艺简体】、字号为【44】，如图9-22所示，设置完毕单击【确定】按钮即可插入艺术字。

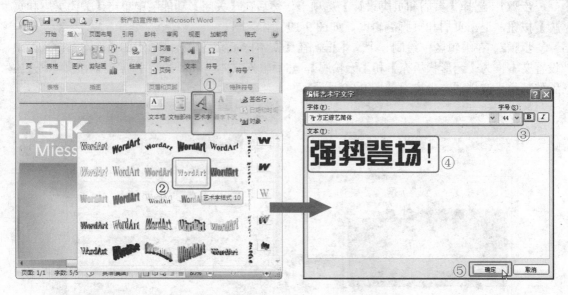

图9-22 插入艺术字

步骤6 选择所插入的艺术字，然后在【艺术字工具格式】选项卡的【排列】功能区中单击【文字环绕】按钮，在弹出的菜单中选择【浮于文字上方】选项，如图9-23所示。

步骤7 使用鼠标拖动调整艺术字的位置，然后在艺术字上单击鼠标右键，在弹出的快捷菜单中选择【设置艺术字格式】命令，如图9-24所示，打开【设置艺术字格式】对话框。

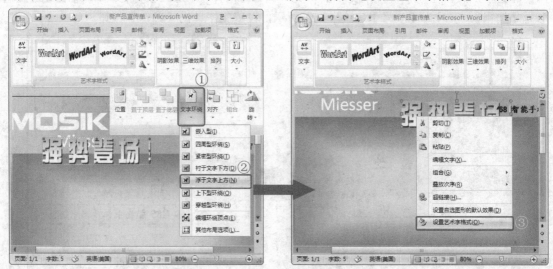

图9-23 设置艺术字的文本环绕　　　　　图9-24 打开【设置艺术字格式】对话框

步骤8　在【设置艺术字格式】对话框的【颜色与线条】选项卡中单击【填充效果】按钮，打开【填充效果】对话框。

步骤9　在【填充效果】对话框的【渐变】选项卡中点选【双色】单选钮，并设置颜色 1 的 RGB 值为"204"、"137"、"170"，颜色 2 的 RGB 值为"233"、"225"、"239"，然后设置底纹样式为【水平】，并选择第二个变形效果，如图 9-25 所示，设置完毕单击【确定】按钮，返回【设置艺术字格式】对话框，再单击【确定】按钮。

步骤10　选择所设置的艺术字，在【艺术字工具格式】选项卡的【三维效果】功能区中单击【三维效果】按钮，在弹出的列表中选择【三维样式 10】选项，如图 9-26 所示。

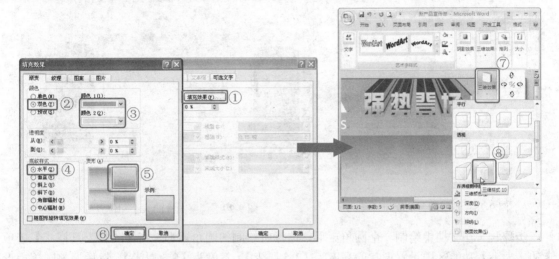

图 9-25　设置艺术字的填充效果　　　　　　图 9-26　设置艺术字的三维效果

步骤11　选择【插入】选项卡，在【插图】功能区中单击【图片】按钮，打开【插入图片】对话框，然后选择路径为"Word 经典应用实例\第 2 篇\实例 9"文件夹中的"phone01.png"和"phone02.png"图片文件，单击【插入】按钮，插入图片 1，如图 9-27 所示。

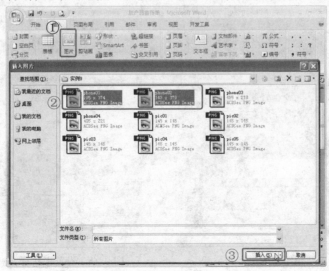

图 9-27　插入图片 1

步骤12 使用鼠标右键分别单击所插入的两个图片，在弹出的菜单中选择【文字环绕】→【浮于文字上方】命令，设置图片的文字环绕效果，如图 9-28 所示。

步骤13 在【图片工具格式】选项卡的【大小】功能区中调整 "phone01.png" 图片的高度为【7.91 厘米】、宽度为【4.13 厘米】，然后调整 "phone02.png" 图片的高度为【8.68 厘米】、宽度为【3.28 厘米】，并分别调整图片各自的位置，使其如图 9-29 所示。

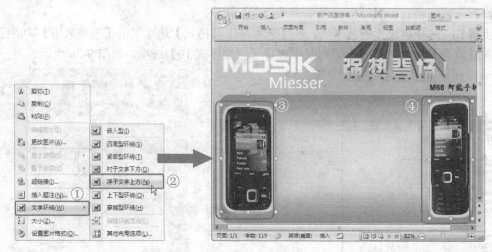

图 9-28　设置图片的文字环绕　　　　　　图 9-29　调整图片的大小和位置

步骤14 在文档中绘制一个圆角矩形，选择所绘制的圆角矩形，在【图片工具格式】选项卡的【大小】功能区中设置形状的高度为【1.5 厘米】、宽度为【9.5 厘米】，然后调整圆角矩形的位置，如图 9-30 所示。

步骤15 在【形状样式】功能区中设置圆角矩形的外观样式为【水平渐变-强调文字颜色 3】，然后在【三维效果】功能区中单击【三维效果】按钮，在弹出的下拉列表中选择【三维样式 6】选项，并设置三维效果的深度为【36 磅】，如图 9-31 所示。

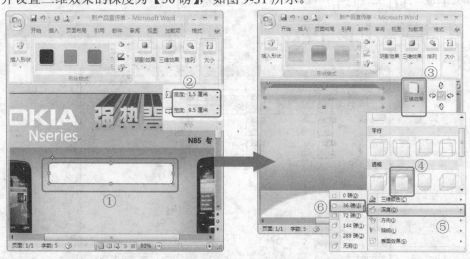

图 9-30　设置圆角矩形的大小和位置　　　　图 9-31　设置形状样式和三维效果 1

步骤16　在【插入】选项卡的【插图】功能区中单击【形状】按钮，在弹出的列表中选择【右箭头】选项，在编辑区中绘制一个右箭头。

步骤17　选择所绘制的右箭头，在【绘图工具格式】选项卡的【大小】功能区中设置其高度为【0.6 厘米】、宽度为【0.74 厘米】，并在【形状样式】功能区中设置形状填充为【白色，背景 1】，形状轮廓为【无轮廓】，然后调整右箭头的位置，如图 9-32 所示。

步骤18　采用同样的方法绘制一个左箭头，并设置大小和形状样式同右箭头相同，然后调整右箭头的位置，如图 9-33 所示。

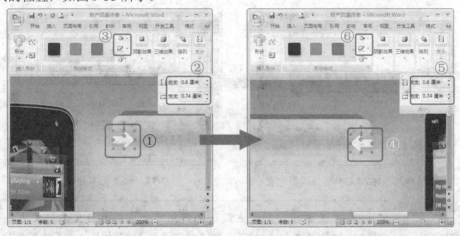

图 9-32　绘制右箭头　　　　　　　　　图 9-33　绘制左箭头

步骤19　按住<Ctrl>键同时选择所绘制的右箭头、左箭头和圆角矩形，并将所选择的形状复制两个，并调整所复制形状的位置，然后选择位于中间的圆角矩形，在【绘图工具格式】选项卡的【形状样式】功能区中选择【水平渐变-强调文字颜色 2】形状样式，如图 9-34 所示。

步骤20　选择位于下方的圆角矩形，设置形状样式为【水平渐变-强调文字颜色 5】，然后在【三维效果】功能区中设置三维效果为【三维样式 7】、深度为【36 磅】，如图 9-35 所示。

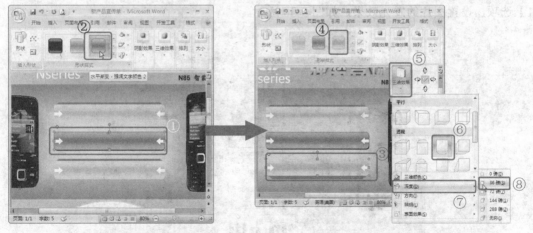

图 9-34　设置圆角矩形的形状样式　　　图 9-35　设置形状样式和三维效果 2

步骤21　在文档中插入一个文本框，并在【文本框工具格式】选项卡的【文本框样式】中设置文本框为【无形状填充】和【无轮廓】，然后再复制两个相同大小的文本框，调整各自的位置使其如图 9-36 所示。

步骤22 分别在各文本框中输入介绍文本，设置文本的字体为【微软雅黑】、字号为【小五】、字体颜色依次为【橄榄色，强调文字颜色 3，深色 50%】、【红色，强调文字颜色 2，深色 50%】、【蓝色，强调文字颜色 1，深色 50%】，如图 9-37 所示。

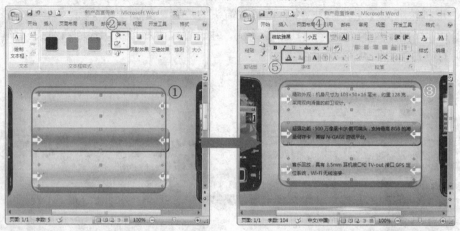

图 9-36 绘制文本框并调整位置　　　　图 9-37 输入文本并设置格式

操作技巧　　如果文本框中的文本段落的行距太大，而导致文本被文本框遮挡。可以在【开始】选项卡的【段落】功能区中单击【段落】按钮，在打开的【段落】对话框中设置行距为【单倍行距】，即可显示被遮挡的文本。

步骤23 选择文本框两侧的图片，然后在【图片工具格式】选项卡的【图片样式】功能区中单击【图片效果】按钮，在弹出的列表中依次选择【发光】→【其他亮色】→【白色，背景 1】选项，设置图片的发光效果，如图 9-38 所示。

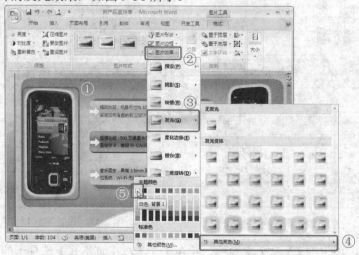

图 9-38 设置图片的发光效果

步骤24 打开【插入图片】对话框，选择路径为"Word 经典应用实例\第 2 篇\实例 9"文件夹中的"phone03.png"和"phone04.png"图片文件，单击【插入】按钮，插入图片，如图 9-39 所示。

步骤25 设置所插入的两个图片的文字环绕都为"浮于文字上方"，然后在【图片工具格式】选项卡的【大小】功能区中调整"phone03.png"图片的高度为"3.01 厘米"、宽度为"6.02 厘米"，然后调整"phone04.png"图片的高度为"3.01 厘米"、宽度为"6.74 厘米"，并分别调整图片各自的位置，使其如图 9-40 所示。

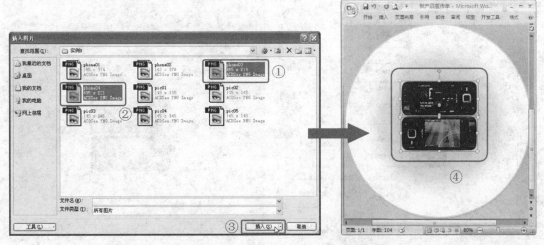

图 9-39 插入图片 2　　　　　　　　　　　图 9-40 调整图片大小和位置

步骤26 打开【插入图片】对话框，然后选择路径为"Word 经典应用实例\第 2 篇\实例 9"文件夹中的"pic01.png"、"pic02.png"、"pic03.png"、"pic04.png"和"pic05.png"图片文件，并单击【插入】按钮插入图片，如图 9-41 所示。 设置所插入的五个图片的文字环绕都为"浮于文字上方"，然后分别调整图片各自的位置使其如图 9-42 所示。

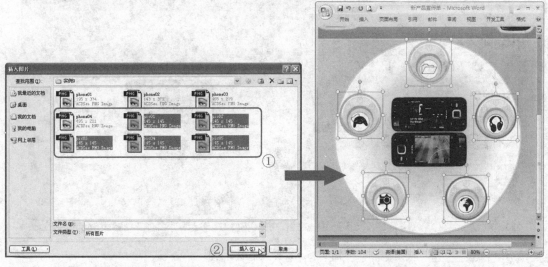

图 9-41 插入图片 3　　　　　　　　　　　图 9-42 调整图片位置

步骤27 同时选中所插入的五个图片，然后在【图片工具格式】选项卡的【图片样式】功能区中单击【图片效果】按钮，在弹出的列表中依次选择【阴影】→【靠下】选项，设置图片的阴影效果，如图 9-43 所示。

步骤28 在页面中绘制五个样式为【无形状填充】和【无轮廓】的文本框，并分别输入文本，设置文本字体为【微软雅黑】、字号为【小五】、字体颜色依次为【黑色，文字 1，单色 35%】、【橄榄色，强调文字颜色 3，深色 25%】、【红色】、【蓝色】和【红色，强调文字颜色 2，深色 25%】，然后设置各文本框的位置，如图 9-44 所示。

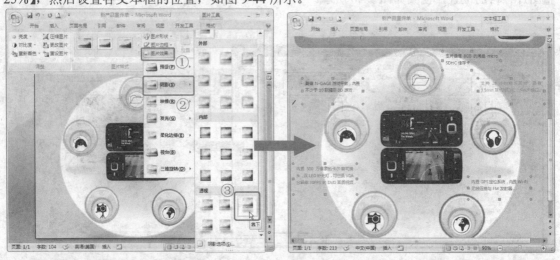

图 9-43 设置图片的阴影效果 　　　　　图 9-44 绘制文本框并输入文本

步骤29 依次选择各文本框，在【开始】选项卡的段落功能区中单击 ☰ 【项目符号】按钮，在弹出的列表中选择相应的项目符号，其效果如图 9-45 所示。

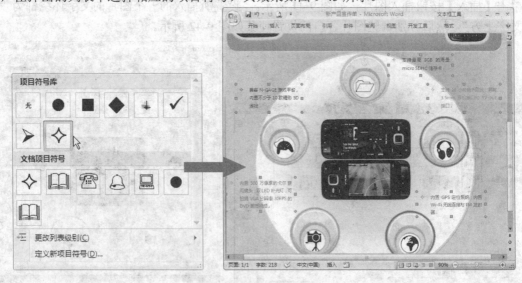

图 9-45 设置文本项目符号

步骤30 在【插入】选项卡的【插图】功能区中单击【形状】按钮，在弹出的列表中选择

【肘形连接符】选项，在编辑区中绘制一个肘形连接符，如图 9-46 所示。

　　步骤31　采用同样的方法再绘制四个肘形连接符，并调整各自的位置，然后设置各肘形连接符的线条颜色同所在位置的文本颜色相同，如图 9-47 所示。

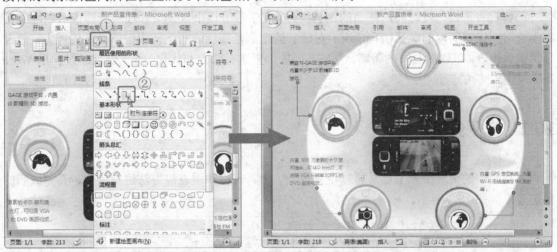

　　　　图 9-46　创建肘形连接符　　　　　　　　　图 9-47　调整各肘形连接符的颜色和位置

　　　　　　在肘形连接符形状上可以通过拖动黄色的调整点设置肘形连接符的形状，其形状可以调整为直线形状、Z 形、L 形等形状。

　　步骤32　按<Ctrl>+<S>快捷键保存文档，新产品宣传单即可创建完毕。

9.3　实例总结

　　本实例主要介绍了在 Word 文档中创建产品宣传资料的方法，通过本实例的学习，需要重点掌握以下几个方面的内容。

- 艺术字的创建方法，包括其填充效果和三维效果的设置。
- 圆角矩形和圆形的样式设置，包括形状样式和三维效果的设置方法。
- 插入图片效果的设置，包括发光效果和阴影效果的设置方法。
- 肘形连接符的插入方法，包括其形状的调整和颜色的设置方法。

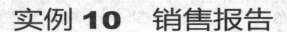
实例 **10**　销售报告

销售报告是指一段时间内产品的销售统计报告。通过该报告公司管理层能够很清晰地了解到本公司一定时间内的产品销售情况。对信息的把握是现代商业运营中必须具备的能力，通过分析销售报告，可以对公司的策略、发展方向的因素进行修改和优化。本实例就通过使用 Word 2007 创建一份销售报告。

10.1　实例分析

本实例中的销售报告主要是通过设置页眉、插入表格和图表等方法进行创建，其完成后的预览效果如图 10-1 所示。

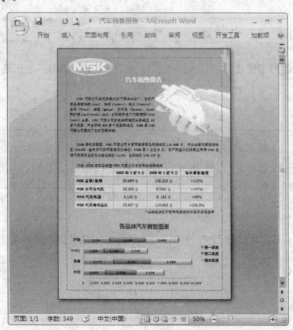

图 10-1　销售报告预览效果

10.1.1　设计思路

在 Word 2007 中可以通过设置页面颜色和页面边框对文档进行美化，创建图表可以形象直观地表现销售数据中各部分所占的比例，从而使销售报告更直观和说服力。

本实例的基本设计思路为：设置页面颜色和边框→插入图片设置页眉→输入文本并设置间距→插入表格并设置样式→创建图表并设置样式→结束。

10.1.2　涉及的知识点

在销售报告的创建过程中，主要是图表的创建，以及图表设计、布局、格式的设置。

在销售报告的制作中主要用到了以下方面的知识点：
- ◇ 页面颜色和页面边框的设置
- ◇ 在页眉和页脚编辑区中插入图片
- ◇ 文本的输入和间距的设置
- ◇ 表格的插入和设置
- ◇ 图的插入和设置

重点知识

10.2　实例操作

本节就根据前面所分析的设计思路和知识点，对销售报告的制作步骤进行详细的讲解。

10.2.1　对页面布局进行设置

对页面布局设置即对页面、页面背景以及页眉和页脚进行设置，其具体的操作步骤如下。

步骤1　新建一个空白 Word 文档，然后选择【页面布局】选项卡，在【页面设置】功能区中单击【纸张大小】按钮，在列表中选择【B5（JIS）Rotated】选项，如图 10-2 所示。

步骤2　选择【页面布局】选项卡，然后在【页面背景】功能区中单击【页面颜色】按钮，在弹出的列表中选择【填充效果】选项，打开【填充效果】对话框。

步骤3　在【填充效果】对话框中选择【渐变】选项卡，并点选【双色】单选钮，设置颜色 1 为【深蓝，文字 2，淡色 60%】、颜色 2 为【深蓝，文字 2，淡色 40%】，然后设置底纹样式为【斜上】，并在右侧选择第二个变形效果，如图 10-3 所示，设置完毕单击【确定】按钮。

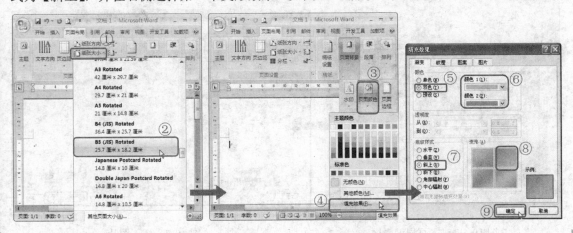

图 10-2　设置纸张大小　　　　　　图 10-3　设置页面颜色的填充效果

步骤4 在【页面布局】选项卡的【页面背景】功能区中单击【页面边框】按钮，打开【边框和底纹】对话框，选择【页面边框】选项卡，然后在【样式】列表框中选择如图 10-4 所示的样式，并设置颜色为【蓝色，强调文字颜色 1】，设置完毕单击【确定】按钮。

步骤5 在【页面布局】选项卡的【页面设置】功能区中单击【页边距】按钮，在弹出的列表中选择【窄】选项，设置文档的页边距，如图 10-5 所示。

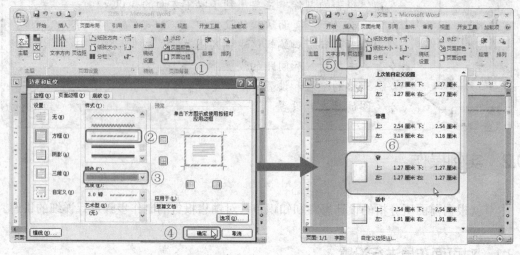

图 10-4　设置页面边框　　　　　　　　　图 10-5　设置页边距

步骤6 在文档的顶部单击鼠标右键，在弹出的快捷菜单中选择【编辑页眉】命令，进入页眉和页脚编辑区，如图 10-6 所示。

步骤7 在页眉和页脚编辑区中隐藏显示线，然后在【插入】选项卡的【插图】功能区中单击【图片】按钮，打开【插入图片】对话框，选择路径为"Word 经典应用实例\第 2 篇\实例 10"文件夹中的"logo.png"和"pic.png"文件，单击【插入】按钮插入图片，如图 10-7 所示。

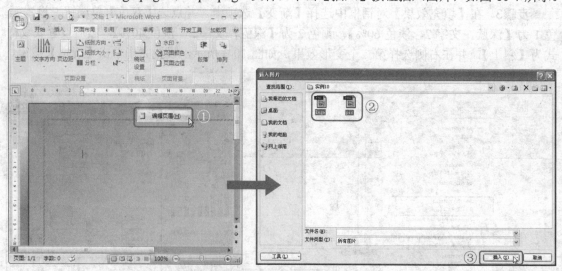

图 10-6　进入页眉编辑区　　　　　　　　　图 10-7　插入图片

步骤8 选择所插入的"logo.png"图片，在【图片工具格式】选项卡的【排列】功能区中单击【位置】按钮，在弹出的列表中选择【其他布局选项】选项，打开【高级版式】对话框，选择【文字环绕】选项卡，然后设置环绕方式为【浮于文字上方】，如图 10-8 所示。

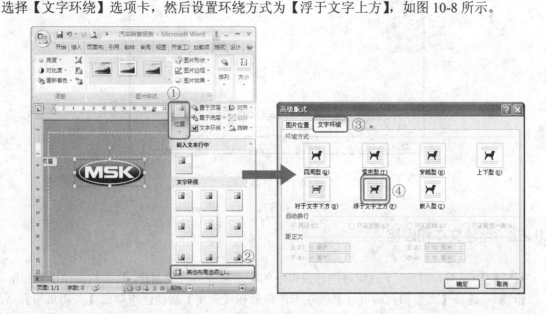

图 10-8　设置环绕方式

步骤9 在【高级版式】对话框中选择【图片位置】选项卡，然后设置图片在【页面】水平方向和垂直方向的绝对位置均为【1 厘米】，如图 10-9 所示，设置完毕单击【确定】按钮。

步骤10 采用同样的方法，选择所插入的"pic.png"图片，在【高级版式】对话框中设置其环绕方式为【浮于文字上方】，图片相对于页面水平方向右对齐，垂直方向顶端对齐，如图 10-10 所示，设置完毕单击【确定】按钮。

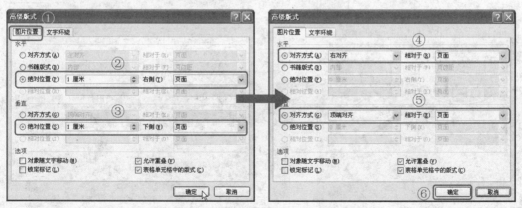

图 10-9　设置"logo.png"图片位置　　　图 10-10　设置"pic.png"图片位置

步骤11 按<Ctrl>+<S>快捷键保存文档，在弹出的【另存为】对话框中选择保存路径，在【文件名】文本框中输入文件名称，并在【保存类型】下拉列表中选择要保存的文档类型，然后单击【保存】按钮保存文档，如图 10-11 所示。

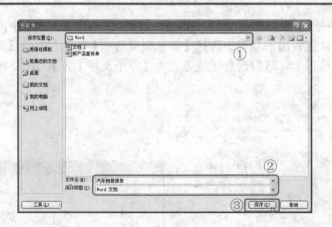

图 10-11　保存文档

10.2.2　创建文本和表格

设置完毕页面布局后，下面就对销售报告中的文本和表格进行创建，具体的操作步骤如下。

步骤1　选择【页眉和页脚设计】选项卡，然后在【关闭】功能区中单击【关闭页眉和页脚】按钮，退出页眉和页脚编辑区，如图 10-12 所示。

步骤2　在光标处输入销售报告的文本，然后选择所输入第一行的标题文本，设置字体为【方正粗倩简体】、字号为【小二】、字体颜色为【白色，背景1】、对齐方式为【居中对齐】，并在【页面布局】选项卡的【段后】功能区中设置段后间距为【2 行】，如图 10-13 所示。

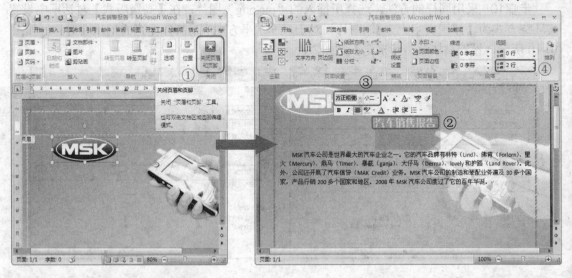

图 10-12　退出页眉和页脚编辑区　　　　图 10-13　设置标题文本格式

步骤3　在【视图】选项卡的【显示/隐藏】功能区中勾选【标尺】复选框，在文档中显示标尺，如图 10-14 所示。

操作技巧

显示标尺还可以在界面右侧垂直滚动条顶端单击 【查看标尺】按钮。在标尺中可以快速设置制表符，即在标尺左端单击 【制表符】选择器，直到显示出所需的制表符类型，然后在标尺上单击所需的位置即可。

图 10-14 显示标尺

重点知识

各种制表符类型所代表的含义如下。

◇ └【左对齐式制表符】，用于设置文本的起始位置。在键入时文本将移动到右侧。

◇ ┴【居中式制表符】，用于设置文本的中间位置。在键入时文本将以此位置为中心显示。

◇ ┘【右对齐式制表符】，用于设置文本的右端位置。在键入时文本将移动到左侧。

◇ ┴【小数点对齐式制表符】，使数字按照小数点对齐。无论位数如何，小数点始终位于相同位置。

◇ ┃【竖线对齐式制表符】，不定位文本，在制表符的位置插入一条竖线。

◇ ▽【首行缩进】，在要开始段落的第一行的位置单击水平标尺。

◇ △【悬挂缩进】，在要开始段落的第二行和后续行的位置单击水平标尺。

步骤4 选择输入的第一段文本，在标尺上拖动▽【首行缩进】游标到【2】的位置，然后再拖动右侧的△【右缩进】游标到【24】的位置，并设置段后间距为【1.5 行】，如图 10-15 所示。

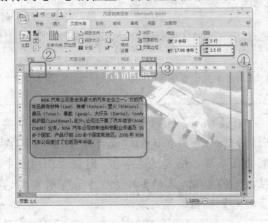

图 10-15 设置文本缩进和段后间距 1

步骤5 选择所输入的第二段文本，在标尺上拖动▽【首行缩进】游标到【2】的位置，设置段后间距为【1 行】，如图 10-16 所示。

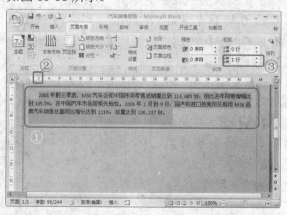

图 10-16　设置文本缩进和段后间距 2

步骤6 将光标放置到第二段文本的结束处，按<Enter>键换行，并输入文本，然后设置段后间距为【0 行】，如图 10-17 所示。

步骤7 将光标放置到文本的结尾处，然后在【插入】选项卡的【表格】功能区中单击【表格】按钮，在弹出的列表中选择【4×5】表格，单击插入表格，如图 10-18 所示。

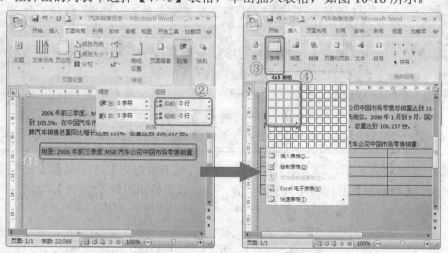

图 10-17　输入文本并设置间距　　　　　　图 10-18　插入表格

操作技巧

　　在【插入】选项卡的【表格】功能区中单击【表格】按钮，在弹出的列表中可以快速创建最大为【10×8】单元格的表格，如果所绘制的表格单元格超过这个值，则应该在列表中选择【插入表格】选项，在打开的【插入表格】对话框中设置所需要的行数和列数，然后单击【确定】按钮，插入表格。

步骤8 选择表格第一列的单元格，选择【表格工具布局】选项卡，在【单元格大小】功能区中设置表格行高为【0.8 厘米】、表格列宽为【4.2 厘米】，然后在【对齐方式】功能区中单击【中部两端对齐】按钮。

步骤9 选择表格第二列、第三列和第四列的单元格，在【表格工具布局】选项卡的【单元格大小】功能区中设置表格行高为【0.8 厘米】、表格列宽为【3.5 厘米】，然后在【对齐方式】功能区中单击【水平居中】按钮，如图 10-19 所示。

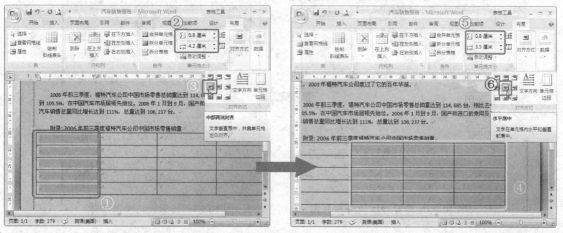

图 10-19 设置单元格的行高和列宽

步骤10 选择整个表格，然后在【表格工具设计】选项卡的【表样式】功能区中选择【中等深浅网格 1-强调文字颜色 4】样式，设置表格样式，如图 10-20 所示。

步骤11 选择【表格工具布局】选项卡，在【表】功能区中单击【属性】按钮，打开【表格属性】对话框，如图 10-21 所示。

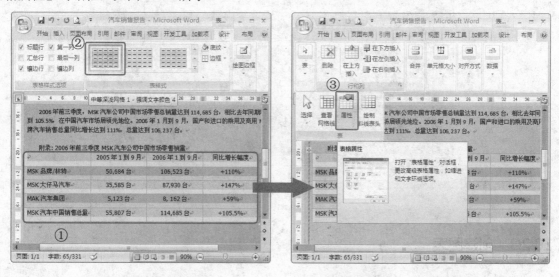

图 10-20 设置表格样式　　　　　　图 10-21 打开【表格属性】对话框

步骤12 在【表格属性】对话框中选择【表格】选项卡，然后选择【居中】对齐方式，设置完毕单击【确定】按钮，如图 10-22 所示。

步骤13 按<Ctrl>+<D>快捷键，打开【字体】对话框，在【字体】选项卡中设置中文字体为【宋体】、西文字体为【Tahoma】、字形为【常规】、字号为【五号】，如图 10-23 所示，设置完毕单击【确定】按钮。

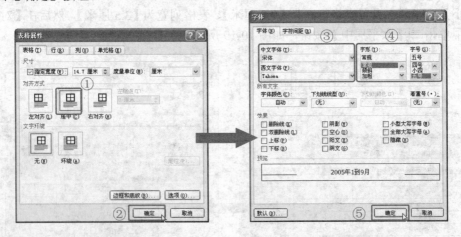

图 10-22　设置表格的对齐方式　　　　图 10-23　设置表格中的字体

步骤14 将光标放置到表格后并输入文本，设置文本的对齐方式为【右对齐】，然后在标尺上拖动右侧的△【右缩进】游标，如图 10-24 所示。

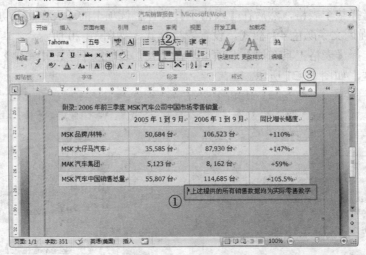

图 10-24　输入文本

10.2.3　创建图表

表格插入完毕后，下面就在文档中创建图表，其具体的操作步骤如下。

步骤1 选择【插入】选项卡，在【插图】功能区中单击【图表】按钮，打开【插入图表】

对话框，在左侧选择【条形图】选项，并在右侧选择【堆积条形图】选项，然后单击【确定】按钮插入堆积条形图，如图 10-25 所示。

步骤2　在插入堆积条形图的同时会打开 Excel 表格，在 Excel 的表格中输入相关的销售数据，如图 10-26 所示。

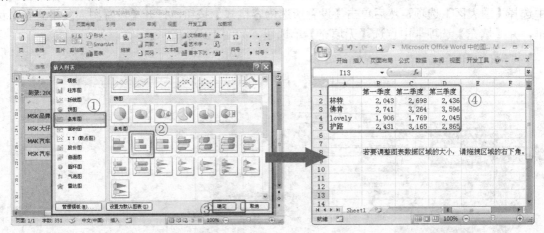

　　图 10-25　插入堆积条形图　　　　　　　　　　图 10-26　输入销售数据

在 Word 2007 中插入图表的同时，会自动打开 Excel 2007 对所插入图表中的数据进行编辑，图表中的形状会根据 Excel 表格中所输入的数值进行相应的调整。输入完毕数值后，直接关闭 Excel 即可。

步骤3　在文档中选择所插入的图表，在【图表工具格式】选项卡的【排列】功能区中单击【文字环绕】按钮，在弹出的列表中选择【浮于文字上方】选项，如图 10-27 所示。

步骤4　在【图表工具格式】选项卡的【设计】功能区中单击【快速样式】按钮，在弹出的列表中选择【样式 26】，如图 10-28 所示。

　　图 10-27　设置图表的环绕方式　　　　　　　　图 10-28　设置图表的快速样式

步骤5 选择所插入的图标，然后选择【图表工具布局】选项卡，然后在【坐标轴】功能区中单击【网格线】按钮，在弹出的下拉列表中依次选择【主要纵网格线】→【无】选项，取消主要纵网格线的显示，如图 10-29 所示。

步骤6 在【图表工具布局】选项卡的【当前所选内容】功能区中单击 按钮，在下拉列表中选择【图表区】选项，然后单击【设置所选内容格式】按钮，打开【设置图表区格式】对话框，并【填充】选项卡中点选【无填充】单选钮，如图 10-30 所示。

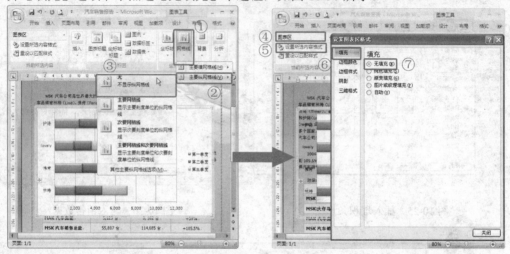

图 10-29　取消显示网格线　　　　　图 10-30　设置图表区填充格式

步骤7 在【设置图表区格式】对话框中选择【边框颜色】选项卡，然后点选【无线条】单选钮，如图 10-31 所示，设置完毕单击【关闭】按钮。

步骤8 在【当前所选内容】功能区中单击 按钮，在下拉列表中选择【绘图区】选项，然后单击【设置所选内容格式】按钮，打开【设置绘图区格式】对话框，采用同样的方法设置绘图区填充格式为【无填充】，边框颜色为【无线条】，如图 10-32 所示。

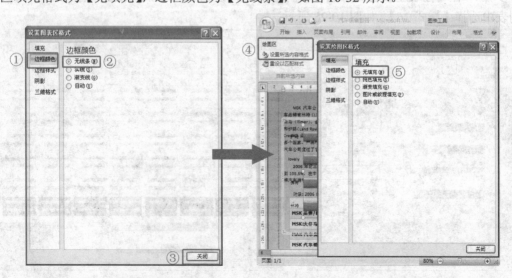

图 10-31　设置图表区边框颜色　　　　图 10-32　设置绘图区格式

在 Word 2007 中选择所插入的图表，在出现的图表工具中有【设计】、【布局】和【格式】选项卡可对图表进行设置。在【设计】选项卡中可以对图表的类型、数据、图表布局和图表样式进行设置；在【布局】选项卡中可以选择图表中的内容、插入图片文本框、设置标签、坐标轴和背景样式等；在【格式】选项卡中也可以选择图表中的内容，同时还可以对图表的形状样式、艺术字样式、排列和大小进行设置。

步骤9　拖动图表至文档底部的空白处，然后在【图表工具布局】选项卡的【标签】功能区中单击【数据标签】按钮，在弹出的列表中选择【居中】选项，如图 10-33 所示。

步骤10　拖动调整图表区和绘图区的大小，然后在【图表工具布局】选项卡的【标签】功能区中单击【图表标题】按钮，在弹出的列表中选择【居中覆盖标题】选项，如图 10-34 所示。

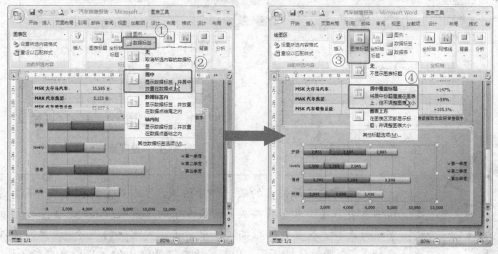

图 10-33　设置数据标签　　　　　　　　图 10-34　设置图表标题

步骤11　在图表标题处输入文本"各品牌汽车销售图表"，并设置字体为【微软雅黑】、字号为【16】，如图 10-35 所示。

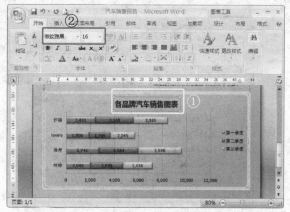

图 10-35　设置图表标题字体格式

步骤12 在【图表工具格式】选项卡的【当前所选内容】功能区中选择【水平（值）轴】选项，并单击【设置所选内容格式】按钮，打开【设置坐标轴格式】对话框，设置最大值为【10000】、主要刻度单位为【1000】，选择【主要刻度线类型】为【内部】，如图 10-36 所示。

步骤13 在【当前所选内容】功能区中选择【垂直（类别）轴】选项，并单击【设置所选内容格式】按钮，打开【设置坐标轴格式】对话框，选择【主要刻度线类型】为【内部】，如图 10-37 所示。

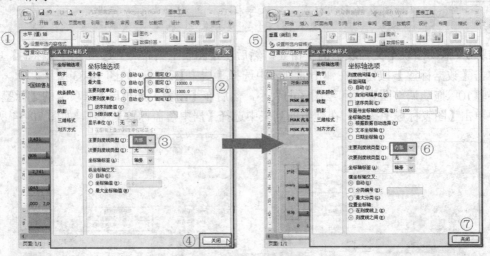

图 10-36 设置水平坐标轴格式 　　　　　 图 10-37 设置垂直坐标轴格式

　　　　如果需要选择图表的某一部分区域，可以在【图表工具布局】选项卡或者在【图表工具格式】选项卡中的【当前所选内容】下拉列表中进行选择，或者直接在编辑区中单击需要选择的部分。这里需要注意的是，选择的区域不同，单击鼠标右键所弹出的菜单内容也会不同。

步骤14 在【开始】选项卡的【字体】功能区中设置垂直轴和图例中的文本字体为【微软雅黑】，如图 10-38 所示。

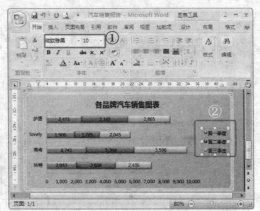

图 10-38 设置垂直轴和图例的文本字体

步骤15　按<Ctrl>+<S>快捷键保存文档，销售报告创建完毕，其效果如图 10-39 所示。

图 10-39　预览效果

10.3　实例总结

本实例主要介绍了在 Word 文档中创建销售报告的方法，通过本实例的学习，需要重点掌握以下几个方面的内容。

- 页面的设置，包括设置纸张大小和页边距的方法。
- 页面颜色的设置，主要是双色渐变颜色的设置方法。
- 页面边框的设置，主要是边框样式和颜色的设置方法。
- 页眉的编辑，包括在页眉中插入图片并调整图片的方法。
- 文本的输入，包括文本格式的设置、段后间距的调整以及标尺的使用。
- 表格的创建，包括行高列宽的调整、表样式和对齐方式的设置。
- 图表的创建，包括图表数据的输入、样式的设置、各区域的选择及设置方法。

实例 **11** 商品促销海报

商品促销海报是营销商务中经常使用的一种商品促销形式。促销海报是在某一特定的时间中，比如节假日、周年庆等，以让利大酬宾的活动向消费者进行宣传，从而更好地带动销售额。本实例就通过使用 Word 2007 创建一份商品促销海报。

11.1 实例分析

Word 2007 除了强大的文字处理功能外，还拥有不错的图片形状编辑功能。本实例就通过结合使用这些功能，创建商品促销海报。商品促销海报完成后的预览效果如图 11-1 所示。

图 11-1 商品促销海报预览效果

11.1.1 设计思路

本商品促销海报的制作，主要是通过插入商品图片、绘制形状和艺术字，然后分别设置效果和样式。

本实例的基本设计思路为：设置海报醒目标题→插入相应的形状→排列促销商品图片→输入相关文本→结束。

11.1.2 涉及的知识点

在商品促销海报的创建过程中，将通过插入大量的商品图片以及自定义图形，包括艺术字来对海报进行创建。

在商品促销海报的制作中主要用到了以下方面的知识点：
- ◇ 图片的插入和设置
- ◇ 形状的绘制和调整
- ◇ 艺术字的创建和设置
- ◇ 三维效果的创建
- ◇ 文本框的插入
- ◇ 文本的设置

11.2　实例操作

本节就根据前面所分析的设计思路和知识点，使用 Word 2007 对商品促销海报的制作步骤进行详细的讲解。

11.2.1　设置海报标题部分

设置海报的标题部分就主要是在文档中绘制艺术字并插入图片，其具体的操作步骤如下。

步骤1　新建一个空白 Word 文档，然后选择【页面布局】选项卡，在【页面设置】功能区中单击【纸张大小】按钮，并在列表中选择【A4(21×29.7cm)】选项，如图 11-2 所示。

步骤2　选择【页面布局】选项卡，然后在【页面背景】功能区中单击【页面颜色】按钮，在弹出的列表中选择【其他颜色】选项，打开【颜色】对话框。

步骤3　在对话框中选择【自定义】选项卡，选择颜色模式为【RGB】，其 RGB 值分别为 "0"、"137"、"207"，设置完毕单击【确定】按钮，如图 11-3 所示。

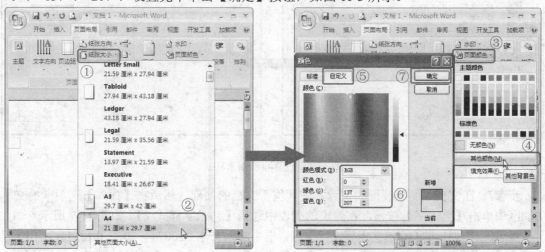

图 11-2　设置纸张大小　　　　　　　　　　图 11-3　设置页面颜色

步骤4 在【插入】选项卡的【插图】功能区中单击【形状】按钮，在弹出的列表中选择【波形】选项，如图 11-4 所示。

步骤5 在编辑区中单击鼠标拖动绘制一个波形，在波形上单击鼠标右键，在弹出的快捷菜单中选择【设置自选图形格式】命令，打开【设置自选图形格式】对话框，如图 11-5 所示。

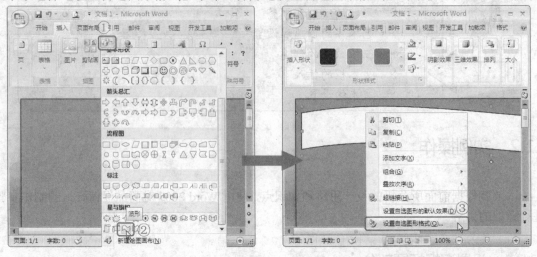

图 11-4　绘制波形　　　　　图 11-5　打开【设置自选图形格式】对话框

步骤6 选择【大小】选项卡，设置波形的高度为【3.12 厘米】、宽度为【19.63 厘米】，然后选择【颜色与线条】选项卡，然后设置波形填充颜色为【橙色】、线条颜色为【白色，背景 1】、线条粗细为【6 磅】，设置完毕单击【确定】按钮，如图 11-6 所示。

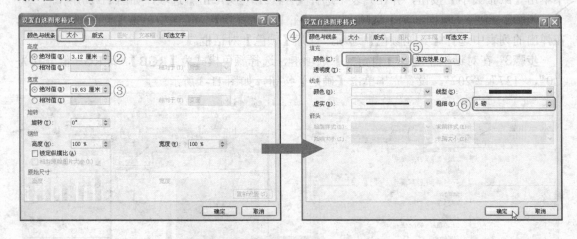

图 11-6　设置自选图形格式

步骤7 在文档中调整波形的位置，使其位于文档的顶部，然后在【插入】选项卡的文本功能区中单击【艺术字】按钮，在弹出的列表中选择【艺术字样式 1】，如图 11-7 所示。

步骤8 在弹出的【编辑艺术字文字】对话框中输入文本"2007 年 10 月 6 日-11 月 10 日"，然后在【字体】下拉列表中设置字体为【微软雅黑】、字号为【28】，单击 **B**【加粗】按钮，将字体加粗显示，设置完毕单击【确定】按钮，插入艺术字，如图 11-8 所示。

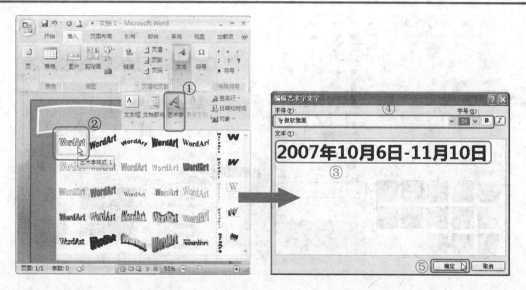

图 11-7　选择艺术字样式　　　　　　　　　　　图 11-8　设置艺术字文字

步骤9　选择所插入的艺术字，然后在【艺术字工具格式】选项卡的【排列】功能区中单击【文字环绕】按钮，在弹出的列表中选择【浮于文字上方】选项，如图 11-9 所示。

步骤10　在【艺术字样式】功能区中单击【更改形状】按钮，在弹出的列表中选择【波形1】选项，更改艺术字的形状，如图 11-10 所示。

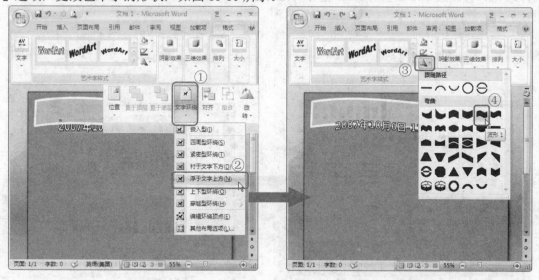

图 11-9　设置艺术字的环绕方式　　　　　　　　图 11-10　更改艺术字形状

步骤11　在【艺术字样式】功能区中单击 【形状填充】按钮，在弹出的列表中依次选择【渐变】、【其他渐变】选项，打开【填充效果】对话框。

步骤12　在【渐变】选项卡中点选【单色】单选钮，设置颜色 1 为【红色，强调文字颜色2】，并拖动下面的拖动条，然后设置底纹样式为【水平】，并在右侧选择第三个变形效果，设置完毕单击【确定】按钮，如图 11-11 所示。

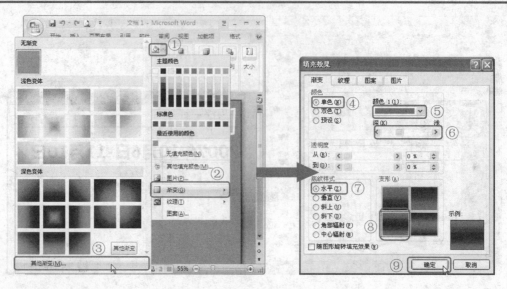

图 11-11　设置艺术字的填充效果

　　步骤13　在【艺术字样式】功能区中单击 ☑ 【形状轮廓】按钮，在弹出的列表中选择【无轮廓】选项，如图 11-12 所示。

　　步骤14　在【三维效果】功能区中单击【三维效果】按钮，在弹出的下拉列表中选择【三维样式 5】，并设置三维颜色的 RGB 值分别为 "250"、"190"、"143"，如图 11-13 所示。

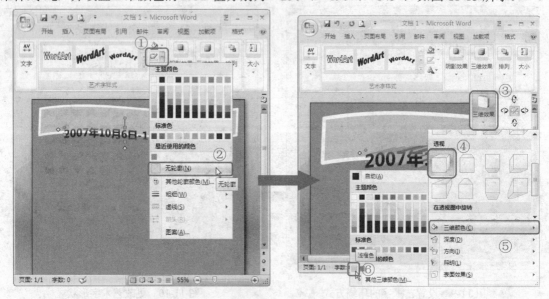

图 11-12　设置艺术字轮廓　　　　　　　　　图 11-13　设置艺术字的三维效果

　　步骤15　在【三维效果】功能区中单击 ⬇【下俯】、⬆【上翘】、◀【左偏】或者▶【右偏】按钮，微调艺术字的三维效果，然后调整艺术字的大小和位置，使其如图 11-14 所示。

　　步骤16　选择【插入】选项卡，在【插图】功能区中单击【图片】按钮，打开【插入图片】对话框，然后选择路径为 "Word 经典应用实例\第 2 篇\实例 11" 文件夹中的 "logo.png" 和

"pic01.png" 图片文件，单击【插入】按钮插入图片，如图 11-15 所示。

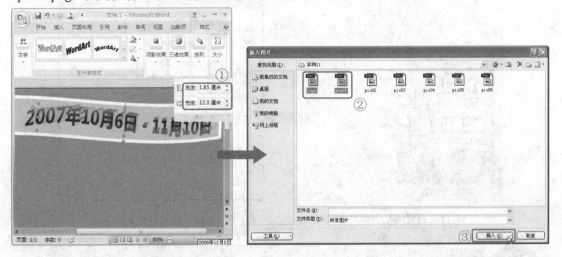

图 11-14　调整艺术字的大小和位置　　　　　图 11-15　插入图片

　　步骤17　使用鼠标右键分别单击所插入的两个图片，在弹出的菜单中选择【文字环绕/浮于文字上方】命令，设置图片的文字环绕，如图 11-16 所示。

　　步骤18　调整所插入的 "pic01.png" 图片的位置，然后在图片上单击鼠标右键，在弹出的快捷菜单中选择【置于底层/置于底层】命令，调整图片的叠放次序，如图 11-17 所示。

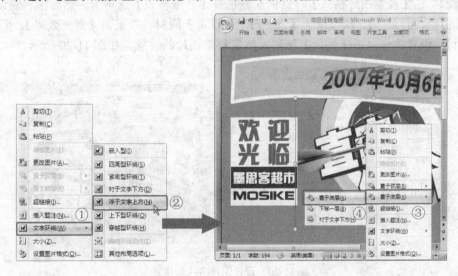

图 11-16　设置图片的环绕方式　　　　　图 11-17　设置图片的叠放次序

　　步骤19　选择所插入的 "logo.png" 图片，然后在【图片工具格式】选项卡的图片样式功能区中单击【图片形状】按钮，在弹出的下拉列表中选择【圆角矩形】选项，如图 11-18 所示。

　　步骤20　在 "logo.png" 图片上单击鼠标右键，在弹出的快捷菜单中选择【设置图片格式】命令，打开【设置图片格式】对话框，在对话框左侧中选择【三维旋转】选项，然后在右侧设置 X 的值为【340°】、Y 的值为【30°】、Z 的值为【10°】，如图 11-19 所示。

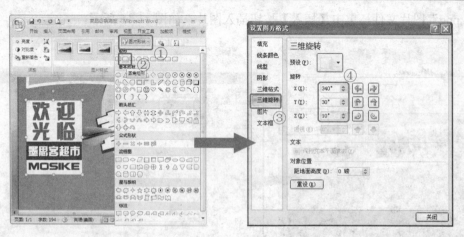

图 11-18　设置所插入图片的形状　　　　图 11-19　设置三维旋转参数

操作技巧

　　　　在幻灯片中如果需要设置形状的三维旋转效果，应首先考虑为形状设置相应的深度值，这样才能显示出旋转的三维效果。除此之外，如果需要在三维旋转中设置透视值，则需要首先在【预设】下拉列表中选择【透视】种类中的任意一种效果，然后才能对透视值进行设置。

　　步骤21　在【设置图片格式】对话框左侧选择【三维格式】选项卡，然后在右侧设置深度颜色为【白色，背景 1】、深度值为【20 磅】，并设置表面材料效果为【亚光效果】、照明效果为【平衡】，设置完毕单击【关闭】按钮，然后调整图片的位置，如图 11-20 所示。

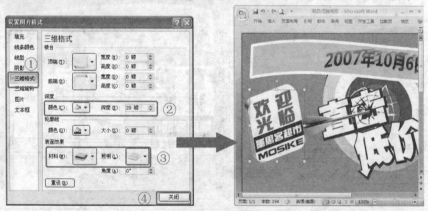

图 11-20　设置图片格式与位置

重点知识

　　　　在【三维格式】项中的【材料】下拉列表中，可以设置形状的表面材料效果，有【标准】、【特殊效果】、【半透明】3 个种类 11 种效果可供选择；在【照明】下拉列表中可以设置三维形状的各个表面的光照效果，有【中性】、【暖调】、【冷调】、【特殊格式】4 个种类 15 种效果可供选择。

步骤22　在【插入】选项卡的文本功能区中单击【艺术字】按钮，在列表中选择【艺术字样式 1】，打开【编辑艺术字文字】对话框，然后在对话框输入文本"震撼 36 天"，并设置字体为【方正综艺简体】、字号为【36】，设置完毕单击【确定】按钮，即可插入艺术字，如图 11-21 所示。

步骤23　在【艺术字工具格式】选项卡的【排列】功能区中单击【文字环绕】按钮，在弹出的列表中选择【浮于文字上方】选项，然后调整艺术字的位置，并在【艺术字样式】功能区中单击【更改形状】按钮，在弹出的列表中选择【左远右进】选项，更改艺术字的形状，如图 11-22 所示。

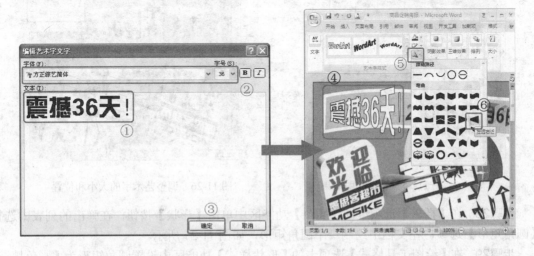

图 11-21　编辑艺术字　　　　　　　　　图 11-22　设置艺术字形状

步骤24　在【艺术字样式】功能区中单击 【形状填充】按钮，在弹出的列表中选择【红色】选项，更改艺术字的颜色，如图 11-23 所示。

步骤25　在【三维效果】功能区中单击【三维效果】按钮，在弹出的下拉列表中选择【三维样式 13】选项，并设置三维颜色为【橙色】，如图 11-24 所示。

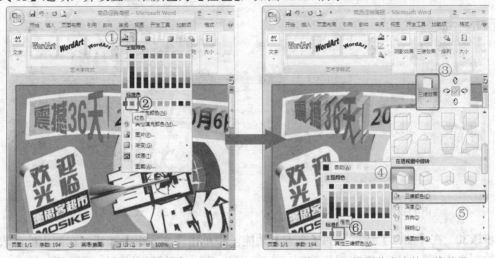

图 11-23　设置艺术字颜色　　　　　　　图 11-24　设置艺术字的三维效果

步骤26 单击【三维效果】按钮，在弹出的下拉列表中设置照明效果为【前端照明】，如图 11-25 所示。

步骤27 在【三维效果】功能区中单击 ⬇【下俯】、⬆【上翘】、◁【左偏】或者▷【右偏】按钮，调整艺术字的三维效果，然后调整艺术字的大小和位置使其如图 11-26 所示。

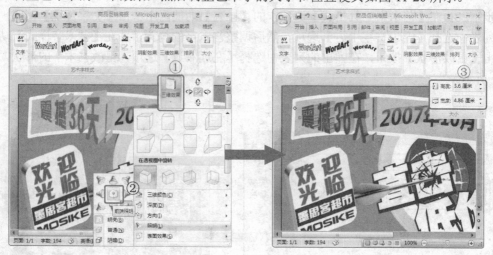

图 11-25　设置照明效果　　　　　　图 11-26　调整艺术字的大小和位置

步骤28 在【插入】选项卡的【插图】功能区中单击【形状】按钮，在弹出的列表中选择【圆角矩形】选项，在文档中绘制一个圆角矩形，如图 11-27 所示。

步骤29 在【绘图工具格式】选项卡的【形状样式】功能区中设置圆角矩形为【彩色填充，白色轮廓-强调文字颜色 1】形状样式，然后在【大小】功能区中设置圆角矩形的高度为【5 厘米】、宽度为【5.7 厘米】，并调整圆角矩形的位置，如图 11-28 所示。

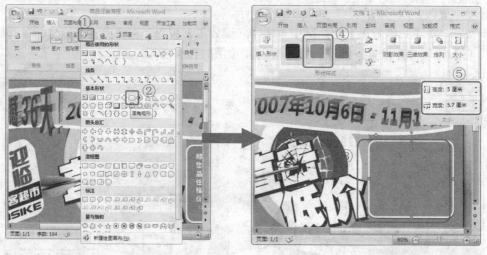

图 11-27　绘制圆角矩形　　　　　　图 11-28　设置形状样式和大小

步骤30 在【插入】选项卡的【文本】功能区中单击【文本框】按钮，在弹出的列表中选择【绘制文本框】选项，在文档中绘制一个文本框，如图 11-29 所示。

步骤31　选择所绘制的文本框，在【文本框工具格式】选项卡的【文本框样式】功能区中设置文本框为【无填充颜色】和【无轮廓】，然后在文本框中输入文本，设置字体为【黑体】、字号分别为【小四】和【小五】，字体颜色分别为【白色，背景1】和【红色】，如图11-30所示。

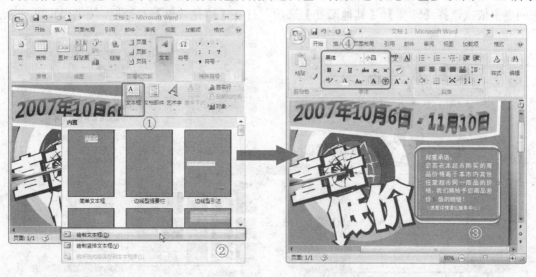

| 图 11-29　绘制文本框 | 图 11-30　输入文本 |

步骤32　按<Ctrl>+<S>快捷键保存文档，在弹出的【另存为】对话框中选择保存路径，在【文件名】文本框中输入文件名称，并在【保存类型】下拉列表中选择要保存的文档类型，然后单击【保存】按钮保存文档，如图11-31所示。

图 11-31　保存文档

11.2.2　设置海报商品部分

海报的商品部分的组成包括圆角矩形的背景、艺术字、圆形、十字形、图片和介绍文本，创建海报商品部分的具体操作步骤如下。

步骤1 绘制一个圆角矩形，在【绘图工具格式】选项卡的【大小】功能区中设置圆角矩形的高度为【17.12 厘米】、宽度为【19.6 厘米】，并调整圆角矩形的位置，如图 11-32 所示。

步骤2 在【绘图工具格式】选项卡的【形状样式】功能区中单击 【形状填充】按钮，在列表中依次选择【渐变】、【其他渐变】选项，打开【填充效果】对话框，如图 11-33 所示。

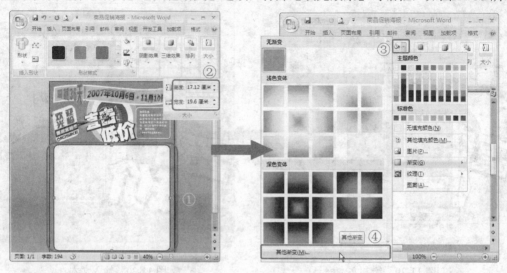

图 11-32 绘制圆角矩形　　　　　　图 11-33 打开【填充效果】对话框

步骤3 在打开的【填充效果】对话框中点选【双色】单选钮，并设置颜色 1 为【黄色】、颜色 2 为【橙色】，然后设置底纹样式为【中心辐射】，并选择第一种变形效果，设置完毕单击【确定】按钮，如图 11-34 所示。

步骤4 在【形状样式】功能区中单击 【形状轮廓】按钮，在弹出的列表中设置颜色为【红色】，设置线条粗细为【2.25 磅】，如图 11-35 所示。

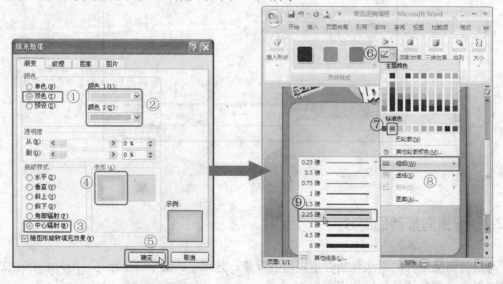

图 11-34 设置填充效果　　　　　　图 11-35 设置形状轮廓

步骤5　在所绘制的圆角矩形上单击鼠标右键，在弹出的快捷菜单中选择【叠放次序/置于底层】命令，设置圆角矩形的叠放次序，如图 11-36 所示。

步骤6　在【插入】选项卡的【文本】功能区中单击【艺术字】按钮，在列表中选择【艺术字样式 1】，打开【编辑艺术字文字】对话框，然后在对话框中输入文本，设置字体为【方正粗倩简体】、字号为【36】，并将字体加粗显示，设置完毕单击【确定】按钮插入艺术字，如图 11-37 所示。

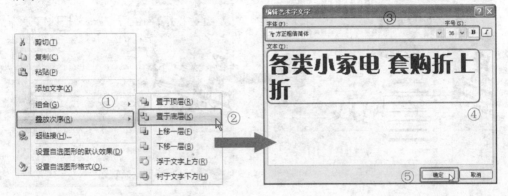

图 11-36　设置圆角矩形的叠放次序　　　　图 11-37　编辑艺术字文本

步骤7　在【艺术字工具格式】选项卡的【排列】功能区中单击【文字环绕】按钮，在弹出的列表中选择【浮于文字上方】选项；然后调整艺术字的位置，并在【艺术字样式】功能区中单击【更改形状】按钮，在弹出的列表中选择【腰鼓】选项，如图 11-38 所示。

步骤8　在【艺术字样式】功能区中单击 【形状填充】按钮，在弹出的列表中选择【红色】选项，更改艺术字的颜色，如图 11-39 所示。

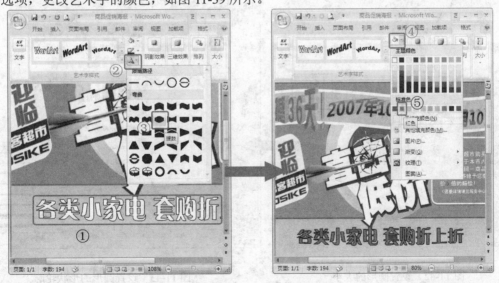

图 11-38　设置艺术字形状　　　　　图 11-39　更改艺术字的颜色

步骤9　在【艺术字样式】功能区中单击 【形状轮廓】按钮，在弹出的列表中选择【黄色】选项，并设置粗细为【1.5 磅】，更改艺术字的轮廓颜色，如图 11-40 所示。

步骤10 在【插入】选项卡的【插图】功能区中单击【形状】按钮，在弹出的列表中选择【椭圆】选项，如图 11-41 所示。

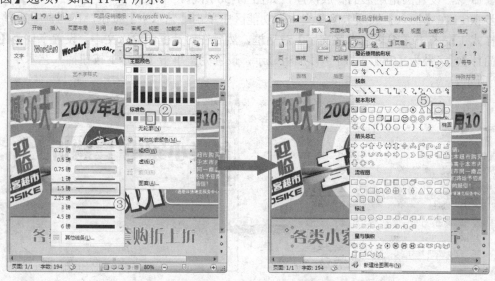

图 11-40　设置艺术字的轮廓　　　　　　　　图 11-41　绘制椭圆

步骤11 按住<Shift>键，在文档中绘制一个圆形，然后在【绘图工具格式】选项卡的【大小】功能区中设置高度和宽度均为【4 厘米】，如图 11-42 所示。

步骤12 在【绘图工具格式】选项卡的【形状格式】功能区中单击 □ 【形状轮廓】按钮，在弹出的列表中设置轮廓颜色为【蓝色】，线条粗细为【6 磅】，如图 11-43 所示。

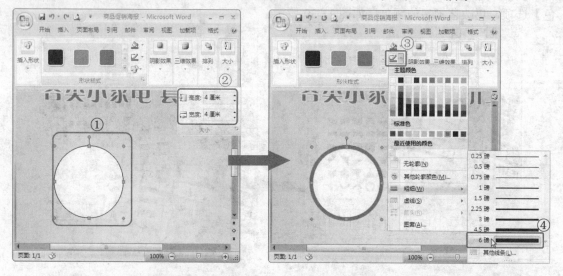

图 11-42　设置圆形的大小　　　　　　　　　图 11-43　设置圆形的形状轮廓

步骤13 将所创建的圆形再复制四个，并分别设置所复制圆形的轮廓颜色分别为【绿色】、【紫色】、【深红】和【深蓝】，然后调整各圆形的位置，使其如图 11-44 所示。

步骤14 选择【插入】选项卡，在【插图】功能区中单击【图片】按钮，打开【插入图片】

对话框,选择路径为"Word 经典应用实例\第 2 篇\实例 11"文件夹中的"pic02.png"、"pic03.png"、"pic04.png"、"pic05.png"和"pic06.png"文件,单击【插入】按钮,插入图片,如图 11-45 所示。

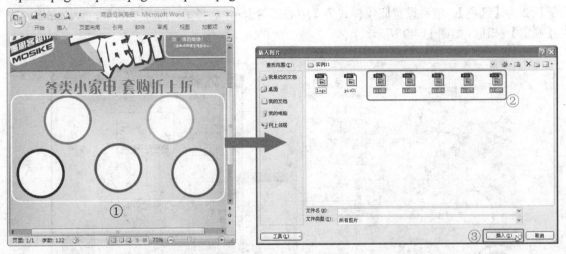

图 11-44　调整圆形轮廓和位置　　　　　　　　　图 11-45　插入图片

步骤15　将所插入的五张图片的文字环绕都设置为【浮于文字上方】,然后分别调整图片的大小和位置,使其分别位于所绘制圆形的上方,如图 11-46 所示。

步骤16　在【插入】选项卡的【文本】功能区中单击【艺术字】按钮,在列表中选择【艺术字样式 1】,打开【编辑艺术字文字】对话框,在对话框中输入文本"省",然后设置字体为【汉仪凌波体简】、字号为【66】,并将字体加粗显示,设置完毕单击【确定】按钮插入艺术字,如图 11-47 所示。

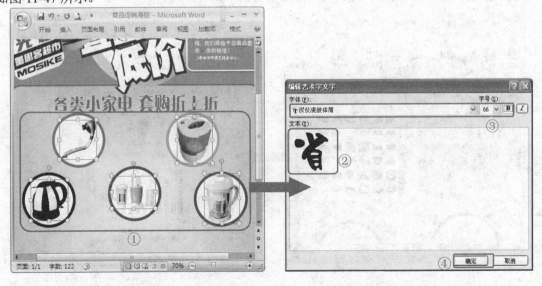

图 11-46　调整图片的大小和位置　　　　　　　　　图 11-47　编辑艺术字文字

步骤17　在【艺术字工具格式】选项卡的【排列】功能区中单击【文字环绕】按钮,在弹出的列表中选择【浮于文字上方】选项,然后调整艺术字的位置,如图 11-48 所示。

步骤18 在【艺术字样式】功能区中设置形状轮廓为【无轮廓】，然后单击 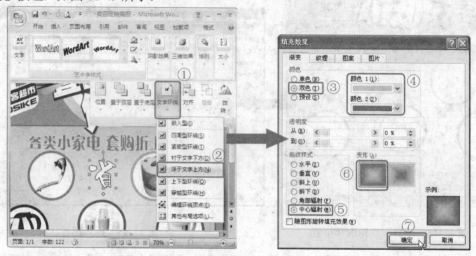 【形状填充】按钮，打开【填充效果】对话框，在对话框中点选【双色】单选钮，并设置颜色1为【橙色】、颜色2为【红色】，然后设置底纹样式为【中心辐射】，并选择第一种变形效果，设置完毕单击【确定】按钮，如图11-49所示。

图11-48 设置艺术字的环绕方式　　　　　图11-49 设置填充效果

步骤19 在【艺术字样式】功能区中单击【更改形状】按钮，在弹出的列表中选择【两端近】选项，如图11-50所示。

步骤20 在【三维效果】功能区中单击【三维效果】按钮，在弹出的下拉列表中选择【三维样式5】，并设置三维颜色为【橙色】，如图11-51所示。

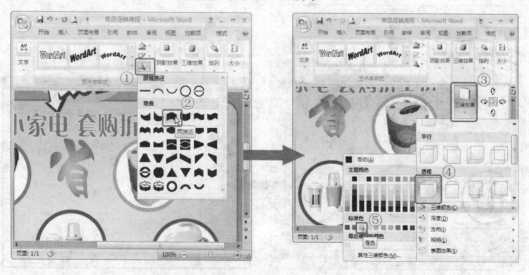

图11-50 更改艺术字的形状　　　　　图11-51 设置艺术字的三维样式

步骤21 在【插入】选项卡的【插图】功能区中单击【形状】按钮，在弹出的列表中选择【十字形】选项，如图11-52所示。

步骤22　在文档中绘制一个十字形，然后在【绘图工具格式】选项卡的【形状样式】功能区中设置形状填充颜色为【红色】、形状轮廓为【无轮廓】，然后调整十字形的形状大小和位置使其如图 11-53 所示。

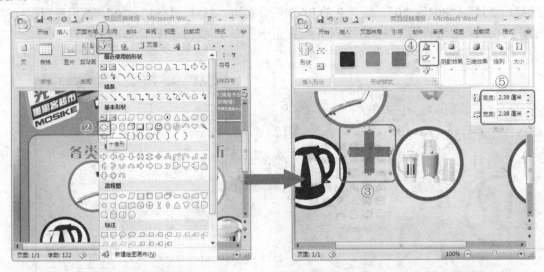

图 11-52　绘制十字形　　　　　　　　　　图 11-53　设置大小和样式

步骤23　复制所绘制的十字形，然后调整复制后形状的位置，如图 11-54 所示。

步骤24　在【插入】选项卡的【文本】功能区中单击【艺术字】按钮，在列表中选择【艺术字样式 1】，打开【编辑艺术字文字】对话框，在对话框中输入文本，然后设置字体为【方正综艺简体】、字号为【24】，并将字体加粗，设置完毕单击【确定】按钮，如图 11-55 所示。

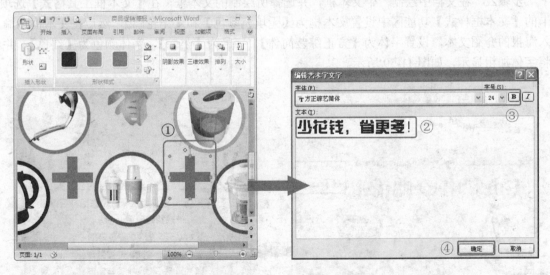

图 11-54　复制形状　　　　　　　　　　　图 11-55　编辑艺术字文字

步骤25　在【艺术字工具格式】选项卡的【排列】功能区中单击【文字环绕】按钮，在弹出的列表中选择【浮于文字上方】选项，然后调整艺术字的位置，并在【艺术字样式】功能区中单击【更改形状】按钮，在弹出的列表中选择【粗下弯弧】选项，如图 11-56 所示。

步骤26　在【艺术字样式】功能区中设置形状轮廓为【无轮廓】，然后单击 ♦ 【形状填充】按钮，打开【填充效果】对话框，在对话框中点选【双色】单选钮，并设置颜色 1 的 RGB 值分别为 "255"、"204"、"0"，颜色 2 的 RGB 值分别为 "255"、"153"、"0"，然后设置底纹样式为【斜上】，并选择第三种变形效果，设置完毕单击【确定】按钮，如图 11-57 所示。

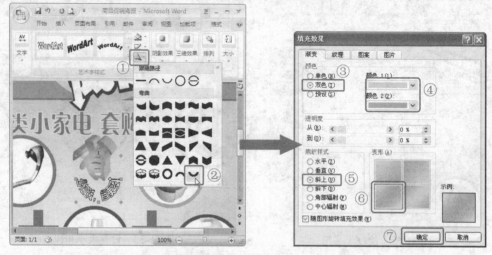

图 11-56　更改艺术字样式　　　　　　　　　图 11-57　设置填充效果

步骤27　在【艺术字工具格式】选项卡的【大小】功能区中设置艺术字的高度和宽度，然后再调整位置，如图 11-58 所示。

步骤28　在文档中绘制一个文本框，并选择所绘制的文本框，在【文本框工具格式】选项卡的【文本框样式】功能区中设置文本框为【无填充颜色】和【无轮廓】，然后在文本框中输入海报的介绍文本，设置字体为【方正综艺简体】、字号为【小二】、字体颜色为【红色】，并将字体加粗显示，如图 11-59 所示。

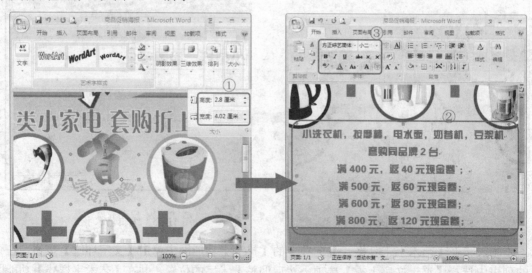

图 11-58　设置艺术字的大小和位置　　　　　　图 11-59　设置文本的格式

步骤29 在文档的底部绘制四个相同的矩形，并设置矩形的高度均为【1.3 厘米】、宽度均为【3.6 厘米】，填充颜色的 RGB 值均分别为 "40"、"105"、"169"，调整位置如图 11-60 所示。

步骤30 在文档底部绘制四个相同的文本框，并在【文本框工具格式】选项卡的【文本框样式】功能区中设置文本框为【无填充颜色】和【无轮廓】，并在文本框中输入各商场服务热线，设置字号为【小五】、字体颜色为【白色，背景 1】，调整文本框的位置使其如图 11-61 所示。

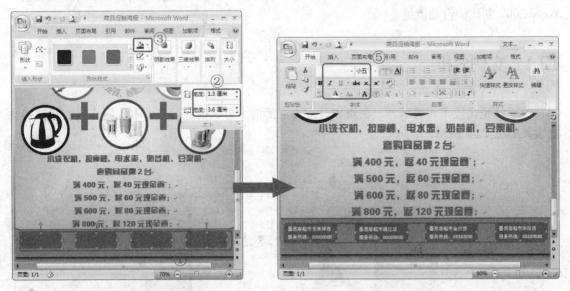

图 11-60 绘制四个矩形   图 11-61 绘制四个文本框

步骤31 按<Ctrl>+<S>保存文档，商品促销海报创建完毕。

11.3 实例总结

本实例主要介绍了在 Word 文档中创建商品促销海报的方法，通过本实例的学习，需要重点掌握以下几个方面的内容。

- 图片的插入和设置，主要包括图片形状的更改和三维效果的设置。
- 形状的绘制，主要包括形状填充效果和填充轮廓的设置。
- 艺术字的创建，包括艺术字样式和艺术字格式文本的设置。
- 艺术字的设置，包括艺术字形状的更改、填充和轮廓以及三维效果的设置。
- 文本框的创建，包括文本框形状填充效果和填充轮廓的设置。

实例 **12**　邀请函

纵观商务活动中，可以发现邀请函的使用频率是非常高的。邀请函主要是以企业或者公司的名义，邀请合作单位的主管或者其他人员参加本公司举办的一些活动。本实例就通过使用 Word 2007 创建一份邀请函。

12.1　实例分析

邀请函是比较正式的函件，在制作时应力求简洁大方，措辞得当，本实例完成的邀请函预览效果如图 12-1 所示。

图 12-1　邀请函预览效果

12.1.1　设计思路

本实例的邀请函是通过两个页面完成的，分别为邀请函的封面页和内容页，采用横向的纸张方向。在设计上通过淡绿色和树叶图片的点缀形成一种简约大气的风格。

本实例的设计思路依次为：设置文档背景图形→设置奇数页页眉→设置封面页面→设置偶数页页眉→设置内容页→结束。

12.1.2　涉及的知识点

在邀请函的制作中使用了设置奇数页页眉和偶数页页眉的概念，同时对页面也使用了图片的填充效果。

在邀请函的制作中主要用到了以下方面的知识点：

◇　对页面颜色使用图片填充效果
◇　分页的设置
◇　设置奇数页页眉和偶数页页眉
◇　形状的绘制和设置
◇　艺术字的输入和设置
◇　阴影效果的添加和设置
◇　三维效果的添加和设置

12.2　实例操作

本节就根据前面所分析的设计思路和知识点，对使用 Word 2007 制作邀请函的步骤进行详细的讲解。

12.2.1　设置页眉和页脚

下面就介绍邀请函页眉和页脚的制作，其具体的操作步骤如下。

步骤1　新建一个空白 Word 文档，然后选择【页面布局】选项卡，在【页面设置】功能区中单击【纸张方向】按钮，并在列表中选择【横向】选项，如图 12-2 所示。

步骤2　在【页面设置】功能区中单击【纸张大小】按钮，在列表中选择【其他页面大小】选项，打开【页面设置】对话框，设置宽度为【16 厘米】、高度为【12 厘米】，如图 12-3 所示。

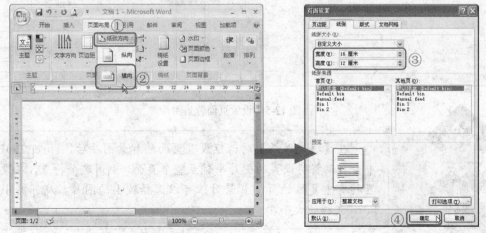

图 12-2　设置纸张方向　　　　　　　　　图 12-3　设置页面的宽度和高度

步骤3 在【页面背景】功能区中单击【页面颜色】按钮，在列表中选择【填充颜色】选项，打开【填充效果】对话框，在对话框中选择【图片】选项卡，然后单击【选择图片】按钮，打开【选择图片】对话框，如图 12-4 所示。

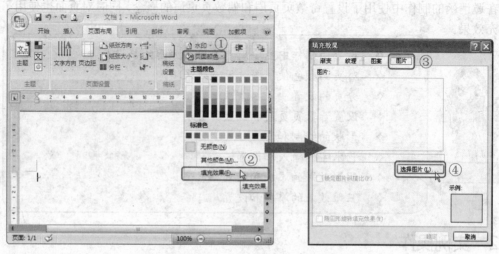

图 12-4　打开【填充效果】对话框

步骤4 在【选择图片】对话框选择路径为"Word 经典应用实例\第 2 篇\实例 12"文件夹中的"bg.png"图片文件，并单击【插入】按钮，插入图片，返回【填充效果】对话框，单击【确定】按钮即可设置页面的背景图片，如图 12-5 所示。

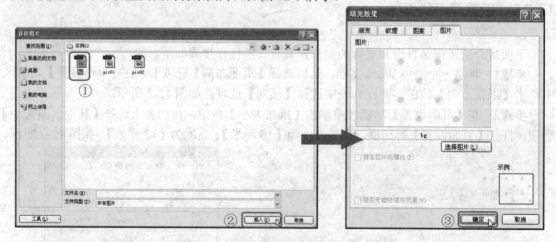

图 12-5　设置页面背景图片

操作技巧

　　在【填充效果】对话框设置页面的背景图片后，Word 2007中会自动将所设置的图片平铺至整个页面，利用这个特点，在设置具有重复性的页面背景时，可以选择较小的图片，从而减小Word 文档的大小。

步骤5　选择【插入】选项卡，在【页】功能区中单击【分页】按钮，再插入一个页面，如图 12-6 所示。

步骤6　选择【插入】选项卡，然后在【页眉和页脚】功能区中单击【页眉】按钮，在弹出的列表中选择【编辑页眉】选项，进入页眉和页脚编辑区，如图 12-7 所示。

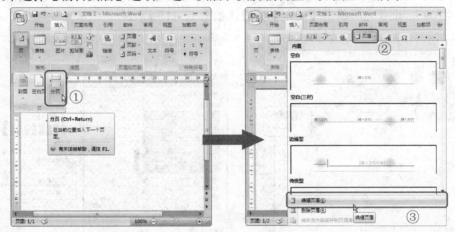

图 12-6　设置分页　　　　　　　　　　图 12-7　编辑页眉

重点知识

　　在【页】功能区中单击【分页】按钮可以插入一个空白页面，同样，可以在【页】功能区中单击【空白页】按钮，或者在【页面布局】选项卡的【页面设置】功能区中单击【分隔符】按钮，在弹出的列表中【分页符】选项也可以达到同样的效果。

步骤7　在页眉和页脚编辑区中隐藏显示线，然后在【页眉和页脚工具设计】选项卡的【选项】功能区中勾选【奇偶页不同】复选框，如图 12-8 所示。

步骤8　在【插入】选项卡的【插图】功能区中单击【形状】按钮，在弹出的列表中选择【矩形】选项，在奇数页页眉中绘制一个矩形，如图 12-9 所示。

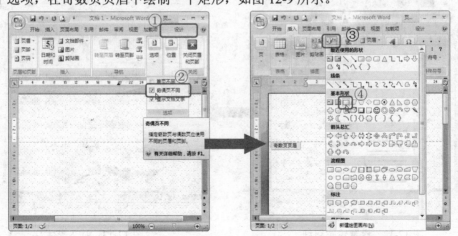

图 12-8　设置奇偶页不同　　　　　　　图 12-9　插入矩形

步骤9 选择所绘制的圆角矩形，在【绘图工具格式】选项卡的【大小】功能区中设置其高度为【8.35 厘米】、宽度为【14.64 厘米】，并调整矩形的位置使其如图 12-10 所示。

步骤10 在【形状样式】功能区中单击【形状轮廓】按钮，在弹出的列表中选择【其他轮廓颜色】选项，打开【颜色】对话框，然后在对话框中设置轮廓颜色的 RGB 值分别为"76"、"176"、"109"，设置完毕单击【确定】按钮，如图 12-11 所示。

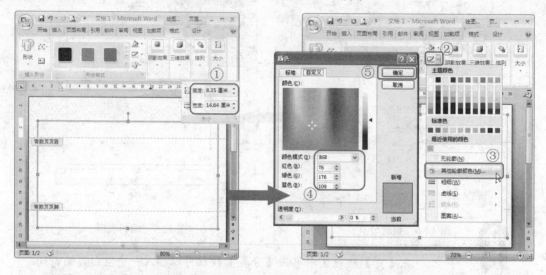

图 12-10 调整矩形的大小和位置   图 12-11 设置矩形的轮廓颜色

步骤11 再次单击 ☑ ·【形状轮廓】按钮，设置轮廓粗细为【3 磅】，如图 12-12 所示。

步骤12 在【插入】选项卡的【文本】功能区中单击【艺术字】按钮，在弹出的列表中选择【艺术字样式 1】选项，如图 12-13 所示。

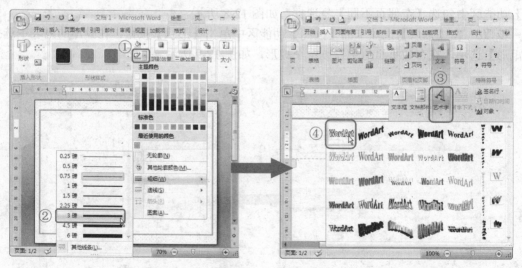

图 12-12 设置轮廓粗细   图 12-13 插入艺术字

步骤13 在弹出的【编辑艺术字文字】对话框中输入文本"MSK"，然后在【字体】下拉列表中设置字体为【NokianvirallinenkirjasinREGULAR】、字号为【24】，设置完毕单击【确定】
按钮插入艺术字，如图 12-14 所示。

　　步骤14　选择所插入的艺术字，然后在【艺术字工具格式】选项卡的【排列】功能区中单
击【文字环绕】按钮，在弹出的列表中选择【浮于文字上方】选项，如图 12-15 所示。

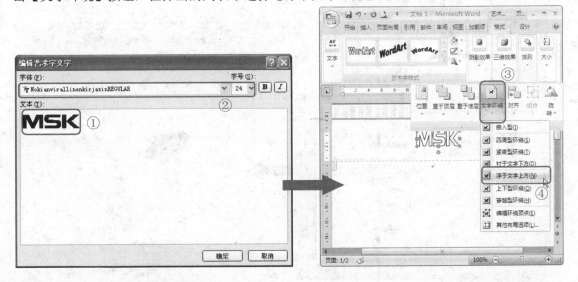

图 12-14　设置艺术字的文字　　　　　　　　图 12-15　设置艺术字的环绕方式

　　步骤15　在【艺术字样式】功能区中单击 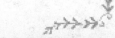【形状填充】按钮，在弹出的列表中依次选
择【渐变】、【其他渐变】选项，打开【填充效果】对话框。

　　步骤16　在对话框中点选【单色】单选钮，设置颜色 1 为最近使用颜色的第一种，并拖动
下面的拖动条，然后设置底纹样式为【中心辐射】，并在右侧选择第一个变形效果，设置完毕
单击【确定】按钮，如图 12-16 所示。

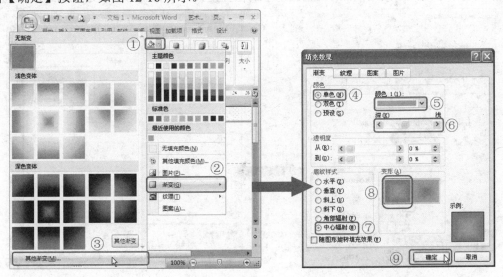

图 12-16　设置艺术字的填充效果

步骤17 在【艺术字样式】功能区中单击 ☑ ·【形状轮廓】按钮，在弹出的列表中选择【无轮廓】选项，如图 12-17 所示。

步骤18 在【三维效果】功能区中单击【三维效果】按钮，在弹出的下拉列表中选择【三维样式 13】选项，并设置表面效果为【金属效果】，如图 12-18 所示。

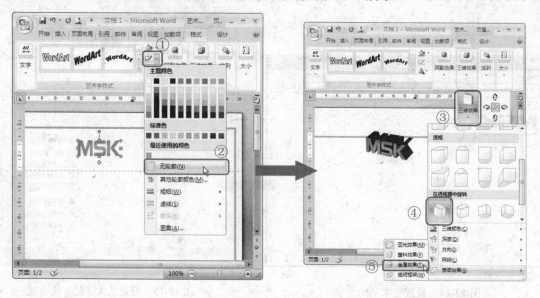

图 12-17　设置艺术字轮廓　　　　　　　图 12-18　设置艺术字的三维效果

步骤19 再次单击【三维效果】按钮，在弹出的下拉列表中设置照明角度为【315 度】，如图 12-19 所示。

步骤20 在【三维效果】功能区中单击 ⬇【下俯】、⬆【上翘】、◁【左偏】或者▷【右偏】按钮微调艺术字的三维效果，然后调整艺术字的位置使其位于页面的右上方，如图 12-20 所示。

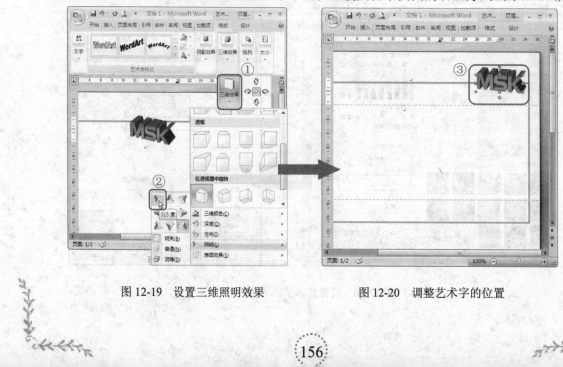

图 12-19　设置三维照明效果　　　　　　　图 12-20　调整艺术字的位置

步骤21　将所奇数页页眉中所创建的矩形复制到偶数页的页眉编辑区中，在【绘图工具格式】选项卡的【大小】功能区中设置其高度为【10.4 厘米】、宽度为【15.2 厘米】，并调整矩形的位置使其如图 12-21 所示。

步骤22　将所奇数页页眉中所创建的艺术字复制到偶数页的页眉编辑区中，然后选择所复制的艺术字，在【艺术字工具格式】选项卡的【三维效果】功能区中单击 ⅏【设置/取消三维效果】按钮，取消艺术字的三维效果，如图 12-22 所示。

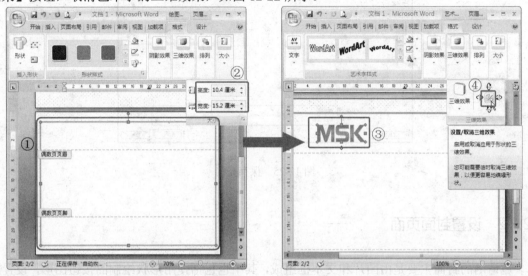

图 12-21　复制矩形并调整大小和位置　　　　图 12-22　复制艺术字并取消三维效果

步骤23　在【阴影效果】功能区中单击【阴影效果】按钮，在弹出的下拉列表中选择【阴影样式 19】选项，如图 12-23 所示。

步骤24　调整所插入艺术字的位置，使其位于页面的右下方，然后选择【页眉和页脚设计】选项卡，在【关闭】功能区中单击【关闭页眉和页脚】按钮退出编辑区，如图 12-24 所示。

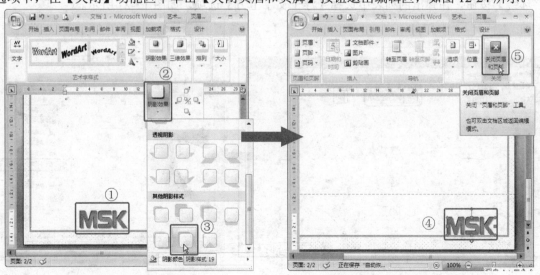

图 12-23　设置阴影效果样式　　　　　　　　图 12-24　退出页眉和页脚编辑区

步骤25 按<Ctrl>+<S>快捷键保存文档，在弹出的【另存为】对话框中选择保存路径，在【文件名】文本框中输入文件名称，并在【保存类型】下拉列表中选择要保存的文档类型，然后单击【保存】按钮保存文档，如图 12-25 所示。

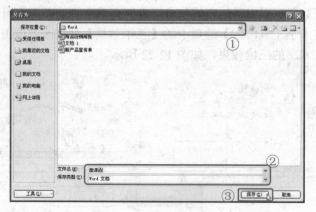

图 12-25　保存文档

12.2.2　设置封面页面

邀请函的封面主要是由图片和文本框组成，其中也包括使用形状绘制的按钮图形，设置封面页面，其具体的操作步骤如下。

步骤1 在【插入】选项卡的【插图】功能区中单击【图片】按钮打开【插入图片】对话框，选择路径为"Word 经典应用实例\第 2 篇\实例 12"文件夹中的"pic01.png"图片文件，并单击【插入】按钮插入图片，如图 12-26 所示。

步骤2 选择所插入的图片，然后在【图片工具格式】选项卡的【排列】功能区中单击【文字环绕】按钮，在弹出的列表中选择【浮于文字上方】选项，如图 12-27 所示。

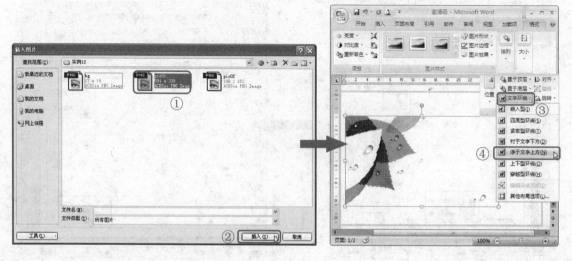

图 12-26　插入图片　　　　　　　　　　　图 12-27　设置图片的环绕方式

步骤3 在所插入的图片上单击鼠标右键，在弹出的快捷菜单中选择【大小】命令，打开【大小】对话框，在对话框的【大小】选项卡中单击【重设】按钮，恢复图片的最初状态，然后单击【关闭】按钮，如图 12-28 所示。

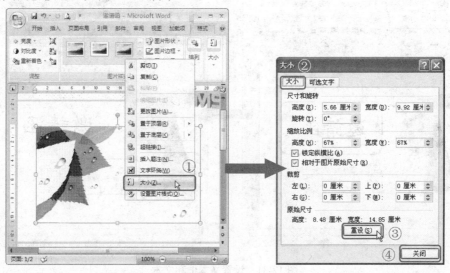

图 12-28 重设图片

步骤4 调整图片的位置使其如图 12-29 所示，然后在【插入】选项卡的【文本】功能区中单击【文本框】按钮，在弹出的列表中选择【绘制文本框】选项，如图 12-30 所示。

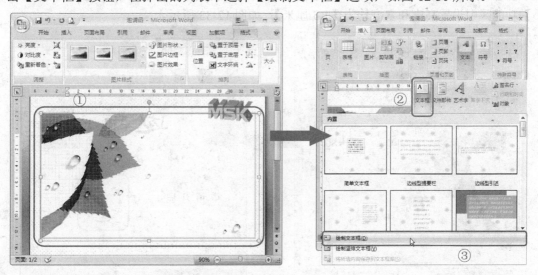

图 12-29 调整图片位置   图 12-30 绘制文本框

步骤5 选择所绘制的文本框，在【文本框工具格式】选项卡的【文本框样式】功能区中设置文本框为【无填充颜色】和【无轮廓】，然后在文本框中输入文本"邀请函"，并设置字体为【方正北魏楷书繁体】、字号为【初号】。

步骤6 采用同样的方法再插入一个文本框，在【文本框工具格式】选项卡的【文本框样式】功能区中设置文本为【无填充颜色】和【无轮廓】，在文本框中输入文本"敬请开启"，并设置字体为【微软雅黑】、字号为【五号】、分散对齐，调整文本框的位置使其如图 12-31 所示。

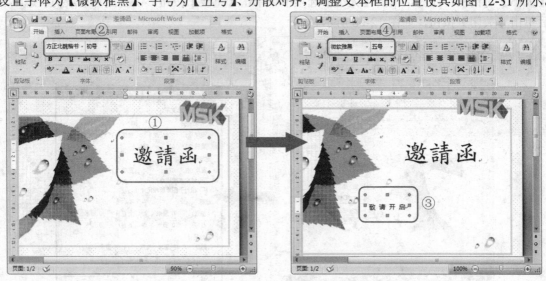

图 12-31　设置文本框和文本

　　步骤7　在【插入】选项卡的【插图】功能区中单击【形状】按钮，在弹出的列表中选择【椭圆】选项，如图 12-32 所示。

　　步骤8　按住<Shift>键，在文档中绘制一个圆形，然后在【绘图工具格式】选项卡的【大小】功能区中设置高度和宽度均为【1.5 厘米】，如图 12-33 所示。

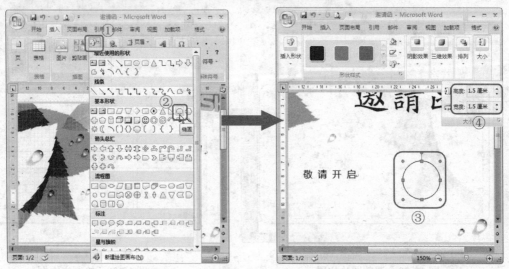

图 12-32　绘制椭圆　　　　　　　　图 12-33　设置圆形的大小

　　步骤9　在【形状样式】功能区中单击 🖋 【形状填充】按钮，在弹出的列表中依次选择【渐变】、【其他渐变】选项，打开【填充效果】对话框。

　　步骤10　在对话框中点选【单色】单选钮，设置颜色 1 为【绿色】，并拖动下面的拖动条，然后设置底纹样式为【垂直】，在右侧选择第二个变形效果，并勾选【随图形旋转填充效果】复选框，设置完毕单击【确定】按钮，如图 12-34 所示。

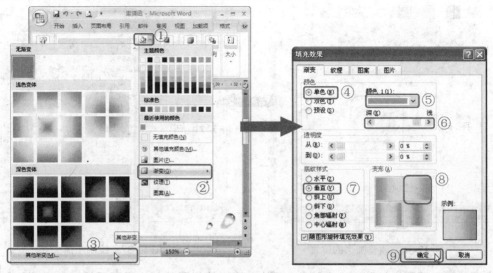

图 12-34　设置圆形的填充效果

步骤11　将所设置的圆形复制一个，并设置复制圆形的高度和宽度均为【1.23 厘米】，然后在【绘图工具格式】选项卡的【排列】功能区中单击 【旋转】按钮，在弹出的列表中选择【水平翻转】选项，将复制的圆形进行水平翻转，如图 12-35 所示。

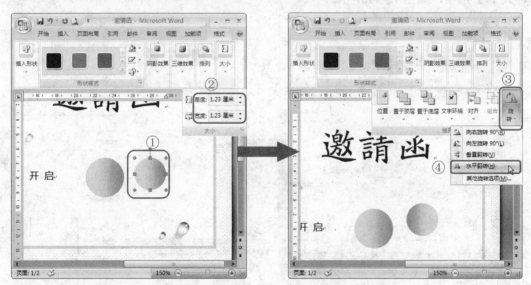

图 12-35　设置复制圆形的大小和旋转

步骤12　拖动所复制的圆形到大圆形正上方，创建具有按钮形状的图形，如图 12-36 所示。

步骤13　在【插入】选项卡的【插图】功能区中单击【形状】按钮，在弹出的列表中选择【左箭头】选项，如图 12-37 所示。

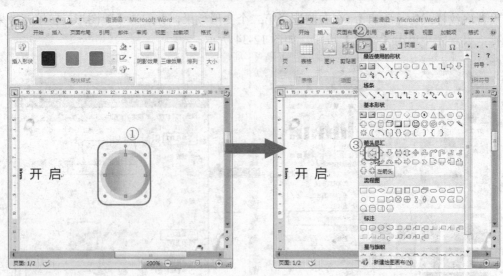

图12-36　调整圆形的位置　　　　　　　　　　图12-37　绘制左箭头

步骤14　在页面中绘制一个左箭头，调整左箭头的位置使其位于圆形的正上方，然后在【绘图工具格式】选项卡的【形状样式】功能区中设置形状轮廓为【无轮廓】，在【大小】功能区中设置形状高度为【0.62厘米】、宽度为【1厘米】，如图12-38所示。

步骤15　在【阴影效果】功能区中单击【阴影效果】按钮，在弹出的下拉列表中选择【阴影样式19】选项，如图12-39所示。

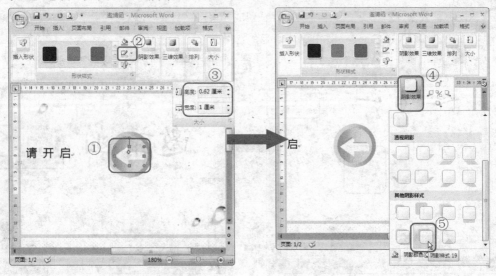

图12-38　设置左箭头的轮廓和大小　　　　　图12-39　设置左箭头的阴影效果

步骤16　按住<Ctrl>键依次单击选择所绘制的两个圆形和左箭头，并单击鼠标右键，在弹出的快捷菜单中选择【组合】→【组合】命令，将三个图形组合，如图12-40所示。

步骤17　调整组合后图形的位置，然后按<Ctrl>+<S>快捷键保存文档，封面页面创建完毕，如图12-41所示。

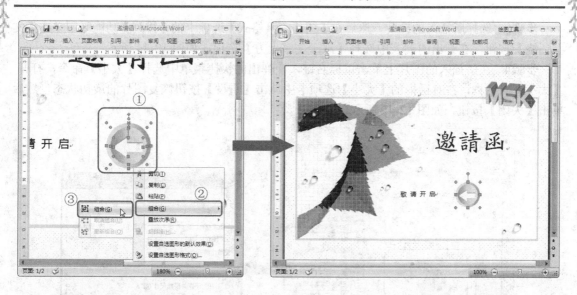

图 12-40　组合图形　　　　　　　　　　图 12-41　调整图形的位置

12.2.3　设置邀请内容页面

由于前面将邀请内容页的页眉页脚都做了设置，所以内容页面的创建就比较简单了，主要由图片、形状和文本框组成，其具体的操作步骤如下。

步骤1　复制封面页面中的组合图形，并在内容页面中调整复制后图形的位置，然后在【绘图工具格式】选项卡的【排列】功能区中单击 📷 【旋转】按钮，在弹出的列表中选择【水平翻转】选项，将复制的图形进行水平翻转，如图 12-42 所示。

步骤2　打开【插入图片】对话框，选择路径为 "Word 经典应用实例\第 2 篇\实例 12" 文件夹中的 "pic02.png" 图片文件，单击【插入】按钮插入图片，如图 12-43 所示。

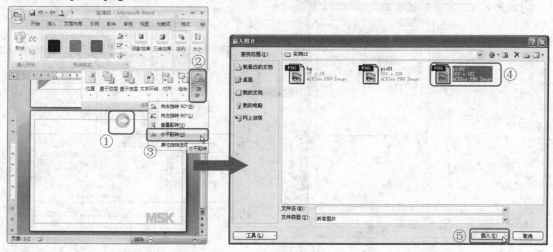

图 12-42　设置图形水平翻转　　　　　　图 12-43　插入图片

步骤3 选择所插入的图片,然后在【图片工具格式】选项卡的【排列】功能区中单击【文字环绕】按钮,在弹出的列表中选择【浮于文字上方】选项,如图 12-44 所示。

步骤4 在所插入的图片上单击鼠标右键,在弹出的快捷菜单中选择【大小】命令,打开【大小】对话框,在对话框的【大小】选项卡中单击【重设】按钮恢复图片的最初状态,然后单击【关闭】按钮,如图 12-45 所示。

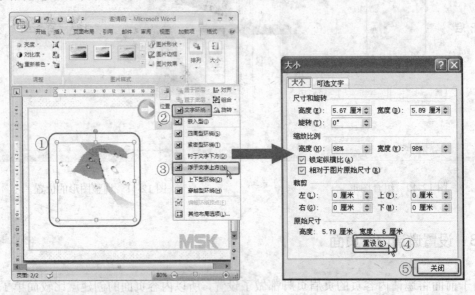

图 12-44 设置图片的环绕方式   图 12-45 重设图片

步骤5 调整图片使其位于页面的右上角位置,如图 12-46 所示,然后在【插入】选项卡的【文本】功能区中单击【文本框】按钮,在列表中选择【绘制文本框】选项,如图 12-47 所示。

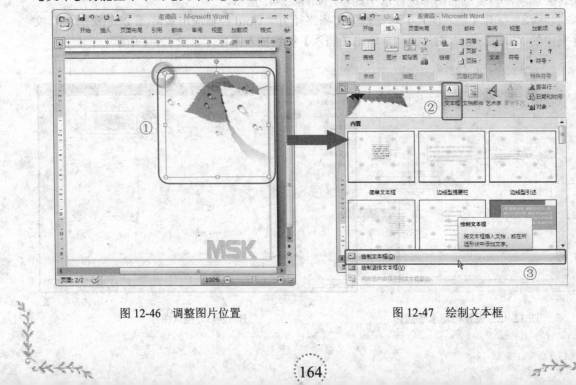

图 12-46 调整图片位置   图 12-47 绘制文本框

步骤6　选择所绘制的文本框，在【文本框工具格式】选项卡的【文本框样式】功能区中设置文本框为【无填充颜色】和【无轮廓】，然后在文本框中输入邀请内容的文本，并设置字体为【汉仪中圆简】、字号为【五号】，如图 12-48 所示。

步骤7　选择文本框，然后在【开始】选项卡的【段落】功能区中单击【段落】按钮，打开【段落】对话框，在对话框中设置行距为【1.5 倍行距】，设置完毕单击【确定】按钮，如图 12-49 所示。

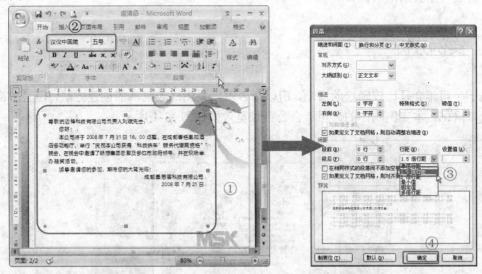

图 12-48　输入文本　　　　　　　　　　图 12-49　设置行距

步骤8　按<Ctrl>+<S>快捷键保存文档，邀请函创建完毕。

12.3　实例总结

本实例主要介绍了在 Word 文档中创建邀请函的方法，通过本实例的学习，需要重点掌握以下几个方面的内容。

● 页面颜色的设置，主要是图片背景的设置方法。
● 页眉和页脚的设置，包括奇数页页眉和偶数页页眉的设置方法。
● 分页的设置，包括几种插入分页的方法。
● 形状的绘制，通过多个形状组合为一个图形的方法。
● 艺术字的设置，包括艺术字的填充和轮廓的设置方法。
● 特殊效果的添加和设置，包括阴影效果和三维效果的设置方法。

实例 13 公司年会公告

年底的年会活动都是很多公司每年必不可少的一个项目，通过年会可以使员工互相之间增加交流，增加团队的凝聚力，为以后工作质量的提升打好基础。本实例就通过使用 Word 2007 创建一份公司年会活动的公告。

13.1 实例分析

由于公司年会是比较轻松的活动，所以公告可以采用比较灵活的创建方法，语言方面也可以比较口语化。本实例制作的公司年会公告预览效果如图 13-1 所示。

图 13-1 年会公告预览效果

13.1.1 设计思路

本实例的年会公告创意来源于具有新年特色的春联，通过在文档的左右两边创建春联，然后将公告的内容放置在文档的上下，而文档中间则是鼠年的剪纸图片，从而体现了一种浓郁的民族文化，为年会公告增加了喜庆祥和的气氛。

本实例的基本设计思路为：插入图片和形状设置页眉→创建春联→输入公告的内容→创建活动计划表→结束。

13.1.2　涉及的知识点

在年会公告的制作过程中使用了形状透明度的设置，并且采用了在文本框中插入表格的方法对计划表进行了创建。

在公司年会公告的制作中主要用到了以下方面的知识点：
✧　图片的插入和设置
✧　形状的绘制和调整
✧　文本框的创建和设置
✧　表格的创建和设置
✧　文本的设置

13.2　实例操作

本节就根据前面所分析的设计思路和知识点，使用 Word 2007 对公司年会公告的制作步骤进行详细的讲解。

13.2.1　设置页眉页脚

下面就介绍公司年会公告页眉和页脚的制作，具体的操作步骤如下。

步骤1　新建一个空白 Word 文档，然后选择【页面布局】选项卡，在【页面设置】功能区中单击【纸张大小】按钮，在列表中选择【B5（JIS）】选项，如图 13-2 所示。

步骤2　选择【页面布局】选项卡，然后在【页面背景】功能区中单击【页面颜色】按钮，在弹出的列表中选择【填充效果】选项，打开【其他颜色】对话框，在对话框中设置页面颜色的 RGB 值分别为"252"、"255"、"217"，设置完毕单击【确定】按钮，如图 13-3 所示。

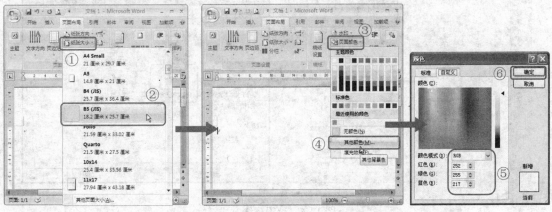

图 13-2　设置纸张大小　　　　　　　　图 13-3　设置页面颜色的填充效果

步骤3 在文档的顶部单击鼠标右键，在弹出的快捷菜单中选择【编辑页眉】命令，进入页眉和页脚编辑区，如图 13-4 所示。

步骤4 在页眉和页脚编辑区中隐藏显示线，然后在【插入】选项卡的【插图】功能区中单击【图片】按钮，打开【插入图片】对话框，选择路径为"Word 经典应用实例\第 2 篇\实例13"文件夹中的"pic01.png"图片文件，单击【插入】按钮插入图片，如图 13-5 所示。

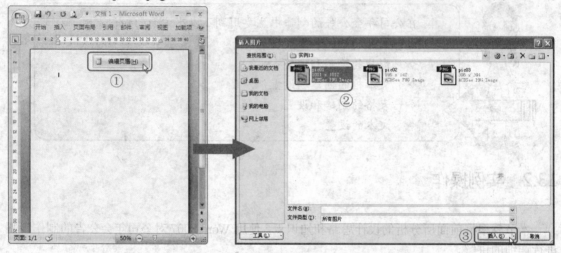

图 13-4 进入页眉编辑区　　　　　　　　图 13-5 插入图片

步骤5 选择所插入的"pic01.png"图片，在【图片工具格式】选项卡的【排列】功能区中单击【位置】按钮，在弹出的列表中选择【其他布局选项】选项，打开【高级版式】对话框，在对话框中选择【文字环绕】选项卡，然后设置环绕方式为【浮于文字上方】，如图 13-6 所示。

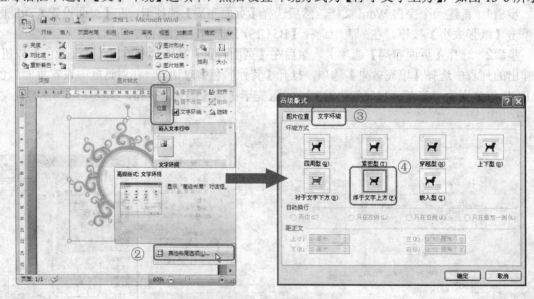

图 13-6 设置环绕方式

步骤6 在对话框中选择【图片位置】选项卡，然后设置图片相对于页眉的水平和垂直对齐方式均为【居中】，设置完毕单击【确定】按钮，如图 13-7 所示。

　　步骤7　在【插入】选项卡的【插图】功能区中单击【形状】按钮，在弹出的列表中选择【矩形】选项，如图 13-8 所示。

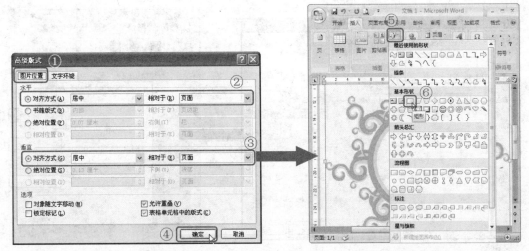

图 13-7　设置图片位置　　　　　　　　图 13-8　插入矩形

　　步骤8　在编辑区中单击鼠标拖动绘制一个矩形，在矩形上单击鼠标右键，在弹出的快捷菜单中选择【设置自选图形格式】命令，打开【设置自选图形格式】对话框，如图 13-9 所示。

　　步骤9　对话框中选择【大小】选项卡，设置矩形的高度为【25.7 厘米】、宽度为【18.2 厘米】，如图 13-10 所示。

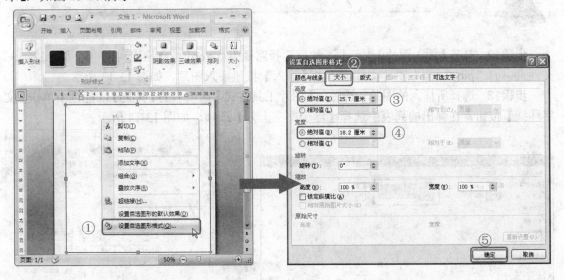

图 13-9　打开【设置自选图形格式】对话框　　　图 13-10　设置图形的大小

　　步骤10　在对话框中选择【颜色与线条】选项卡，然后设置矩形填充颜色为最近使用颜色的第一种颜色，即【酸橙色】，设置透明度为【20%】，选择线条颜色为【无颜色】，设置完毕单击【确定】按钮，如图 13-11 所示。

步骤11 选择所设置的矩形，在【绘图工具格式】选项卡的【排列】功能区中单击【对齐】按钮，在弹出的列表中先选择【对齐页面】选项，然后再选择【左右居中】和【上下居中】选项，设置矩形居中对齐，如图 13-12 所示。

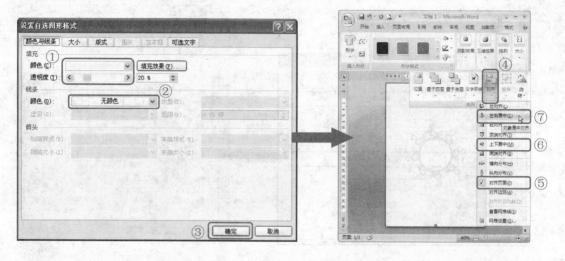

图 13-11 设置填充颜色和线条   图 13-12 设置矩形的对齐方式

操作技巧

在【绘图工具格式】选项卡的【排列】功能区中单击【对齐】按钮，在弹出的列表中可以设置所选图形的对齐方式，先选择【对齐页面】或者【对齐边距】两种对齐对象，然后再选择相应的对齐方式。

步骤12 打开【插入图片】对话框，然后选择路径为"Word 经典应用实例\第 2 篇\实例 13"文件夹中的"pic02.png"图片文件，单击【插入】按钮插入图片，如图 13-13 所示。

步骤13 选择所插入的图片，然后在【图片工具格式】选项卡的【排列】功能区中单击【文字环绕】按钮，在弹出的列表中选择【浮于文字上方】选项，如图 13-14 所示。

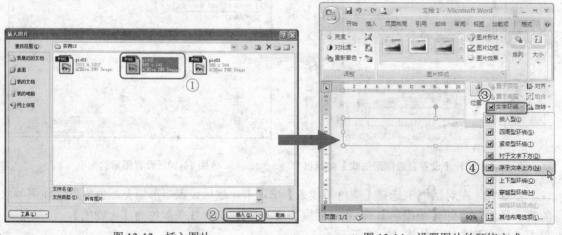

图 13-13 插入图片   图 13-14 设置图片的环绕方式

步骤14　在【图片工具格式】选项卡的【排列】功能区中单击【对齐】按钮，在弹出的列表中选择【左右居中】选项，然后调整图片的位置使其位于文档的上方位置，如图 13-15 所示。

步骤15　按住<Ctrl>键拖动所设置的图片将其复制一个，然后选择所复制的图片，在【图片工具格式】选项卡的【排列】功能区中单击【旋转】按钮，在弹出的列表中选择【水平翻转】选项，将图片进行水平翻转，如图 13-16 所示。

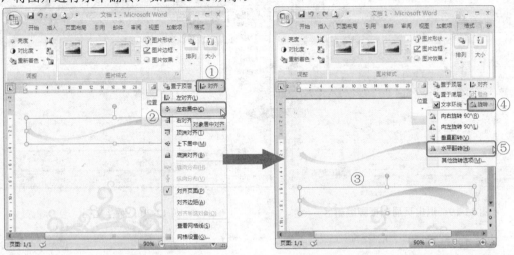

图 13-15　设置对齐方式　　　　　　　图 13-16　设置复制图片的水平翻转

步骤16　调整所复制图片的位置使其位于文档的下方位置，如图 13-17 所示，页眉编辑区所设置的效果如图 13-18 所示。

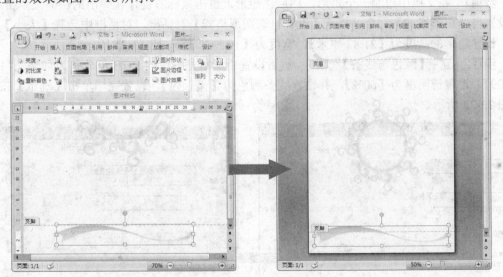

图 13-17　调整图片的位置　　　　　　图 13-18　页眉页脚编辑区效果

步骤17　选择【页眉和页脚设计】选项卡，在【关闭】功能区中单击【关闭页眉和页脚】按钮退出编辑区，如图 13-19 所示。

步骤18　按<Ctrl>+<S>快捷键保存文档，在弹出的【另存为】对话框中选择保存路径，在

【文件名】文本框中输入文件名称，并在【保存类型】下拉列表中选择要保存的文档类型，然后单击【保存】按钮保存文档，如图 13-20 所示。

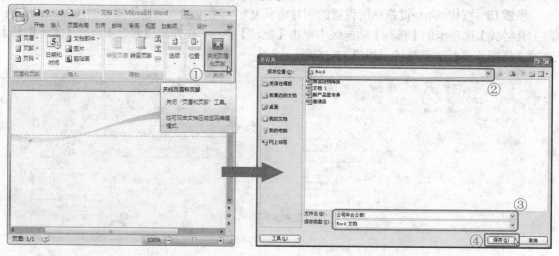

图 13-19　退出页眉和页脚编辑区　　　　　　　　图 13-20　保存文档

13.2.2　设置年会公告

年会公告主要是由文本框、图形和表格组成，设置年会公告的具体操作步骤如下。

步骤1　在文档中绘制一个矩形，然后在矩形上单击鼠标右键，在弹出的快捷菜单中选择【设置自选图形格式】命令，打开【设置自选图形格式】对话框，对话框中选择【大小】选项卡，设置矩形的高度为【21.87 厘米】、宽度为【10 厘米】，如图 13-21 所示。

步骤2　选择【颜色与线条】选项卡，然后设置矩形填充颜色的 RGB 值分别为"255"、"109"、"109"，设置透明度为【60%】，并设置线条颜色为【无颜色】，设置完毕单击【确定】按钮，如图 13-22 所示。

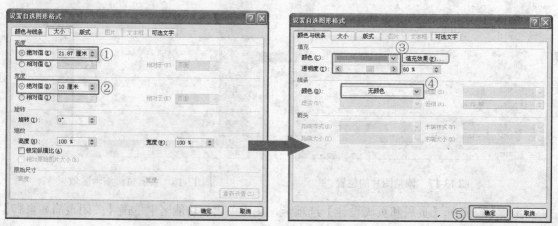

图 13-21　设置矩形的大小　　　　　　　　　图 13-22　设置矩形的填充颜色和线条

步骤3　选择所设置的矩形，在【绘图工具格式】选项卡的【排列】功能区中单击【对齐】按钮，然后选择【左右居中】和【上下居中】选项，将矩形设置居中对齐，如图 13-23 所示。

步骤4　打开【插入图片】对话框，然后选择路径为"Word 经典应用实例\第 2 篇\实例 13"文件夹中的"pic03.png"图片文件，单击【插入】按钮插入图片，如图 13-24 所示。

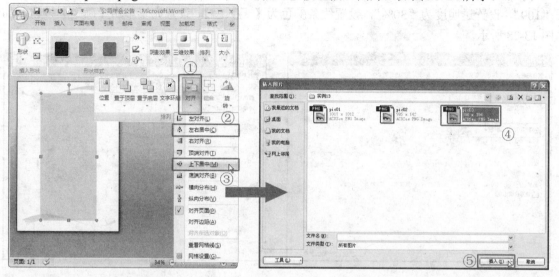

图 13-23　设置对齐方式　　　　　　　　　　图 13-24　插入图片

步骤5　选择所插入的图片，然后在【图片工具格式】选项卡的【排列】功能区中单击【文字环绕】按钮，在弹出的列表中选择【浮于文字上方】选项，如图 13-25 所示。

步骤6　选择所插入的图形，在【绘图工具格式】选项卡的【排列】功能区中单击【对齐】按钮，然后选择【左右居中】和【上下居中】选项，设置图片居中对齐，如图 13-26 所示。

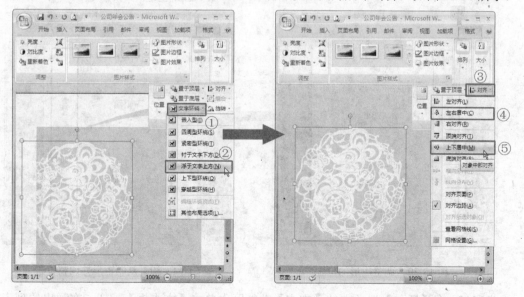

图 13-25　设置图片的环绕方式　　　　　　　图 13-26　设置图片对齐方式

步骤7 在文档中绘制一个矩形，然后在矩形上单击鼠标右键，在弹出的快捷菜单中选择【设置自选图形格式】命令，打开【设置自选图形格式】对话框，对话框中选择【大小】选项卡，设置矩形的高度为【18.88 厘米】、宽度为【2 厘米】，如图 13-27 所示。

步骤8 选择【颜色与线条】选项卡，然后设置矩形填充颜色的 RGB 值分别为"255"、"109"、"109"，设置透明度为"30%"，设置线条颜色为【无颜色】，设置完毕单击【确定】按钮，如图 13-28 所示。

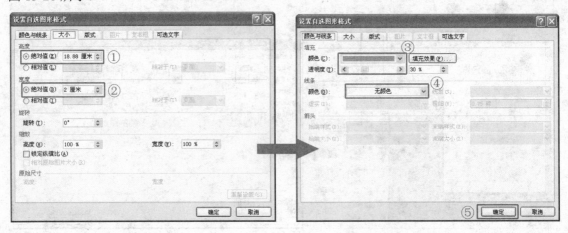

图 13-27 设置矩形的大小　　　图 13-28 设置矩形的填充颜色和线条

步骤9 调整所绘制矩形的位置，使其位于文档的左侧，如图 13-29 所示，然后将绘制的矩形复制一个，并调整位置使其位于文档的右侧，如图 13-30 所示。

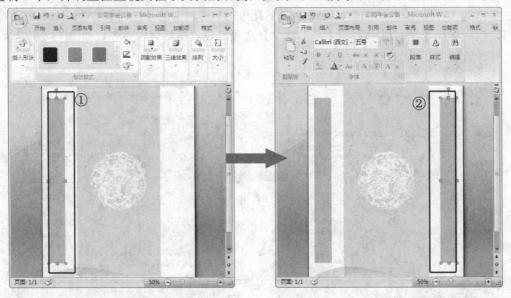

图 13-29 调整矩形的位置　　　图 13-30 复制矩形并调整位置

步骤10 在【插入】选项卡的【文本】功能区中单击【文本框】按钮，在弹出的列表中选择【绘制竖排文本框】选项，如图 13-31 所示。

步骤11 选择所绘制的文本框,在【文本框工具格式】选项卡的【文本框样式】功能区中设置文本框为【无填充颜色】和【无轮廓】,然后在文本框中输入春联的上联文本,并设置字体为【书体坊米蒂体】、字号为【小初】,调整文本框的位置,如图 13-32 所示。

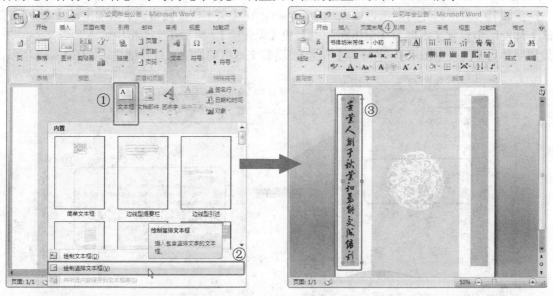

图 13-31　绘制竖排文本框 　　　　　　　　　　　　　图 13-32　输入文本并设置字体格式

步骤12 采用同样的方法再插入一个竖排文本框,并输入春联的下联文本,设置字体为【书体坊米蒂体】、字号为【小初】,调整文本框的位置使其如图 13-33 所示。

步骤13 在【插入】选项卡的【文本】功能区中单击【文本框】按钮,在列表中选择【绘制文本框】选项,如图 13-34 所示。

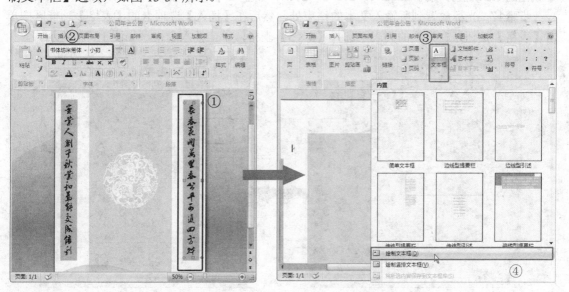

图 13-33　输入文本并设置字体格式 　　　　　　　　　图 13-34　绘制文本框

步骤14 选择所绘制的文本框，在【文本框工具格式】选项卡的【文本框样式】功能区中设置文本框为【无填充颜色】和【无轮廓】，然后在文本框中输入文本"年会公告"，并设置字体为【书体坊米芾体】、字号为【小初】，调整文本框的位置。

步骤15 采用同样的方法再插入一个文本框，在【文本框工具格式】选项卡的【文本框样式】功能区中设置文本框为【无填充颜色】和【无轮廓】，然后在文本框中输入公告文本，并设置字体为【汉仪中圆简】、字号为【五号】，调整文本框的位置和首行缩进，如图 13-35 所示。

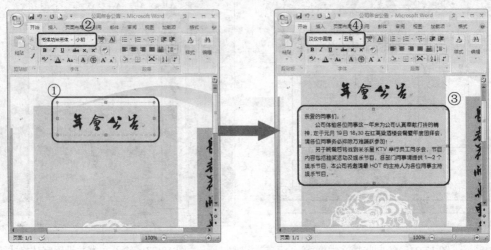

图 13-35 插入文本框并输入文本

步骤16 在文档中再插入一个文本框，将其设置为【无填充颜色】和【无轮廓】，然后在文本框中输入文本"年度团拜会计划表"，并设置字体为【汉仪中圆简】、字号为【四号】，文本颜色的 RGB 值分别为"252"、"255"、"217"，调整文本框的位置，如图 13-36 所示。

步骤17 光标放置到所输入文本的结束处，然后在【插入】选项卡的【表格】功能区中单击【表格】按钮，在弹出的列表中选择【4×3】表格，单击插入表格，如图 13-37 所示。

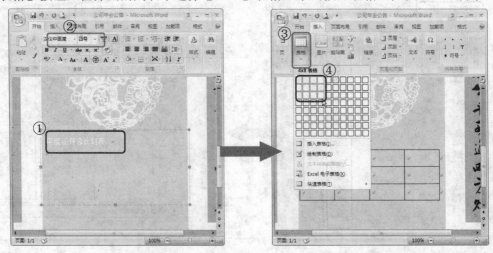

图 13-36 输入文本　　　　　　　　　　　　　图 13-37 插入表格

　　步骤18　选择表格第一列的单元格，选择【表格工具布局】选项卡，在【单元格大小】功能区中设置表格行高为【1 厘米】、表格列宽为【1.5 厘米】，然后在【对齐方式】功能区中单击▤【水平居中】按钮。

　　步骤19　选择表格第二列的单元格，选择【表格工具布局】选项卡，在【单元格大小】功能区中设置表格列宽为【1.7 厘米】，然后在【对齐方式】功能区中单击▤【中部两端对齐】按钮，如图 13-38 所示。

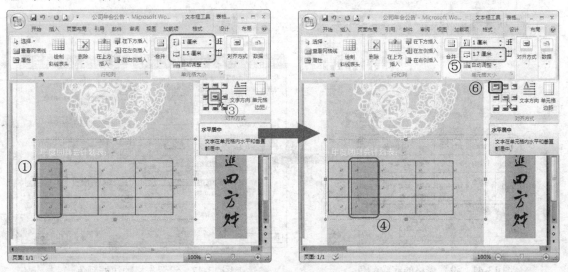

图 13-38　设置单元格的行高和列宽

　　步骤20　采用同样的方法设置表格第三列单元格的列宽为【2 厘米】，第四列单元格的列宽为【4.5 厘米】，并在【对齐方式】功能区中单击▤【中部两端对齐】按钮，如图 13-39 所示。

　　步骤21　在各个单元格中依次输入文本，并设置字体为【汉仪中圆简】、字号为【五号】，如图 13-40 所示。

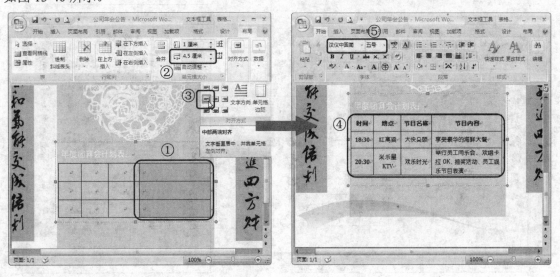

图 13-39　设置单元格的列宽　　　　　　　　　　　　图 13-40　在单元格中输入文本

步骤22 选择整个表格，然后在【表格工具设计】选项卡的【表样式】功能区中单击【底纹】按钮，在下拉列表中选择最近使用的颜色【酸橙色】，设置表格底纹，如图 13-41 所示。

步骤23 在【表样式】功能区中单击【边框】按钮打开【边框和底纹】对话框，在对话框中选择【边框】选项卡，设置边框颜色为最近使用的颜色【玫瑰红色】、宽度为【1.0 磅】，设置完毕单击【确定】按钮，如图 13-42 所示。

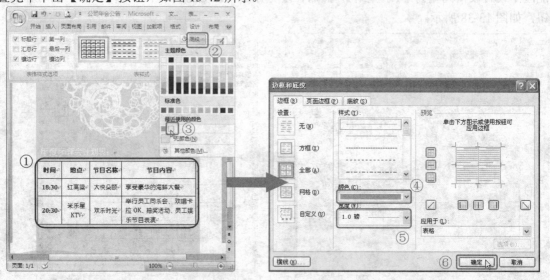

图 13-41　设置表格的底纹颜色　　　　　图 13-42　设置表格的边框颜色

步骤24 插入一个文本框，在【文本框工具格式】选项卡的【文本框样式】功能区中设置文本框为【无填充颜色】和【无轮廓】，然后在文本框中输入公司名称和日期文本，并设置对齐方式为居中对齐，如图 13-43 所示。

步骤25 按<Ctrl>+<S>快捷键保存文档，年会公告创建完毕，其效果如图 13-44 所示。

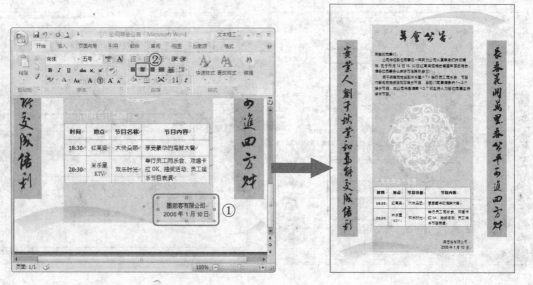

图 13-43　插入文本框　　　　　　　　　图 13-44　完成效果

13.3 实例总结

本实例主要介绍了在 Word 文档中创建公司年会公告的方法，通过本实例的学习，需要重点掌握以下几个方面的内容。

- 页面的设置，主要是纸张大小的设置方法。
- 页面颜色的设置方法。
- 形状的绘制，主要包括形状填充效果、填充轮廓以及颜色透明度的设置。
- 文本框的创建，包括文本框形状填充效果和填充轮廓的设置。
- 文本的输入，包括文本格式的设置、首行缩进以及对齐方式的调整方法。
- 表格的创建，包括行高列宽的调整、对齐方式、边框和底纹的设置方法。

实例 **14** 产品说明书

在商务工作中，对于所销售的产品，特别是电子类的产品都应配有产品说明书，顾客通过说明书中的介绍可以了解产品的使用步骤以及相应的注意事项。本实例就通过使用 Word 2007 创建一份产品说明书。

14.1 实例分析

创建产品说明书前应该对此产品非常了解，在制作时应突出操作的重点和应该注意的一些问题，措辞应严谨。本实例完成的产品说明书预览效果如图 14-1 所示。

图 14-1 产品说明书预览效果

14.1.1 设计思路

本实例的说明书是以笔记本电脑中电池的使用说明进行介绍的，采用了分栏的方法将文档分为两栏，然后通过图文混排介绍了电池的安装和卸下的方法，然后通过插入表格介绍了使用电池的注意事项和保养方法。

本实例的基本设计思路为：设置文档大小和页边距→设置页眉和页脚编辑区→设置文档分栏→输入内容并设置格式→插入表格输入文本→结束。

14.1.2　涉及的知识点

在说明书的制作中主要在文档中使用了分栏的设置，并且在输入说明文本后再插入相应的操作图片。

在产品说明书的制作中主要用到了以下方面的知识点：
- ◇　图片的插入和设置
- ◇　形状的绘制和调整
- ◇　艺术字的创建和设置
- ◇　分栏的设置
- ◇　文本框的插入和文本的设置
- ◇　项目符号的设置
- ◇　段落间距的设置
- ◇　表格的插入和设置

重点知识

14.2　实例操作

本节就根据前面所分析的设计思路和知识点，使用 Word 2007 对产品说明书的制作步骤进行详细的讲解。

14.2.1　设置页眉页脚

下面就介绍产品说明书页眉和页脚的制作，其具体的操作步骤如下。

步骤1　新建一个空白 Word 文档，然后选择【页面布局】选项卡，在【页面设置】功能区中单击【纸张大小】按钮，并在列表中选择【A4(21×29.7cm)】选项，如图 14-2 所示。

步骤2　单击【页边距】按钮，在弹出的列表中选择【自定义边距】选项，如图 14-3 所示。

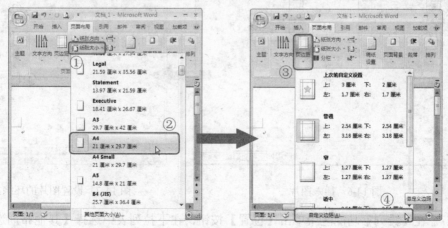

图 14-2　设置纸张大小　　　　　　　图 14-3　自定义页边距

步骤3 在打开的【页面设置】对话框中选择【页边距】选项卡，设置上页边距为【3 厘米】、下页边距为【2 厘米】，左、右边距为【1.7 厘米】，设置完毕单击【确定】按钮，如图 14-4 所示。

步骤4 选择【插入】选项卡，然后在【页眉和页脚】功能区中单击【页眉】按钮，在弹出的列表中选择【编辑页眉】选项，进入页眉和页脚编辑区，如图 14-5 所示。

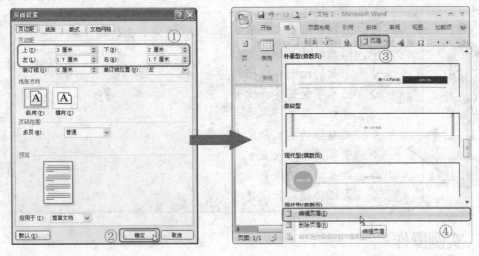

图 14-4　设置页边距　　　　　　　图 14-5　编辑页眉

步骤5 在页眉和页脚编辑区中隐藏显示线，然后在【插入】选项卡的【插图】功能区中单击【图片】按钮，打开【插入图片】对话框，选择路径为"Word 经典应用实例\第 2 篇\实例 14"文件夹中的"logo.png"图片文件，单击【插入】按钮插入图片，如图 14-6 所示。

步骤6 选择所插入的图片，然后在【图片工具格式】选项卡的【排列】功能区中单击【文字环绕】按钮，在弹出的列表中选择【浮于文字上方】选项，如图 14-7 所示。

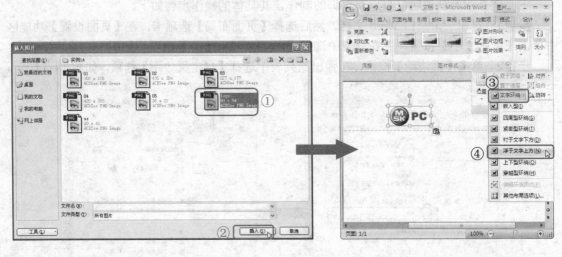

图 14-6　插入图片　　　　　　　图 14-7　设置图片的环绕方式

步骤7 在【排列】功能区中单击【位置】按钮，在下拉列表中选择【其他布局选项】选项，打开【高级版式】对话框，如图 14-8 所示。

步骤8　在对话框中设置图片在右侧【页面】水平方向的绝对位置为【1.59 厘米】，在下侧【页面】垂直方向的绝对位置为【0.56 厘米】，设置完毕单击【确定】按钮，如图 14-9 所示。

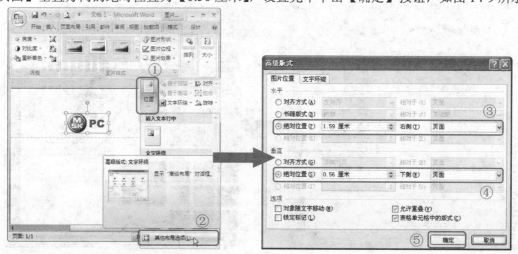

图 14-8　打开【高级版式】对话框　　　　　　　　图 14-9　设置图片位置

　　步骤9　在【插入】选项卡的文本功能区中单击【艺术字】按钮，在弹出的列表中选择【艺术字样式 10】选项，如图 14-10 所示。

　　步骤10　在弹出的【编辑艺术字文字】对话框中输入文本 "Notebook PC"，然后在【字体】下拉列表中设置字体为【Impact】，设置字号为【18】，设置完毕单击【确定】按钮，插入艺术字，如图 14-11 所示。

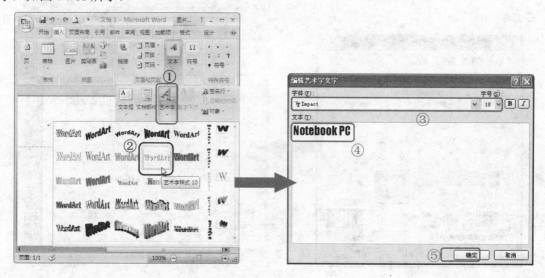

图 14-10　选择艺术字样式　　　　　　　　　　图 14-11　设置艺术字文字

　　步骤11　选择所插入的艺术字，然后在【艺术字工具格式】选项卡的【排列】功能区中单击【文字环绕】按钮，在弹出的列表中选择【浮于文字上方】选项，如图 14-12 所示。

　　步骤12　在【艺术字样式】功能区中单击 ⬩ ▾【形状填充】按钮，在弹出的列表中依次选择【渐变】、【其他渐变】选项，如图 14-13 所示，打开【填充效果】对话框。

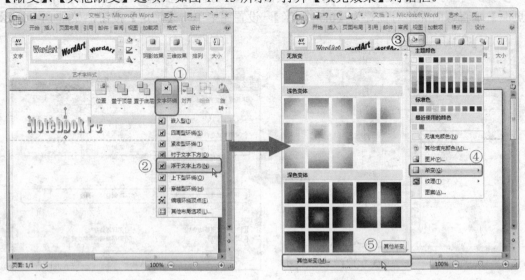

图 14-12　设置艺术字的环绕方式　　　　　　图 14-13　设置渐变选项

　　步骤13　在对话框中点选【双色】单选钮，设置颜色 1 的 RGB 值分别为"211"、"27"、"106"，颜色 2 的 RGB 值分别为"255"、"204"、"204"，然后设置底纹样式为【中心辐射】，并在右侧选择第二个变形效果，设置完毕单击【确定】按钮，如图 14-14 所示。

　　步骤14　调整艺术字的位置使其位于文档的右上方，如图 14-15 所示。

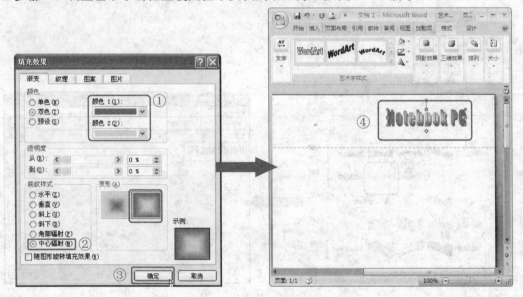

图 14-14　设置填充效果　　　　　　　　　　图 14-15　调整艺术字的位置

　　步骤15　在【插入】选项卡的【插图】功能区中单击【形状】按钮，在弹出的列表中选择【矩形】选项，在编辑区中绘制一个矩形。

　　步骤16　在编辑区中绘制一个矩形，然后选择所绘制的矩形，在【绘图工具选项卡】的大小功能区中设置矩形的高度为【1.45 厘米】、宽度为【21.2 厘米】，如图 14-16 所示。

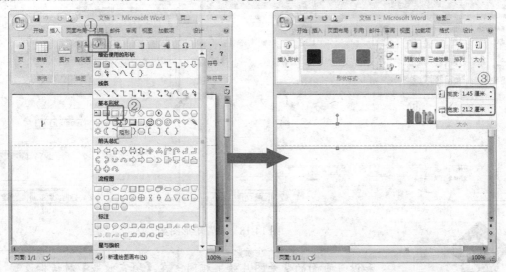

图 14-16　绘制矩形并设置大小

步骤17　在【形状样式】功能区中单击 ![icon] 【形状填充】按钮，在弹出的菜单中选择【图案】选项，打开【填充效果】对话框，在对话框中选择【图片】选项卡，然后单击【选择图片】按钮，如图 14-17 所示。

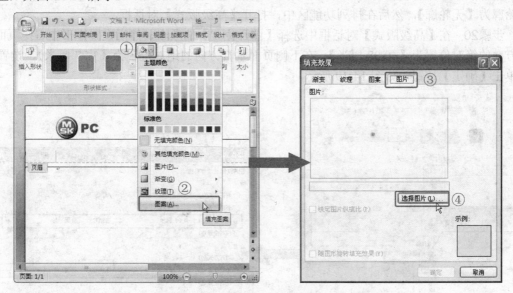

图 14-17　打开【填充效果】对话框

步骤18　在打开【选择图片】对话框中择路径为"Word 经典应用实例\第 2 篇\实例 14"文件夹中的"bg.png"图片文件，并单击【插入】按钮，插入图片，返回【填充效果】对话框，单击【确定】按钮，即可设置页面的背景图片，如图 14-18 所示。

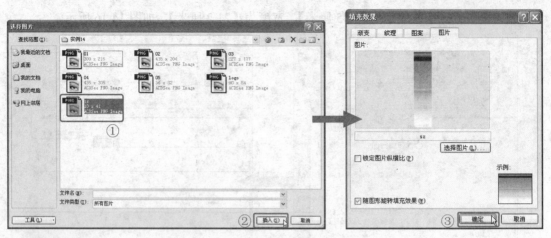

图 14-18　设置矩形图案

和设置页面的背景图片效果相同，在【填充效果】对话框设置矩形的填充图案后，Word 2007 页会自动将所设置的图片横向平铺至整个矩形，并且高度随着矩形的变化而变化。

步骤19　选择所设置的矩形，在【绘图工具格式】选项卡的【形状样式】功能区中设置形状轮廓为【无轮廓】，然后在排列功能区中，打开【高级版式】对话框。

步骤20　在【高级版式】对话框中选择【图片位置】选项卡，然后设置矩形在右侧页面水平方向的绝对位置为【-0.08 厘米】，在下侧页面垂直方向的绝对位置为【1.77 厘米】，设置完毕单击【确定】按钮，如图 14-19 所示。

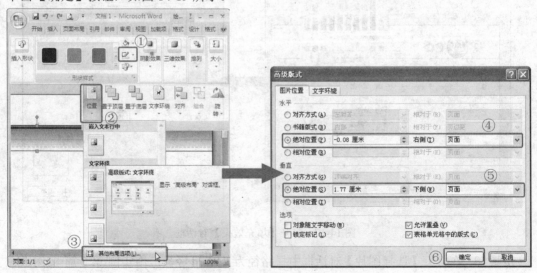

图 14-19　设置矩形的位置

步骤21　在【插入】选项卡的【文本】功能区中单击【文本框】按钮，在弹出的列表中选择【绘制文本框】选项，在文档中绘制一个文本框，如图 14-20 所示。

　　步骤22 选择所绘制的文本框，在【文本框工具格式】选项卡的【文本框样式】功能区中设置文本框为【无填充颜色】和【无轮廓】，然后在文本框中输入文本"电池的使用"，设置字体为【微软雅黑】、字号为【四号】、文字颜色为【蓝色】，调整文本框的位置如图 14-21 所示。

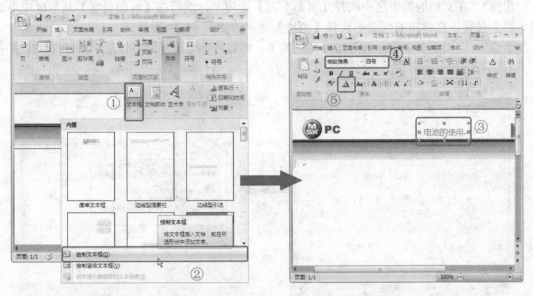

图 14-20　绘制文本框　　　　　　　　　　图 14-21　输入文本并设置字体格式

　　步骤23 选择【页眉和页脚设计】选项卡，在【关闭】功能区中单击【关闭页眉和页脚】按钮退出编辑区，如图 14-22 所示，页眉和页脚编辑完毕。

　　步骤24 按<Ctrl>+<S>快捷键保存文档，在弹出的【另存为】对话框中选择保存路径，在【文件名】文本框中输入文件名称，并在【保存类型】下拉列表中选择要保存的文档类型，然后单击【保存】按钮保存文档，如图 14-23 所示。

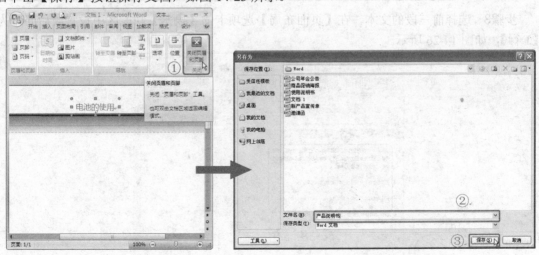

图 14-22　退出页眉和页脚编辑区　　　　　　图 14-23　保存文档

14.2.2　设置说明书正文

说明书的正文主要是由文本、图片和表格组成，其具体的操作步骤如下。

步骤1　在文档的编辑区中选择【页面布局】选项卡，然后在【页面设置】功能区中单击【分栏】按钮，在弹出的列表中选择【两栏】选项，如图 14-24 所示。

步骤2　在说明书中输入前五段介绍的文本，然后将字号设置为【小五】，如图 14-25 所示。

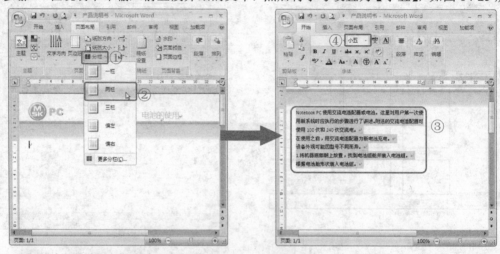

图 14-24　设置分栏　　　　　　　　　图 14-25　输入文本

在【页面布局】选项卡的【页面设置】功能区中单击【分栏】按钮，在弹出列表中可以设置当前所选择或光标所在位置的页面分栏，有【一栏】、【两栏】、【三栏】、【偏左】、【偏右】几种选项可供选择，也可以通过选择【更多分栏】选项打开【分栏】对话框，对分栏进行更加细致的设置。

步骤3　选择前三段的文本，在【页面布局】选项卡的【段落】功能区中设置段后间距为【1 行】，如图 14-26 所示。

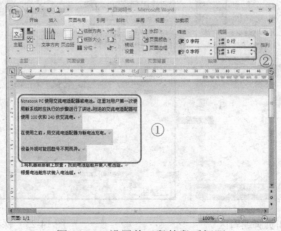

图 14-26　设置前三段的段后间距

步骤4　选择第四段和第五段的文本，在【页面布局】选项卡的【段落】功能区中设置【段后间距】为【0.5 行】，如图 14-27 所示。

步骤5　选择第三段的文本，在【字体】功能区中分别单击 **B**【加粗】按钮和 *I*【斜体】按钮，使字体粗体和斜体显示，如图 14-28 所示。

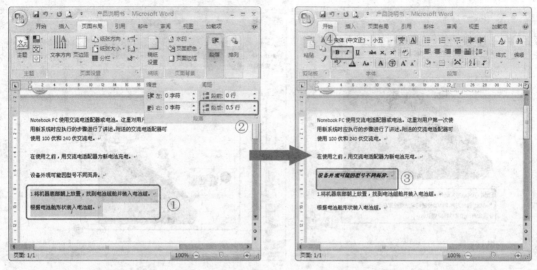

图 14-27　设置段后间距　　　　　　　　　　　图 14-28　设置粗体和斜体

步骤6　选择第五段的文本，在【段落】功能区中单击 ≣【项目符号】按钮，在弹出的列表中选择圆形的项目符号，设置段落的项目符号，如图 14-29 所示。

步骤7　在文本的结束处按两次<Enter>键进行换行，然后选择【插入】选项卡，在【插图】功能区中单击【图片】按钮，打开【插入图片】对话框，选择路径为"Word 经典应用实例\第2 篇\实例 14"文件夹中的"01.png"图片文件，单击【插入】按钮插入图片，如图 14-30 所示。

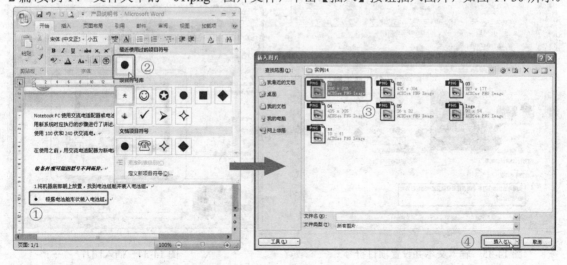

图 14-29　设置文本的项目符号　　　　　　　　图 14-30　插入图片

步骤8　光标移动到所插入的图片后，按<Enter>键换行，然后再输入相应的介绍文本，如

图 14-31 所示。

步骤9 在文本后按<Enter>键换行，然后打开【插入图片】对话框，选择路径为"Word 经典应用实例\第 2 篇\实例 14"文件夹中的"02.png"图片文件，单击【插入】按钮插入图片，如图 14-32 所示。

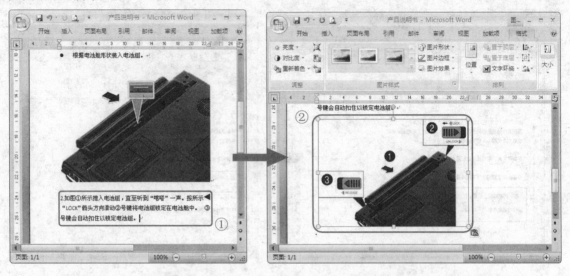

图 14-31 输入文本　　　　　　　　　　　　　　　　　图 14-32 插入图片

步骤10 在输入图 14-33 所示的文本，并在第三段的文本前添加圆形项目符号。

步骤11 在文本后按两次<Enter>键换行，然后打开【插入图片】对话框，选择路径为"Word 经典应用实例\第 2 篇\实例 14"文件夹中的"03.png"图片文件，单击【插入】按钮插入图片，如图 14-34 所示。

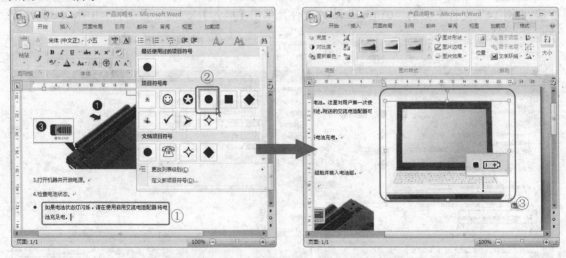

图 14-33 输入文本并设置项目符号　　　　　　　　　　图 14-34 插入图片

步骤12 采用同样的方法，换行后在输入文本，并在文本后插入路径为"Word 经典应用实例\第 2 篇\实例 14"文件夹中的"04.png"图片文件，如图 14-35 所示。

步骤13　将所输入的标有"1."、"2."、"3."、"4."和"5."操作步骤的文本字体都设置为【微软雅黑】，如图 14-36 所示。

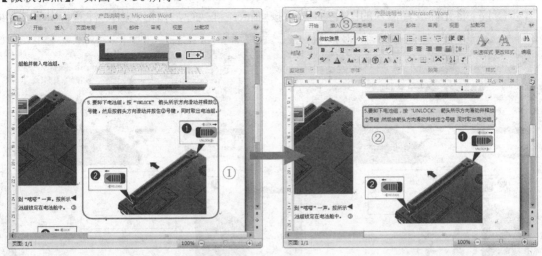

图 14-35　输入文本并插入图片　　　　　　图 14-36　设置文本格式

操作技巧

　　　　在设置多处文本为同一种字体格式或者段落格式时，可以先设置一处的文本格式或者段落格式，并将光标放置到设置后文本的段落中，在【开始】选项卡的【剪贴板】功能区中双击 ✎ 【格式刷】按钮（或按下<Ctrl>+<Shift>+<C>快捷键），然后分别在需要设置的段落上单击即可。

步骤14　将光标移动到文档最后一副图片之后，然后在【插入】选项卡的【表格】功能区中单击【表格】按钮，在弹出的列表中选择【2×2】表格，单击插入表格，如图 14-37 所示。

步骤15　选择第一列单元格，在【表格工具布局】选项卡的【单元格大小】功能区中设置列宽为【1.71 厘米】，并在【对齐方式】功能区中单击【水平居中】按钮，如图 14-38 所示。

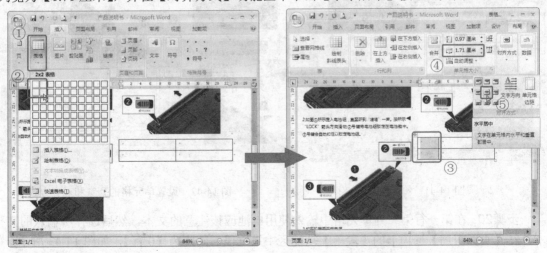

图 14-37　插入表格　　　　　　图 14-38　设置单元格的列宽和对齐方式

步骤16　将光标放置到表格的第一行第一列单元格中，并插入路径为"Word 经典应用实例\第 2 篇\实例 14"文件夹中的"05.png"图片文件，如图 14-39 所示。

步骤17　将光标放置插入的图片后，然后按<Enter>键换行，并输入文本"注意"，如图 14-40 所示。

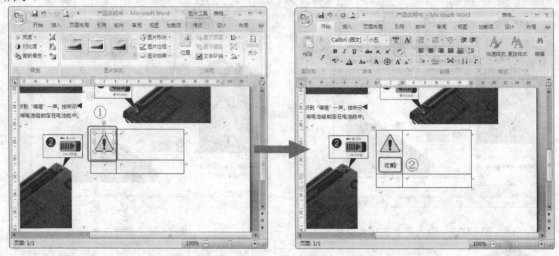

图 14-39　插入图片　　　　　　　　　　　　　图 14-40　输入文本

步骤18　在表格的第二行第一列的单元格中输入文本"提示"，如图 14-41 所示。

步骤19　选择第二列单元格，在【表格工具布局】选项卡的【单元格大小】功能区中设置列宽为【7.1 厘米】，在【对齐方式】功能区中单击　【中部两端对齐】按钮，如图 14-42 所示。

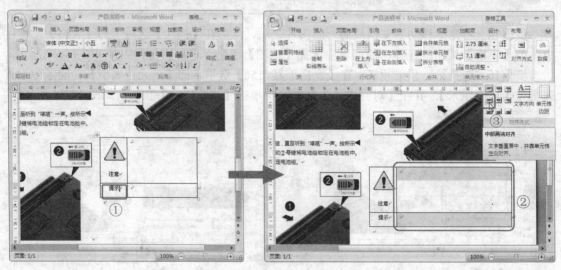

图 14-41　输入文本　　　　　　　　　　图 14-42　设置单元格的列宽和对齐方式

步骤20　在第一行第二列单元格中输入使用电池应该注意的文本，然后选择所输入的文本，在【页面布局】选项卡的【段落】功能区中设置段后间距为【0 行】，如图 14-43 所示。

步骤21　选择单元格中所输入的第一段和第五段的文本，设置段前间距和段后间距都为

【0.5 行】，并设置文本格式为加粗，如图 14-44 所示。

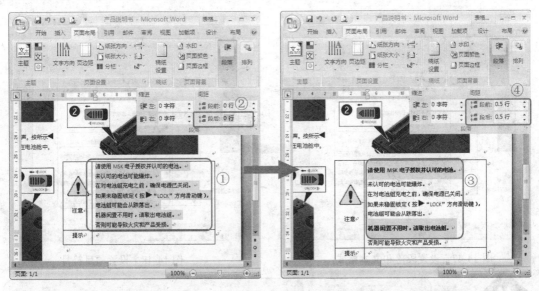

图 14-43　设置文本的段后间距　　　　　图 14-44　设置段落和文本格式

步骤22　设置单元格其余文本的项目符号都为圆形项目符号，如图 14-45 所示。

步骤23　在第一行第二列单元格中输入文本，然后选择所输入文本第二段和第三段，在【页面布局】选项卡的【段落】功能区中设置段后间距为【0 行】，如图 14-46 所示。

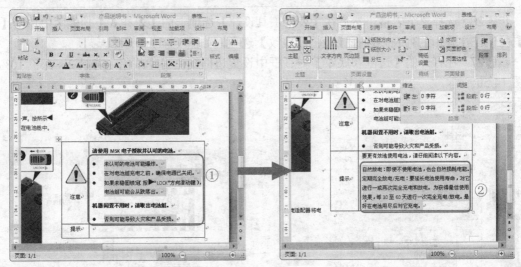

图 14-45　设置文本的项目符号　　　　　图 14-46　设置文本的段后间距

步骤24　选择单元格中所输入的第一段文本，设置段前间距和段后间距为【0.5 行】，并设置文本格式为加粗，如图 14-47 所示。

步骤25　在第二行和第三行文本前添加圆形项目符号，如图 14-48 所示。

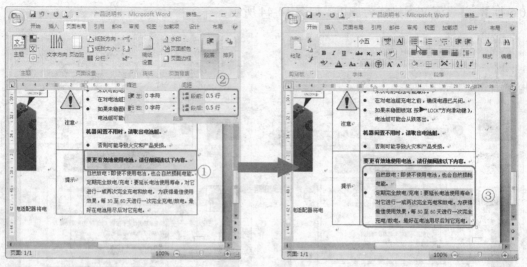

图 14-47　设置段落和文本格式

图 14-48　设置项目符号

操作技巧

✧ 在文本中如果需要同时选择不同段落的几处，可以先按住<Ctrl>键然后再使用鼠标拖动选择。

✧ 设置文本的加粗显示可以直接选择所要设置的文本，然后按下<Ctrl>+<B>快捷键即可。同样按<Ctrl>+<I>快捷键和<Ctrl>+<U>快捷键可以用于设置文本的倾斜和下划线。

　　步骤26　选择整个表格，然后在【表格工具设计】选项卡的【表样式】功能区中单击【边框】按钮，在弹出的列表中选择【边框和底纹】选项，如图 14-49 所示。

　　步骤27　在打开的【边框和底纹】对话框中设置边框颜色为【茶色，背景 2，深色 10%】，如图 14-50 所示。

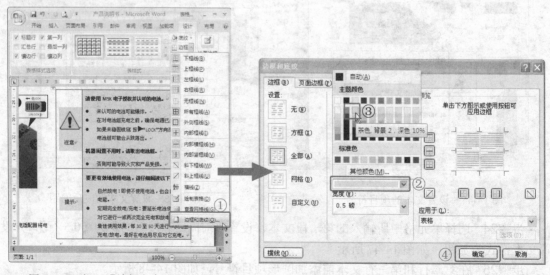

图 14-49　打开【边框和底纹】对话框

图 14-50　设置表格边框

步骤28 设置完毕单击【确定】按钮，表格的边框效果如图 14-51 所示。

步骤29 按<Ctrl>+<S>快捷键保存文档，产品说明书创建完毕，其效果如图 14-52 所示。

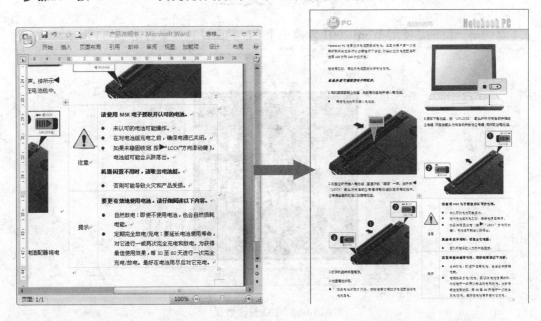

图 14-51　表格效果　　　　　　　　　　　图 14-52　产品说明书效果

14.3　实例总结

本实例主要介绍了在 Word 文档中创建产品说明书的方法，通过本实例的学习，需要重点掌握以下几个方面的内容。

- 页面的设置，包括设置纸张大小和页边距的方法。
- 页眉的编辑，包括在页眉中插入图片并调整图片的方法。
- 形状的创建，包括设置形状大小和填充图案的创建。
- 页面分栏的创建方法。
- 文本的输入，包括文本格式的设置、段后间距的调整。
- 表格的创建，包括行高列宽的调整、单元格图片的插入、对齐方式和边框的设置。
- 项目符号的设置方法。

举一反三

本篇的举一反三是使用 Word 2007 创建一个 CD 封面，其效果如图 14-53 所示。

图 14-53　CD 封面效果

分析及提示

本页面的组成分析和绘制提示如下。

- 页面设置页面大小为【14 厘米×14 厘米】，页边距都为【0.1 厘米】。
- 设置页面颜色为【茶色，背景 2，深色 75%】，如图 14-54 所示。
- 设置页面边框，边框颜色为【茶色，背景 2，深色 50%】，如图 14-55 所示。
- 在正文中文本框的行距为固定值【48 磅】，如图 14-56 所示。

图 14-54　设置页面颜色

图 14-55　设置页面边框

图 14-56　设置行距

第 3 篇

锦上添花　排版篇

本篇导读

　　众所周知，Word 不仅是行政办公和商务办公的首选软件，在各类排版工作中，Word 的使用也毫不逊色，是图书、杂志、报刊等出版物常选的排版软件。本篇将通过使用 Word 2007 进行排版的实例，使读者在熟练掌握 Word 2007 排版功能的同时还能够充分了解排版应用中的各类技巧，从而可以更加深入地了解 Word 的文字处理与排版功能。

Let ' s go

实例 15   员工手册

　　员工手册是每个员工进入企业或者公司后，首先需要接触学习的内容。由于员工手册一般页数较多，为了达到更好的阅读效果，在印刷前需要进行版式的排列。本实例就通过使用 Word 2007 对员工手册进行版面设置。

15.1   实例分析

　　本实例主要是通过设置样式、页眉和页角，插入页码等操作对员工手册进行排版制作，使用 Word 2007 制作的员工手册预览效果如图 15-1 所示。

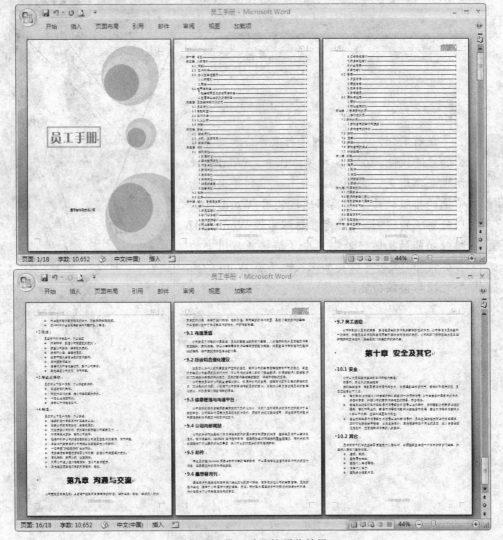

图 15-1   员工手册的预览效果

15.1.1　设计思路

在员工手册的排版上应注重同本企业或者公司的文化相呼应，如统一的颜色设置、公司标志、企业制度等，版式上应较为工整，切忌凌乱花哨。

员工手册实例的基本设计思路为：导入手册文本→设置各级标题样式→设置页眉和页角→插入页码→设置目录→设置封面→结束。

15.1.2　涉及的知识点

在本实例中要涉及导入文本、设置标题、页码、目录等概念，这在排版的过程中都是必不可少的内容。

在员工手册的制作中主要用到了以下方面的知识点：
- ✧　纸张大小和页边距的设置
- ✧　文本的导入
- ✧　标题样式的设置
- ✧　页眉和页脚的设置
- ✧　页码的插入
- ✧　目录的设置
- ✧　封面的插入和设置

15.2　实例操作

本节就根据前面所分析的设计思路和知识点，使用 Word 2007 对员工手册的制作步骤进行详细的讲解。

15.2.1　设置标题样式

在设置标题样式之前，需要先设置纸张大小和页边距，而且还需要插入员工手册的文本内容，具体的操作步骤如下。

步骤1　在 Word 2007 中按<Ctrl>+<N>快捷键，新建一个空白 Word 文档，然后选择【页面布局】选项卡，在【页面设置】功能区中单击【纸张大小】按钮，并在列表中选择【B5（JIS）（18.2×25.7cm）】选项，设置纸张的大小，如图 15-2 所示。

步骤2　在【页面设置】功能区中单击【页边距】按钮，在弹出的列表中选择【自定义边距】选项，如图 15-3 所示。

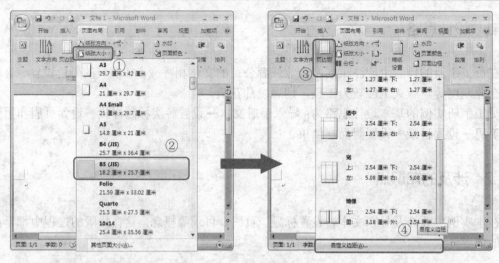

图 15-2　设置纸张大小　　　　　　　　图 15-3　自定义页边距

步骤3　在打开的【页面设置】对话框中选择【页边距】选项卡，设置上、下、左、右的页边距均为【1.5 厘米】，如图 15-4 所示，设置完毕单击【确定】按钮。

步骤4　选择【插入】选项卡，在【文本】功能区中单击【对象】按钮，在弹出的列表中选择【文件中的文字】选项，如图 15-5 所示。

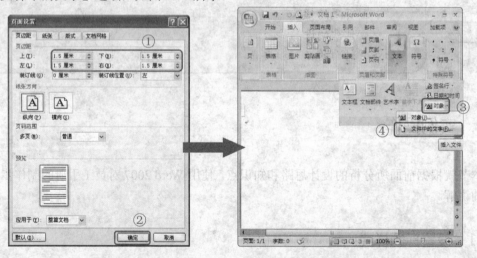

图 15-4　设置页边距　　　　　　　　图 15-5　选择【文件中的文字】选项

　　　　【插入】选项卡【文本】功能区的【对象】下拉列表中有【对象】和【文件中的文字】两个选项。选择【对象】选项将打开【对象】对话框，可以选择在 Word 文档中嵌入或者链接如 AutoCAD、Excel、PowerPoint、Word、MIDI、媒体、视频、位图等对象。选择链接对象，如果修改所链接的源文件，在 Word 中则会更新信息。选择嵌入对象，如果修改源文件，Word 文件中的信息不会相应更改。

步骤5　打开【插入文件】对话框，先在【文件类型】下拉列表中选择【文本文件】选项，然后选择路径为"Word 经典应用实例\第 3 篇\实例 15"文件夹中的"员工手册.txt"文本文件，单击【插入】按钮插入文件，如图 15-6 所示。

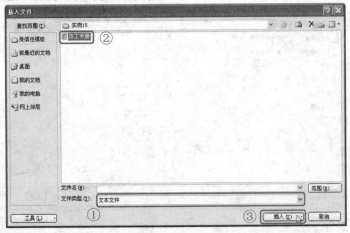

图 15-6　插入文件

步骤6　在打开的【文件转换-员工手册.txt】对话框中选择文档编码，这里点选【其他编码】单选钮，然后在右侧列表框中选择【Unicode】字符编码，如图 15-7 所示。

步骤7　设置完毕单击【确定】按钮，所插入的文本如图 15-8 所示。

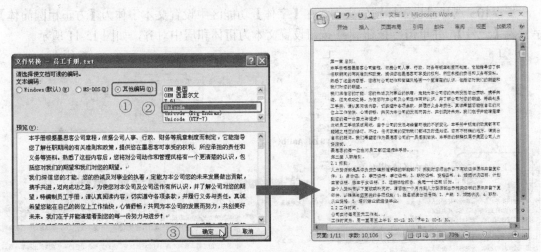

图 15-7　设置文本字符编码　　　　　图 15-8　插入的文本效果

重点知识　　在【插入文件】对话框中，除了可以插入文本文件外，还可以将所有 Word 文档、启用宏的 Word 文档、Word 模板、启用宏的 Word 模板、XML 文件、所有网页和 RTF 格式等文件插入到所编辑的 Word 文档中。

步骤8 在 Word 2007 界面的左上方单击 ![按钮]【按钮】按钮保存文档，在弹出的【另存为】对话框中选择保存路径，在【文件名】文本框中输入文件名称"员工手册"，并在【保存类型】下拉列表中选择要保存的文档类型，然后单击【保存】按钮保存文档，如图 15-9 所示。

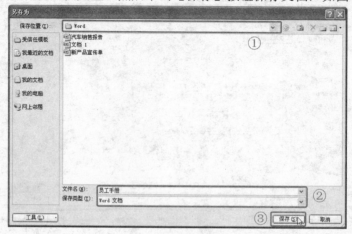

图 15-9　保存文档

步骤9 选择所插入文本的第一行【第一章 总则】文本，在【开始】选项卡的【样式】功能区中单击【快速样式】按钮，在弹出的列表中选择【标题 1】选项设置文本的标题样式，如图 15-10 所示。

步骤10 选择已设置标题的文本，在【字体】功能区中设置文本字体为【方正粗圆简体】、字号为【一号】，并单击 ![B]按钮和 ![居中]按钮设置文本为粗体和居中对齐，如图 15-11 所示。

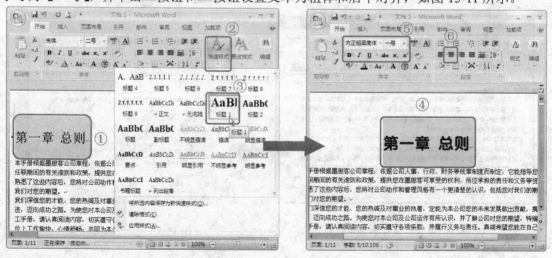

图 15-10　设置文本的标题样式　　　　图 15-11　设置标题文本格式

步骤11 选择【页面布局】选项卡，在【段落】功能区中设置段前间距和段后间距的值均为【1 行】，如图 15-12 所示。

步骤12 选择所设置的文本后单击鼠标右键，在弹出的菜单中选择【样式】→【将所选内容保存为新快速样式】命令，如图 15-13 所示。

图 15-12 设置段落间距

图 15-13 将所选内容保存为新快速样式

步骤13 在打开的【根据格式设置创建新样式】对话框中设置样式的名称，然后单击【修改】按钮，在打开的对话框中单击【格式】按钮，在弹出的列表中选择【快捷键】选项，如图15-14 所示。

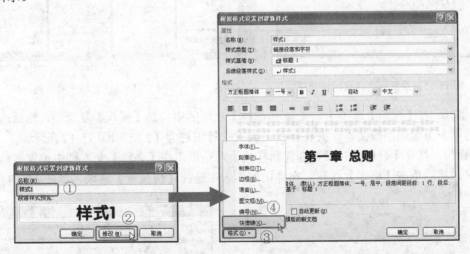

图 15-14 根据格式设置创建新样式

操作技巧

在【开始】选项卡的【样式】功能区中单击【快速样式】按钮，在弹出的列表中选择【将所选内容保存为新快速样式】选项同样可以打开【根据格式设置创建新样式】对话框；或者按<Alt>+<Ctrl>+<Shift>+<S>快捷键打开【样式】窗口，在窗口中的样式右侧单击下拉箭头，在弹出的列表中选择【修改】选项，也可以打开【根据格式设置创建新样式】对话框。

步骤14 在【自定义键盘】对话框中将光标放置在【请按新快捷键】文本框中，并按下 <Ctrl>+<1>快捷键，然后在【将更改保存在】下拉列表中选择【员工手册】选项，再单击【指定】按钮指定快捷键，如图 15-15 所示，设置完毕单击【关闭】按钮。

步骤15 返回【根据格式设置创建新样式】对话框，直接单击【确定】按钮，然后分别对手册中的"第二章 入职指引"、"第三章 员工纪律和行为规范"、……、"第十章 安全及其它"文本，依次按下<Ctrl>+<1>快捷键，设置标题样式都为【样式1】，如图 15-16 所示。

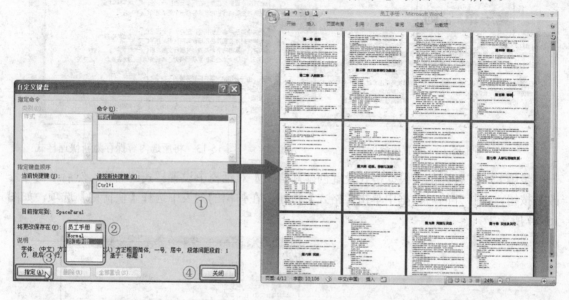

图 15-15　设置标题样式的快捷键　　　　　图 15-16　设置每章的标题

步骤16 在【视图】选项卡的【显示/隐藏】功能区中勾选【标尺】复选框，然后选择【第一章 总则】下面的四段文本，并在标尺上设置首行缩进为【2】，如图 15-17 所示。

步骤17 打开【根据格式设置创建新样式】对话框，在【名称】文本框中设置名称为"正文样式"，然后单击【格式】按钮，在弹出的列表中选择【快捷键】选项，如图 15-18 所示。

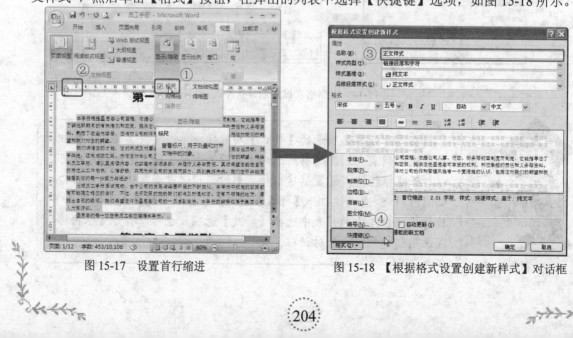

图 15-17　设置首行缩进　　　　　图 15-18　【根据格式设置创建新样式】对话框

步骤18　在【自定义键盘】对话框中将光标放置在【请按新快捷键】文本框中，并按下<Alt>+<A>快捷键，然后在【将更改保存在】下拉列表中选择【员工手册】选项，再单击【指定】按钮指定快捷键，设置完毕单击【关闭】按钮，如图 15-19 所示。

步骤19　返回【根据格式设置创建新样式】对话框，直接单击【确定】按钮，然后分别按<Alt>+<A>快捷键对手册中的正文内容设置【正文样式】，如图 15-20 所示。

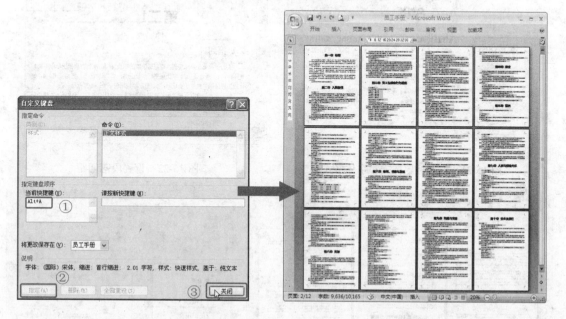

图 15-19　设置标题样式的快捷键　　　　　图 15-20　设置正文的样式

操作技巧

　　在对页数比较短的文档进行排版时，各种相同的样式也可以通过在【开始】选项卡的【剪贴板】功能区中单击【格式刷】按钮来完成。但是如果是页数较多的长篇文档，特别是设置的样式种类较多的时候，使【格式刷】设置样式就比较麻烦。此时就可以对每个不同的样式设置不同的快捷键，在设置时只需要按下快捷键就可以应用样式，从而提高排版的工作效率。

步骤20　选择标题文本"第二章　入职指引"下面的"2.1 报到"文本，在【开始】选项卡的【样式】功能区中设置标题样式为【标题2】，然后设置字体为【微软雅黑】，字号为【三号】，并设置加粗显示，如图 15-21 所示。

步骤21　选择【页面布局】选项卡，在【段落】功能区中设置段前间距和段后间距的值都为【6磅】，如图 15-22 所示。

步骤22　采用与前面相同的方法，设置该样式的名称为【样式2】，快捷键为【Ctrl+2】，然后通过按下快捷键设置文档中的标题样式，如图 15-23 所示。

步骤23　在【视图】选项卡的【显示/隐藏】功能区中勾选【文档结构图】复选框，即可查看所设置的标题格式级别，如图 15-24 所示。

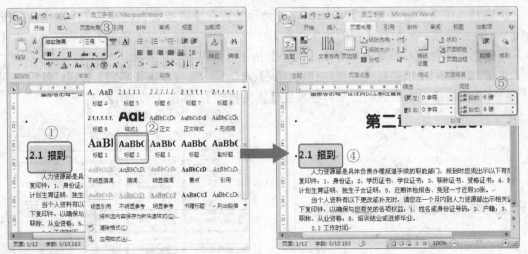

图 15-21 设置标题样式和字体格式　　　　　　图 15-22 设置段落间距

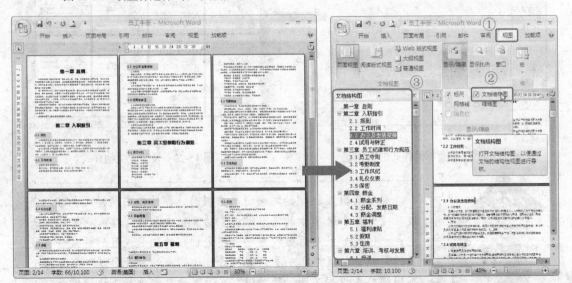

图 15-23 设置标题样式　　　　　　　　　　图 15-24 显示文档结构图

操作技巧

　　在文档结构图中可以显示各级别的标题样式，还可以对各级样式进行展开或者折叠。如果所设置的样式需要在文档结构图中显示，则在【根据格式设置创建新样式】对话框中设置样式时，需要在【样式基准】下拉列表中选择标题类中的样式，可在【标题 1】、【标题 2】、......、【标题 9】中选择一项。

　　步骤24　选择标题文本"2.3 办公及生活安排"下面的"1.入职指引"文本，在【开始】选项卡的【样式】功能区中设置标题样式为【标题 3】，然后设置字体为【方正北魏楷书简体】，字号为【四号】，如图 15-25 所示。

步骤25　选择【页面布局】选项卡，在【段落】功能区中设置段前间距和段后间距的值都为【0 行】，如图 15-26 所示。

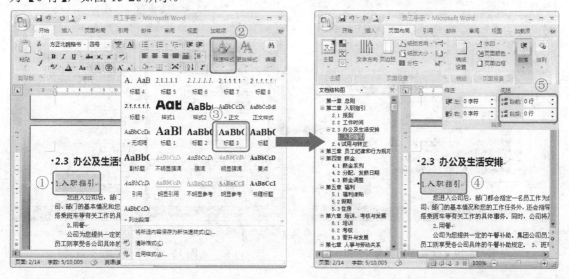

图 15-25　设置标题样式和字体格式　　　　图 15-26　设置段落间距

步骤26　采用与前面相同的方法，设置该样式的名称为【样式 3】，快捷键为【Ctrl+3】，然后通过按下快捷键设置文档中的标题样式，打开文档结构图，即可查看所设置的标题格式级别，如图 15-27 所示。

步骤27　在员工手册"5.2 假期"中带有"（1）"、"（2）"、……"（7）"标记的文本段落进行加粗显示，如图 15-28 所示。

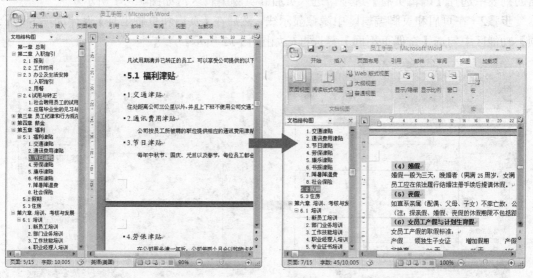

图 15-27　设置标题样式　　　　　　图 15-28　设置文本加粗

步骤28　在员工手册中分别选择一些并列关系的段落，然后依次在【开始】选项卡的【段落】功能区中单击【项目符号】按钮，在弹出的列表中选择菱形的项目符号，如图 15-29 所示。

步骤29 按<Ctrl>+<S>快捷键保存文档，文档的标题样式设置完毕，如图 15-30 所示。

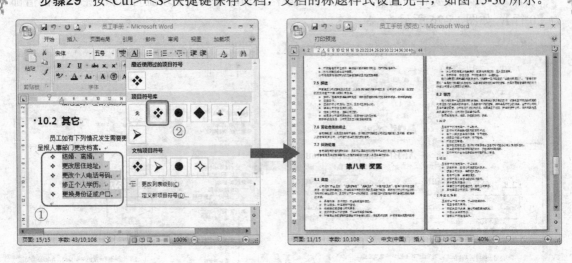

图 15-29　设置项目符号　　　　　　　　图 15-30　手册的预览效果

15.2.2　设置页面格式

设置完毕标题样式后，下面就对文档的页面格式进行设置，页面格式包括设置页眉页脚、插入页码和封面，其具体的操作步骤如下。

步骤1 选择【插入】选项卡，然后在【页眉和页脚】功能区中单击【页眉】按钮，在弹出的列表中选择【编辑页眉】选项，进入页眉和页脚编辑区，如图 15-31 所示。

步骤2 在页眉和页脚编辑区中隐藏显示线，然后在【页眉和页脚工具】设计选项卡的【选项】功能区中勾选【奇偶页不同】复选框，如图 15-32 所示。

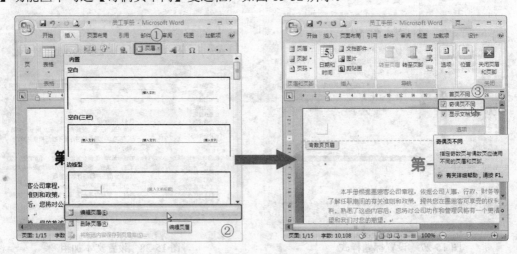

图 15-31　编辑页眉　　　　　　　　　图 15-32　设置奇偶页不同

步骤3 光标放置在奇数页页眉中，然后在【插入】选项卡的【文本】功能区中单击【艺术字】按钮，在弹出的列表中选择【艺术字样式 1】，如图 15-33 所示。

　　步骤4　在弹出的【编辑艺术字文字】对话框中输入公司名称的文本，如"MSK"，然后在【字体】下拉列表中设置字体为【NokianvirallinenkirjasinREGULAR】（注意：读者可以根据自己的需要选择合适的字体，对于非系统自带的字体可以到相关网站下载，并放至 C:\WINDOWS\Fonts 文件夹中），字号设置为【16】，设置完毕单击【确定】按钮插入艺术字，如图 15-34 所示。

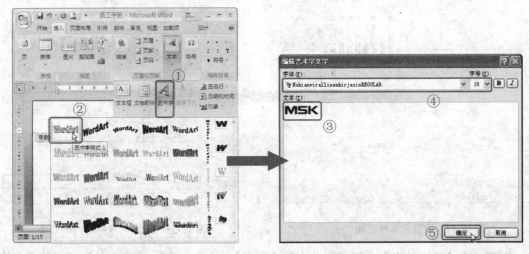

　　　　图 15-33　插入艺术字　　　　　　　　　　　图 15-34　设置艺术字的文字

　　步骤5　选择所插入的艺术字，然后在【艺术字工具格式】选项卡的【排列】功能区中单击【文字环绕】按钮，在弹出的列表中选择【浮于文字上方】选项，如图 15-35 所示。

　　步骤6　在【艺术字样式】功能区中单击 【形状填充】按钮，在弹出的列表中选择【深蓝，文字 2，淡色 40%】，如图 15-36 所示。

　　　　图 15-35　设置环绕方式　　　　　　　　　　　图 15-36　设置填充颜色

　　步骤7　在【艺术字样式】功能区中单击 【形状轮廓】按钮，在弹出的列表中选择【无轮廓】选项，如图 15-37 所示。

步骤8 在【三维效果】功能区中单击【三维效果】按钮，在弹出的下拉列表中选择【三维样式5】，并设置照明角度为【315度】，如图15-38所示。

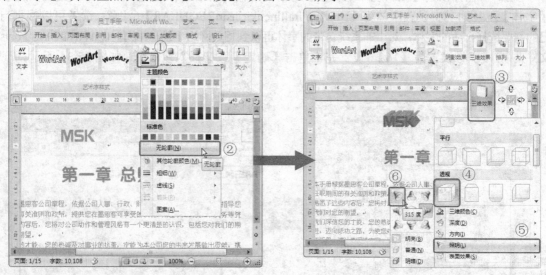

图15-37 设置艺术字轮廓　　　　　　　　图15-38 设置艺术字的三维效果

步骤9 在【三维效果】功能区中单击↷【下俯】、↶【上翘】、◁【左偏】或者▷【右偏】按钮微调艺术字的三维效果，然后调整艺术字的位置使其位于页面的右上方，如图15-39所示。

步骤10 在【插入】选项卡的【插图】功能区中单击【形状】按钮，在弹出的列表中选择【直线】选项，在奇数页页眉和偶数页页眉中各绘制一条水平直线，如图15-40所示。

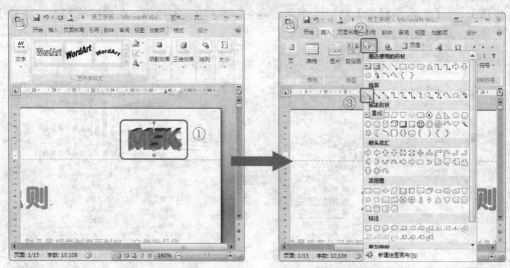

图15-39 调整艺术字的位置　　　　　　　　图15-40 插入直线

步骤11 选择所绘制的直线，在【绘图工具格式】选项卡的【大小】功能区中设置宽度为【15.19厘米】，如图15-41所示。

步骤12 在【形状样式】功能区中单击【形状轮廓】按钮，在弹出的列表中选择【蓝色】选项，然后在【粗细】列表中设置直线的宽度为【1.5 磅】，如图 15-42 所示。

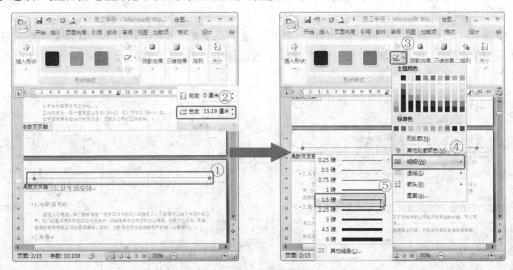

图 15-41　设置直线的粗细　　　　　　图 15-42　设置直线颜色和粗细

步骤13　分别调整直线的位置使其分别位于编辑区顶部的中央，然后在奇数页页脚的位置插入一个文本框，在【文本框工具格式】选项卡的【文本框样式】功能区中设置为【无填充颜色】和【无轮廓】，并在文本框中输入文本"（请勿私自复制张贴）"，设置字体为【微软雅黑】、字号为【五号】、字体颜色为【蓝色】，文本框位于编辑区底部的中央，如图 15-43 所示。

步骤14　复制所创建的文本框至偶数页页脚的中央位置，并将文本改为"（仅限内部员工阅读）"，其余格式不变，如图 15-44 所示。

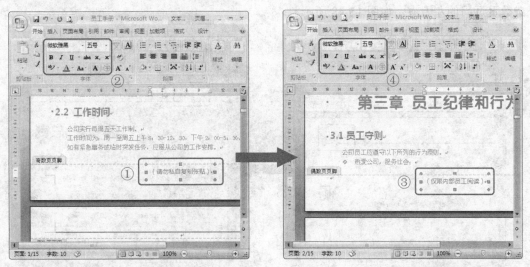

图 15-43　在奇数页页脚插入文本　　　　图 15-44　在偶数页页脚插入文本

步骤15　在偶数页页眉的位置插入一个文本框，在【文本框工具格式】选项卡的【文本框样式】功能区中设置为【无填充颜色】和【无轮廓】，然后在文本框中输入公司名称文本，并设置字体为【微软雅黑】，字号为【五号】，字体颜色为【蓝色】，文本框位于编辑区顶部的左侧，如图 15-45 所示。

步骤16 将光标放置偶数页页眉中，然后在【插入】选项卡的【页眉和页脚】功能区中单击【页码】按钮，在弹出的列表中依次选择【页边距】、【轨道（右侧）】选项，在偶数页页眉中插入页码，如图 15-46 所示。

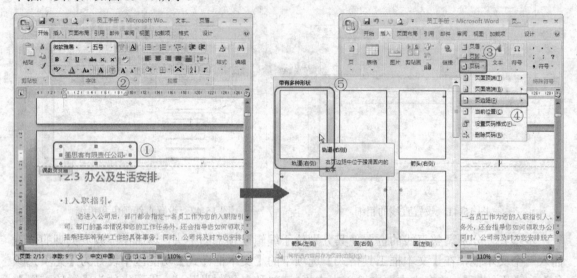

图 15-45 在偶数页页眉中插入文本框　　　　　　图 15-46 在偶数页页眉中插入页码

步骤17 拖动调整所插入页码的位置，使其位于偶数页页眉的右上方，如图 15-47 所示。

步骤18 采用同样的方法，在奇数页页眉中也插入相同的页码，并调整页码的位置使其位于奇数页页眉的左上方，如图 15-48 所示。

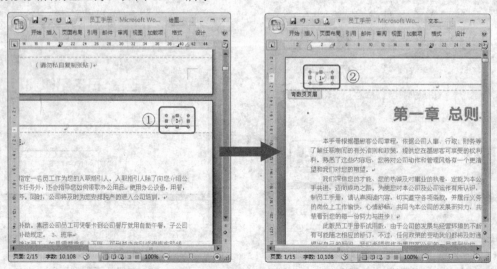

图 15-47 调整偶数页页码的位置　　　　　　图 15-48 在奇数页页眉中插入页码

步骤19 将光标放置到文档的开始位置，也就是"第一章 总则"标题前，然后在【引用】

选项卡的【目录】功能区中单击【目录】按钮，在弹出的列表中选择【插入命令】选项。

步骤20 在打开的目录对话框中勾选【显示页码】和【页码右对齐】复选框，并取消对复选框【使用超链接而不使用页码】的勾选，然后在制表符前导符下拉列表中选择一种前导符类型，并设置显示级别为【3】，如图15-49所示。

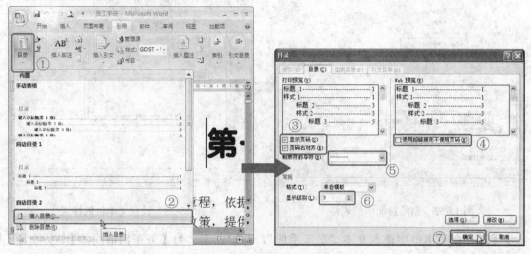

图15-49 插入目录

步骤21 设置完毕单击【确定】按钮即可在光标前位置插入目录，如图15-50所示。

步骤22 选择【插入】选项卡，在【页】功能区中单击【封面】按钮，在弹出的列表中选择【现代型】选项，如图15-51所示。

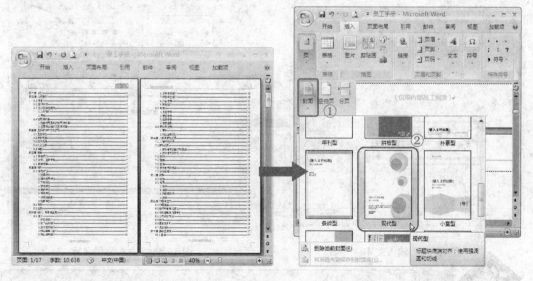

图15-50 目录效果　　　　　　　　　　图15-51 插入封面

步骤23 选择封面中的表格，然后在【表格工具布局】选项卡的【行和列】功能区中单击【删除】按钮，在弹出的列表中选择【删除表格】选项删除表格，如图15-52所示。

步骤24 删除表格后，在封面中插入一个文本框，然后在【文本框工具格式】选项卡的【文本框样式】功能区中设置为【复合型轮廓-强调文字颜色 1】样式，如图 15-53 所示。

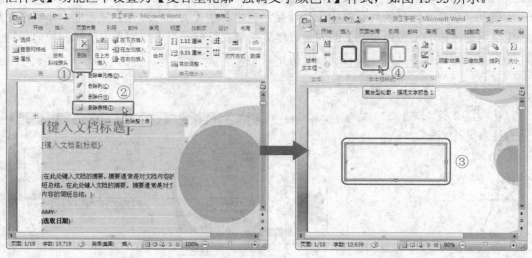

图 15-52　删除封面中的表格　　　　　　　　图 15-53　设置文本框的样式

步骤25　在文本框中输入文本"员工手册"，并设置字体为【方正粗倩简体】，字号为【初号】，字体颜色为【蓝色】，如图 15-54 所示。

步骤26　再插入一个文本框，在【文本框工具格式】选项卡的【文本框样式】功能区中设置为【无填充颜色】和【无轮廓】，并在文本框中输入公司名称的文本，设置字体为【微软雅黑】、字号为【五号】，调整文本框的位置，使其如图 15-55 所示。

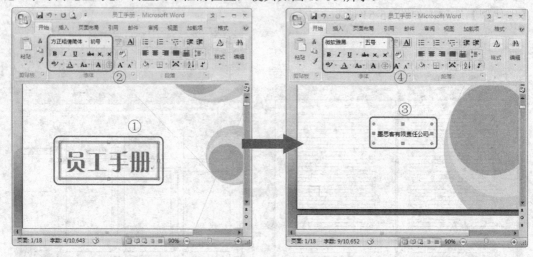

图 15-54　输入文本　　　　　　　　　　　　图 15-55　输入公司名称

操作技巧　　　　在这里选择了内置的封面格式，但是删除了封面中的表格，通过创建文本框输入文本对页面的封面格式进行了修改。如果可以接受内置封面格式的效果，则不必再创建文本框，直接在表格中相应位置输入文档的标题、副标题、文档摘要、作者名称和日期等内容。

步骤27　按<Ctrl>+<S>快捷键保存文档，员工手册创建完毕。

15.3　实例总结

本实例主要介绍了在 Word 文档中对员工手册进行排版的方法，通过本实例的学习，需要重点掌握以下几个方面的内容。

- 页面的设置，包括设置纸张大小和页边距的方法。
- 文本对象的插入，包括文本文件和 Word 文档的插入方法。
- 各级标题样式的设置，包括标题样式快捷键的创建和使用方法。
- 页眉的编辑，包括在页眉中插入艺术字和文本框的方法。
- 页码的插入，包括页码的插入和调整方法。
- 目录的设置，包括目录的插入和设置方法。
- 封面的插入，包括封面的插入和调整方法。

实例 16　企业刊物

很多企业都有自己企业所发行的刊物，企业刊物主要用于宣传企业文化、传达上级文件、表彰优秀员工、刊登业内新闻和最新技术技能等方面，同时新技术技能的刊登可以提高员工的实战操作技能，从而进一步推动企业的快速发展。本实例就是通过使用 Word 2007 创建企业刊物并对其版面进行设置。

16.1　实例分析

本实例是创建某企业的信息技术月刊，在颜色搭配上使用了白色、粉红色以及蓝灰色作为刊物颜色的搭配，完成后的效果如图 16-1 所示。

图 16-1　企业刊物的预览效果

16.1.1　设计思路

对于刊物的排版其实就是对图片和文字的混合编排，通过插入文本框、图片、绘制形状等方法对刊物进行编排。

企业刊物制作的基本设计思路为：设置页面→绘制刊物的背景形状→插入刊物图片→插入文本框并输入相关的文本内容→结束。

16.1.2　涉及的知识点

在企业刊物的创建过程中使用了任意多边形和自由曲线图形，并可以通过编辑顶点调整图形的形状。

在企业刊物的制作中主要用到了以下方面的知识点：

◇　页面大小和页边距的设置
◇　形状的插入和设置
◇　任意多边形的插入和顶点的编辑
◇　自由曲线图形的插入和顶点的编辑
◇　图片的插入和设置
◇　文本框的插入和设置
◇　文本格式的编辑和项目符号的设置

16.2　实例操作

本节就根据前面所分析的设计思路和知识点，使用 Word 2007 对企业刊物的排版制作步骤进行详细的讲解。

16.2.1　设置版面

版面的设置主要是在文档中插入构成版式的形状和图片，其具体的操作步骤如下。

步骤1　新建一个空白 Word 文档，然后选择【页面布局】选项卡，在【页面设置】功能区中单击【纸张方向】按钮，并在列表中选择【横向】选项，如图 16-2 所示。

步骤2　单击【纸张大小】按钮，在列表中选择【其他页面大小】选项，如图 16-3 所示。

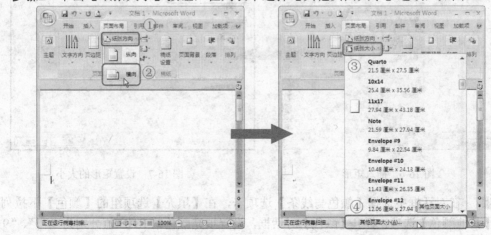

图 16-2　设置纸张方向　　　　图 16-3　设置页面的宽度和高度

步骤3 在打开【页面设置】对话框中选择【纸张】选项卡，设置纸张的宽度为【43.17 厘米】、高度为【27.94 厘米】，如图 16-4 所示。

步骤4 在对话框中选择【页边距】选项卡，设置上、下、左、右的页边距均为【0.63 厘米】，设置完毕单击【确定】按钮，如图 16-5 所示。

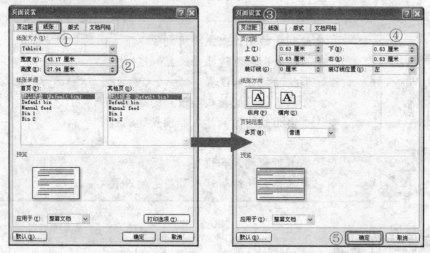

图 16-4 设置纸张大小　　　　　　图 16-5 设置页边距

步骤5 在【插入】选项卡的【插图】功能区中单击【形状】按钮，在弹出的列表中选择【矩形】选项，如图 16-6 所示。

步骤6 在编辑区中单击鼠标拖动绘制一个矩形，然后在矩形上单击鼠标右键，在弹出的菜单中选择【设置自选图形格式】命令，打开【设置自选图形格式】对话框，选择【大小】选项卡，设置矩形的高度为【25.72 厘米】、宽度为【4.76 厘米】，如图 16-7 所示。

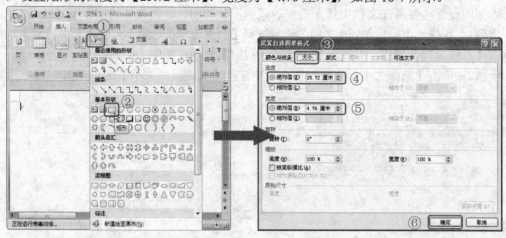

图 16-6 插入矩形　　　　　　图 16-7 设置矩形的大小

步骤7 在对话框中选择【颜色与线条】选项卡，在【填充】选项组的【颜色】下拉列表中选择【其他颜色】选项，打开【颜色】对话框，设置填充颜色的 RGB 值分别为"77"、"91"、"107"，如图 16-8 所示，设置完毕单击【确定】按钮，返回【设置自选图形格式】对话框。

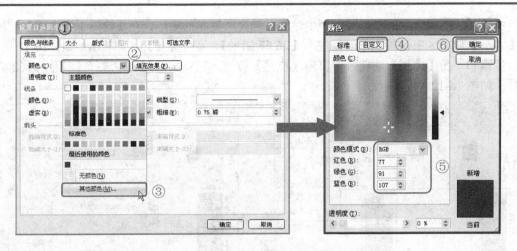

图 16-8　设置填充颜色

步骤8　在【设置自选图形格式】对话框的【线条颜色】下拉列表中选择【无颜色】选项，如图 16-9 所示，设置完毕单击【确定】按钮。

步骤9　选择所设置的矩形，在【绘图工具格式】选项卡的【排列】功能区中单击【对齐】按钮，在弹出的列表中先选择【对齐边距】选项，然后再选择【左对齐】和【顶端对齐】选项，设置矩形对齐方式，如图 16-10 所示。

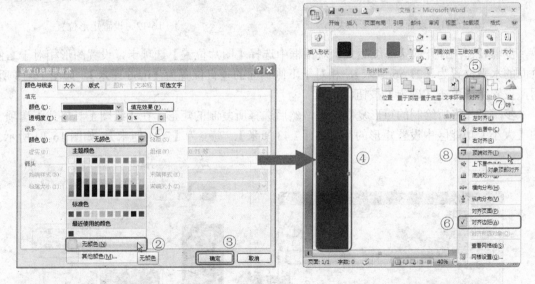

图 16-9　设置矩形的线条颜色　　　　图 16-10　设置矩形的对齐方式

操作技巧

　　在【绘图工具格式】选项卡的【排列】功能区中单击【对齐】按钮，在弹出的列表中选择【对齐边距】选项后再选择对齐方式，是以前面所设置的页边距为参照；而选择【对齐页面】选项后再选择对齐方式，则是以整个页面文档为参照进行对齐调整。

步骤10 将所绘制的矩形复制一个，然后选择所复制的矩形，在【绘图工具格式】选项卡的【大小】功能区中设置矩形的高度为【26.67 厘米】、宽度为【5.08 厘米】，如图 16-11 所示。

步骤11 在【排列】功能区中单击【位置】按钮，在弹出的列表中选择【其他布局选项】选项，如图 16-12 所示。

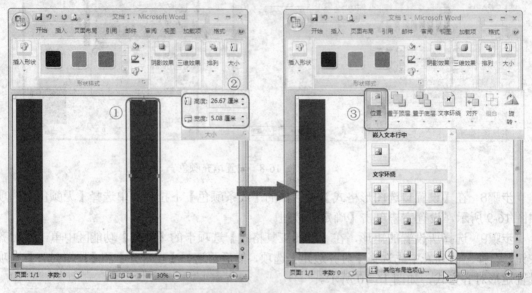

图 16-11 设置复制矩形的大小   图 16-12 设置矩形位置

步骤12 在打开的【高级版式】对话框中选择【图片位置】选项卡，设置图形相对于右侧页面的水平位置为【21.56 厘米】，相对于下侧页面的垂直位置为【0.66 厘米】，如图 16-13 所示，设置完毕单击【确定】按钮。

步骤13 将所绘制的矩形复制一个，然后选择所复制的矩形，在【绘图工具格式】选项卡的【大小】功能区中设置矩形的高度为【7.43 厘米】、宽度为【7.21 厘米】，如图 16-14 所示。

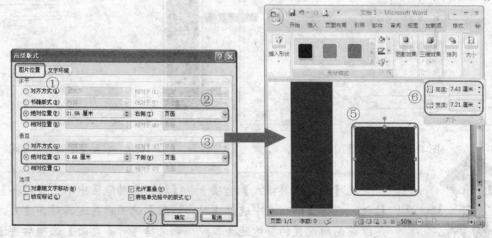

图 16-13 设置图形的位置   图 16-14 设置复制矩形的大小

步骤14 在【排列】功能区中单击【位置】按钮，在弹出的列表中选择【其他布局选项】

选项，打开【高级版式】对话框，选择【图片位置】选项卡，设置图形相对于右侧页面的水平位置为【35.31 厘米】，相对于下侧页面的垂直位置为【3.04 厘米】，设置完毕单击【确定】按钮，如图 16-15 所示。此时设置的页面效果如图 16-16 所示。

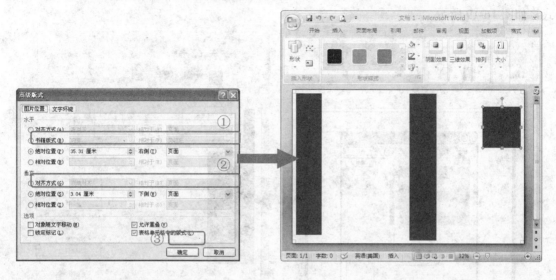

图 16-15　设置图形的位置　　　　　　　　　　　图 16-16　页面效果

步骤15　再绘制一个高度为【0.95 厘米】、宽度为【16.19 厘米】的矩形，并在【高级版式】对话框中设置图形的水平位置为【5.4 厘米】、垂直位置为【0.61 厘米】，如图 16-17 所示。

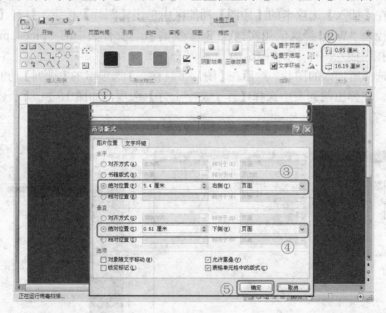

图 16-17　设置矩形的大小和位置

步骤16　选择所设置的矩形，在【绘图工具格式】选项卡的【形状样式】功能区中设置矩形填充颜色的 RGB 值分别为 "246"、"176"、"206"，如图 16-18 所示。

步骤17 将此矩形再复制一个，并设置复制后矩形的高度为【0.98 厘米】、宽度为【20.96 厘米】，然后在【绘图工具格式】选项卡的【排列】功能区中单击【对齐】按钮，在弹出的列表中先选择【对齐边距】选项，然后再选择【左对齐】和【底端对齐】选项，设置矩形对齐方式，如图 16-19 所示。

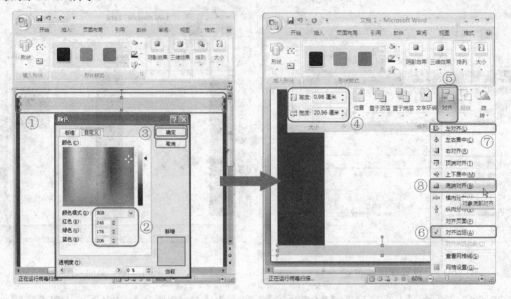

图 16-18　设置矩形的填充颜色　　　　　　图 16-19　设置复制后矩形的大小和位置

步骤18 在【插入】选项卡的【插图】功能区中单击【图片】按钮，打开【插入图片】对话框，选择路径为 "Word 经典应用实例\第 3 篇\实例 16" 文件夹中的 "pic04..png" 图片文件，单击【插入】按钮插入图片，如图 16-20 所示。

步骤19 选择所插入的图片，然后在【图片工具格式】选项卡的【排列】功能区中单击【文字环绕】按钮，在弹出的列表中选择【浮于文字上方】选项，如图 16-21 所示。

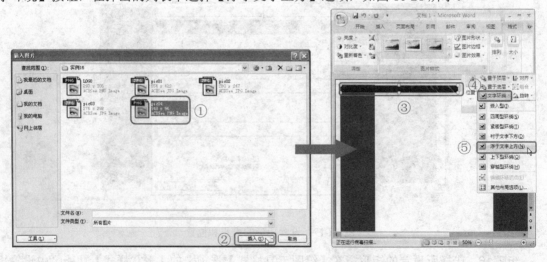

图 16-20　插入图片　　　　　　　　　图 16-21　设置图片的环绕方式

步骤20　在【排列】功能区中单击【对齐】按钮，在弹出的列表中依次选择【右对齐】和【底端对齐】选项，设置图片的对齐方式，如图 16-22 所示。

步骤21　复制所插入的图片，并在复制后的图片上单击鼠标右键，在弹出的菜单中选择【大小】命令，打开【大小】对话框，然后选择【大小】选项卡，取消对【锁定纵横比】复选框的勾选，然后设置图片的宽度为【21.35 厘米】，高度保持不变，设置完毕单击【关闭】按钮，如图 16-23 所示。

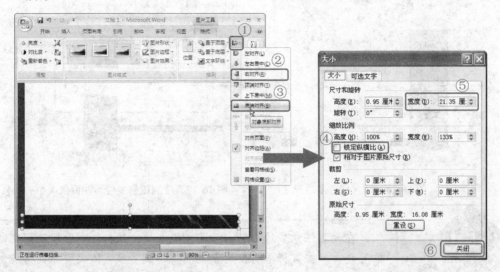

图 16-22　设置图片的对齐方式　　　　　　图 16-23　设置复制后图片的大小

步骤22　选择所复制的图片，在【图片工具格式】选项卡的【排列】功能区中单击【对齐】按钮，在弹出的列表中依次选择【左对齐】和【上下居中】选项，设置图片的对齐方式，如图 16-24 所示。

步骤23　调整页面中各图形和图片的叠放次序，使其如图 16-25 所示。

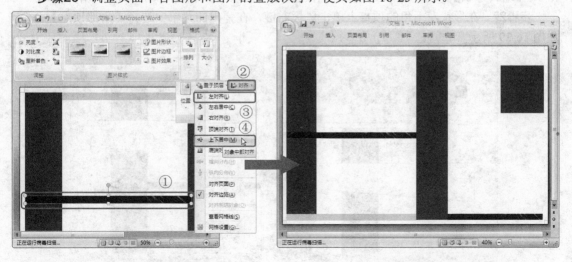

图 16-24　设置复制图片的对齐方式　　　　　图 16-25　调整各图形的叠放次序

步骤24 在【插入】选项卡的【插图】功能区中单击【形状】按钮，在弹出的列表中选择
【任意多边形】选项，如图 16-26 所示。

步骤25 在文档中依次单击鼠标绘制一个如图 16-27 所示的图形，并在【绘图工具格式】
选项卡的【大小】功能区中设置所绘制图形的高度为【5.14 厘米】、宽度为【20.98 厘米】。

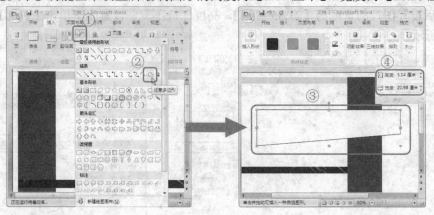

图 16-26　插入任意多边形　　　　　　图 16-27　绘制任意多边形并调整大小

操作技巧

　　在插入任意多边形时，如果在某点单击鼠标，然后移动到其他
位置处再单击鼠标，则在两点之间将绘制直线，依次类推，将绘制
不规则的多边形，在需要闭合形状时在起点位置单击即可；如果是
拖动鼠标创建形状，则将根据鼠标运动的轨迹创建图形。在创建图
形时，如果完成时不需要闭合图形，则直接在结束位置双击鼠标。

步骤26 选择所绘制的形状，然后在【绘图工具格式】选项卡的【插入形状】功能区中单
击 【编辑形状】按钮，在弹出的列表中选择【编辑顶点】选项，如图 16-28 所示。

步骤27 在形状左下角的顶点上单击鼠标右键，在弹出的菜单中选择【角部顶点】命令，
如图 16-29 所示。

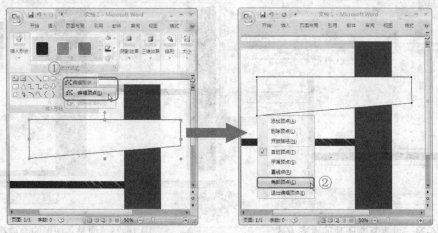

图 16-28　选择【编辑顶点】选项　　　　图 16-29　选择【角部顶点】命令

步骤28　单击拖动左下角右侧的调节点，调整图形下方的形状，调整完毕的效果如图 16-30 所示，设置完毕在顶点位置再次单击鼠标右键，在弹出的菜单中选择【退出编辑顶点】命令，退出顶点编辑模式，如图 16-31 所示。

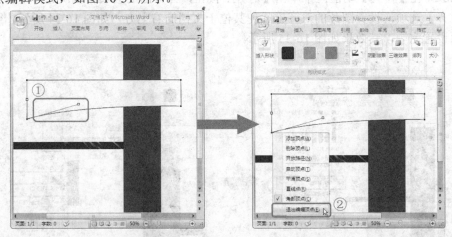

图 16-30　调节图形的角部顶点　　　　　　　　　　图 16-31　退出顶点编辑模式

> 在编辑任意多边形的顶点时，可以先通过单击鼠标右键，在弹出的菜单中选择编辑顶点的类型，在菜单中可以选择添加顶点、删除顶点、设置开放路径、设置平滑顶点、设置直线点和角部顶点。在编辑角部顶点时，调节点的拖动需要多加练习，才能熟练掌握。

步骤29　选择所绘制的图形，在【绘图工具格式】选项卡的【形状格式】功能区中单击【形状填充】按钮，在弹出的列表中选择【图案】选项，打开【填充效果】对话框。

步骤30　在打开的【填充效果】对话框中选择【渐变】选项卡，然后点选【双色】单选钮，设置颜色 1 的 RGB 值分别为 "246"、"176"、"206"，颜色 2 的 RGB 值分别为 "234"、"62"、"136"，然后设置底纹样式为【水平】，并在右侧选择第一个变形效果，如图 16-32 所示。

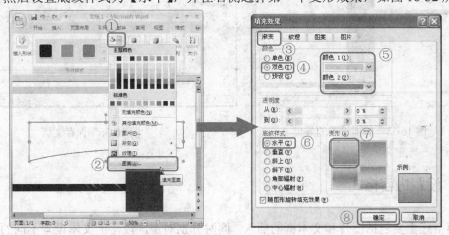

图 16-32　设置图形的渐变填充效果

步骤31 设置完毕单击【确定】按钮，然后在【形状格式】功能区中单击🔲▾【形状轮廓】按钮，在弹出的列表中选择【无轮廓】选项，如图 16-33 所示。

步骤32 在【排列】功能区中单击【对齐】按钮，在弹出的列表中依次选择【右对齐】和【顶端对齐】选项，设置图片的对齐方式使其位于文档的右上方，如图 16-34 所示。至此，刊物的版面设置完毕，其效果如图 16-35 所示。

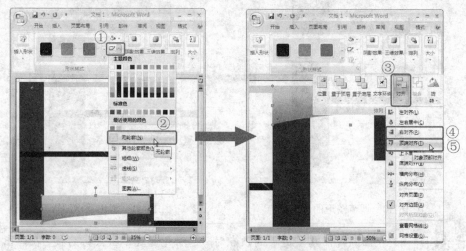

图 16-33　设置图形的形状轮廓　　　　　　图 16-34　设置图形的位置

步骤33 在 Word 2007 界面的左上方单击💾【按钮】按钮保存文档，在弹出的【另存为】对话框中选择保存路径，在【文件名】文本框中输入文件名称，然后单击【保存】按钮保存文档，如图 16-36 所示。

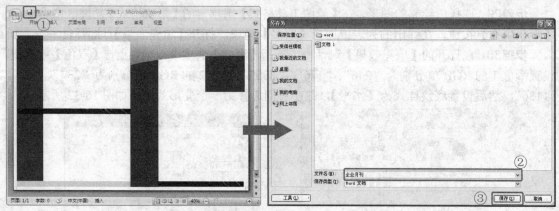

图 16-35　版面设置的效果　　　　　　图 16-36　保存文档

16.2.2　设置内容格式

内容格式主要包括图片和文本框的插入，同时分别对不同段落的文本设置不同的格式，其具体的操作步骤如下。

步骤1 在【插入】选项卡的【文本】功能区中单击【文本框】按钮，在弹出的列表中选择【绘制文本框】选项，在文档中绘制一个文本框。

步骤2 选择所绘制的文本框，在【文本框工具格式】选项卡的【文本框样式】功能区中设置文本框样式为【彩色填充，白色轮廓-强调文字颜色4】，然后调整文本框的位置使其位于文档的右上方，如图16-37所示。

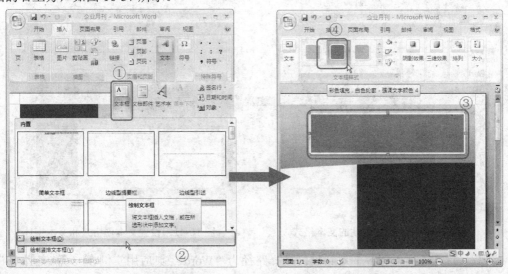

图 16-37 绘制文本框

步骤3 在文本框中输入刊物的名称文本，如"信息技术月刊"，然后设置字体为【华文新魏】、字号为【44】、文字颜色为【白色】，并将字体加粗显示，如图16-38所示。

步骤4 再插入一个文本框，在【文本框工具格式】选项卡的【文本框样式】功能区中设置为【无填充颜色】和【无轮廓】，然后在文本框中输入刊物的期号文本，如"0112期"，并设置字号为【28】、字体颜色为【白色】，调整文本框的位置使其如图16-39所示。

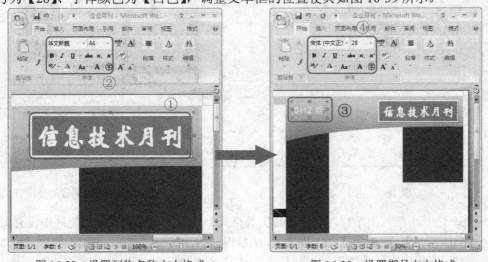

图 16-38 设置刊物名称文本格式　　　　　图 16-39 设置期号文本格式

步骤5 插入一个输入日期文本的文本框，设置文本框为【无填充颜色】和【无轮廓】，然后设置文本字号为【小五】，调整文本框的位置使其如图 16-40 所示。

步骤6 再插入一个文本框，并设置文本框为【无填充颜色】和【无轮廓】，然后在文本框中输入文本"仅限内部浏览"，设置字体为【微软雅黑】，调整文本框的位置，如图 16-41 所示。

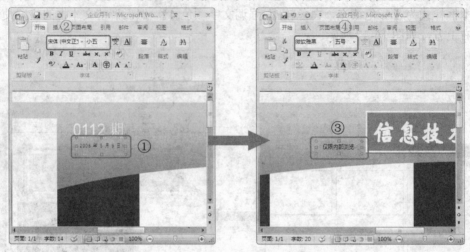

图 16-40 设置日期的文本格式　　　　图 16-41 设置文本框格式和文本字体

步骤7 打开【插入图片】对话框，选择路径为"Word 经典应用实例\第 3 篇\实例 16"文件夹中的"pic01.png"图片文件，并单击【插入】按钮插入图片，如图 16-42 所示。

步骤8 在所插入的图片上单击鼠标右键，然后在弹出的菜单中选择【文字环绕】→【衬于文字下方】命令，如图 16-43 所示。

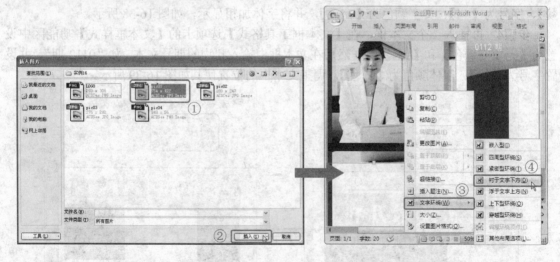

图 16-42 插入图片　　　　　　　图 16-43 设置图片的环绕方式

步骤9 选择所插入的图片，在【图片工具格式】选项卡的【大小】功能区中设置图片的高度为【6.62 厘米】、宽度为【8.68 厘米】，然后调整图片的位置使其如图 16-44 所示。

步骤10 采用同样的方法再插入路径为"Word 经典应用实例\第 3 篇\实例 16"文件夹中的

"pic02.png" 图片文件，并设置图片的环绕方式为【浮于文字上方】，然后设置图片的高度为【4.19 厘米】、宽度为【4.76 厘米】，然后调整图片的位置使其如图 16-45 所示。

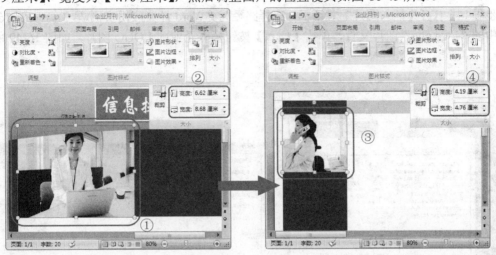

图 16-44 插入图片并调整大小和位置   图 16-45 插入图片并调整大小和位置

步骤11 在文档的右侧插入文本框，在【文本框工具格式】选项卡的【文本框样式】功能区中设置文本框为【无填充颜色】和【无轮廓】，然后在文本框中输入栏目导航的文本，并设置字体为【汉仪中圆简】、字号为【10】、字体颜色分别为【白色，背景 1】和【粉红】，调整文本框的位置使其如图 16-46 所示。

步骤12 插入一个输入文章标题的文本框，设置文本框为【无填充颜色】和【无轮廓】，然后设置字体为【微软雅黑】、字号为【20】、字体颜色为【紫色】，调整文本框的位置使其如图 16-47 所示。

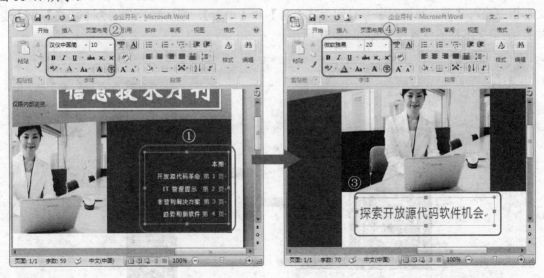

图 16-46 插入文本框并设置字体格式   图 16-47 插入文本框并设置字体格式

步骤13 在文章标题下方插入两个相同大小的文本框并输入文本，设置文本框为【无填充颜色】和【无轮廓】，然后设置字体为【微软雅黑】、字号为【小五】、字体颜色为【黑色】，调整文本框的位置使其如图 16-48 所示。

步骤14 打开【插入图片】对话框，选择路径为"Word 经典应用实例\第 3 篇\实例 16"文件夹中的"logo.png"图片文件，单击【插入】按钮插入企业的 LOGO 图片，如图 16-49 所示。

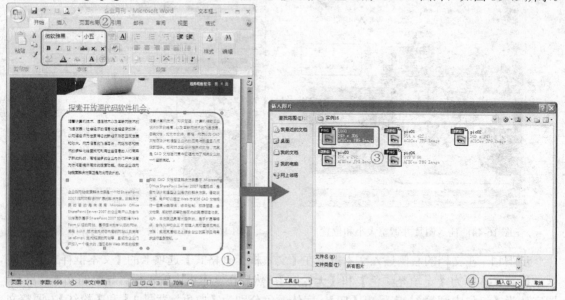

图 16-48　插入文本框并设置字体格式　　　　　　图 16-49　插入图片

步骤15 设置图片的环绕方式为【浮于文字上方】，然后设置图片的高度为【2.99 厘米】、宽度为【2.88 厘米】，然后调整图片的位置使其如图 16-50 所示。

步骤16 在图片的上方插入文本框，设置文本框为【无填充颜色】和【无轮廓】，然后在文本框中输入文本，并设置字号分别为【五号】和【小五】，字体颜色分别为【粉红】和【浅黄】，调整文本框的位置使其如图 16-51 所示。

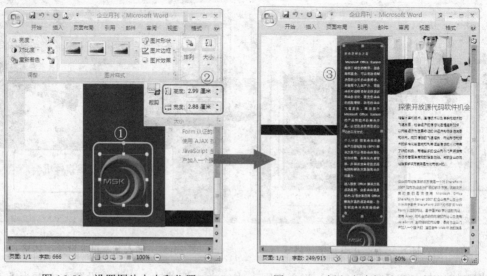

图 16-50　设置图片大小和位置　　　　　　图 16-51　插入文本框并设置字体格式

步骤17　在【插入】选项卡的【插图】功能区中单击【形状】按钮，在弹出的列表中选择【自由曲线】选项，如图 16-52 所示。

步骤18　按住<Shift>键单击鼠标拖动创建一条直线，然后在【绘图工具格式】选项卡的【插入形状】功能区中单击 ✄ 【编辑形状】按钮，在列表中选择【编辑顶点】选项，并在直线左侧的端点上单击鼠标右键，在弹出的菜单中选择【角部顶点】命令，如图 16-53 所示。

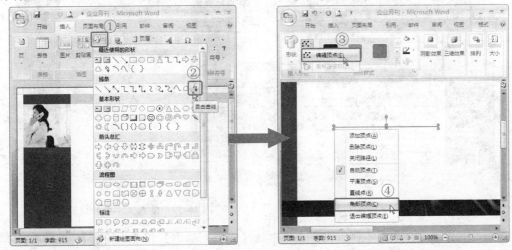

图 16-52　插入自由曲线　　　　　　　　图 16-53　编辑角部顶点

步骤19　分别拖动直线两侧的调节点，将直线形状调整为如图 16-54 所示的曲线形状。

步骤20　在【绘图工具格式】选项卡的【大小】功能区中设置形状宽度为【20.95 厘米】，并在【形状样式】功能区中设置轮廓的颜色为【白色】，调整形状的位置，如图 16-55 所示。

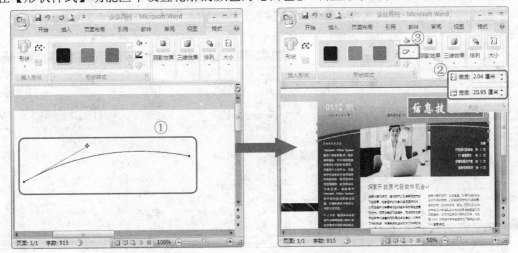

图 16-54　调整曲线的形状　　　　　　　图 16-55　设置曲线宽度和轮廓颜色

步骤21　采用同样的方法再绘制四条类似的自由曲线，设置自由曲线的颜色分别为【白色】和【橙色】，调整各自的位置使其如图 16-56 所示。

步骤22　在文档的左侧插入两个文本框，并设置文本框为【无填充颜色】和【无轮廓】，然后在文本框中输入文本，并设置字号分别为【五号】和【小五】，字体颜色分别为【粉红】和【浅黄】，调整文本框的位置使其如图 16-57 所示。

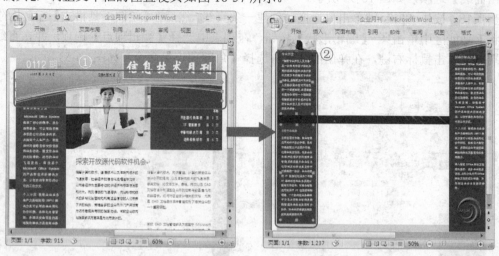

图 16-56　插入 4 个自由曲线　　　　　　　　图 16-57　插入文本框并设置文本

步骤23　再插入一个文本框，设置文本框为【无填充颜色】和【无轮廓】，然后在文本框中输入文本，设置字体为【微软雅黑】，字号分别为【四号】、【小五】和【六号】，字体颜色分别为【紫色】和【黑色】。

步骤24　选择文本框中的四段文本，在【开始】选项卡的【段落】功能区中设置项目符号为圆形，如图 16-58 所示。

步骤25　打开【插入图片】对话框，选择路径为"Word 经典应用实例\第 3 篇\实例 16"文件夹中的"pic05.png"图片文件，并单击【插入】按钮插入图片，如图 16-59 所示。

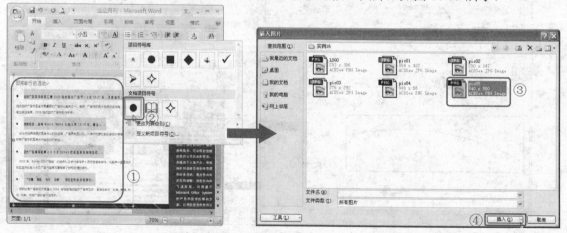

图 16-58　设置段落文本的项目符号　　　　　　图 16-59　插入图片

步骤26　设置图片的环绕方式为【浮于文字上方】，然后在【图片工具格式】选项卡的【大小】功能区中设置图片的高度为【4.5 厘米】、宽度为【3.97 厘米】，并调整图片的位置使其如图 16-60 所示。

步骤27 在【图片样式】功能区中单击【图片效果】按钮，在弹出的列表中依次选择【柔化边缘】、【5磅】选项，设置图片的柔化边缘，如图 16-61 所示。

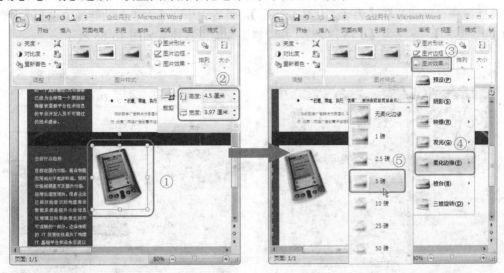

图 16-60 设置图片的大小和位置　　　　　　　　图 16-61 柔化图片边缘

步骤28 在文档中绘制一个矩形，设置矩形填充颜色的RGB值分别为"120"、"132"、"156"，形状轮廓为【无轮廓】，然后设置矩形的高度为【11.9 厘米】、宽度为【16.23 厘米】，调整矩形的位置，如图 16-62 所示。

步骤29 在【排列】功能区中单击【置于底层】按钮设置矩形的叠放次序，如图 16-63 所示。

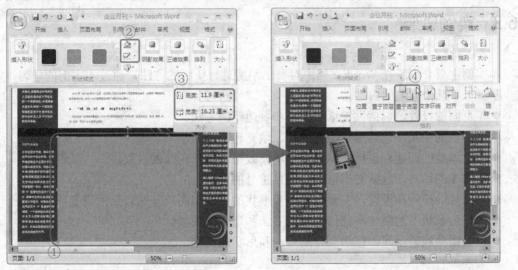

图 16-62 设置矩形的样式和大小　　　　　　　　图 16-63 设置叠放次序

步骤30 在所绘制的矩形上方插入三个文本框并分别输入文本，设置文本框为【无填充颜色】和【无轮廓】，设置字号分别为【三号】和【小五】，字体颜色分别为【白色】和【粉红】，分别调整文本框的位置使其如图 16-64 所示。

步骤31 插入路径为"Word 经典应用实例\第 3 篇\实例 16"文件夹中的"pic03.png"图片文件，设置图片的环绕方式为【浮于文字上方】，然后在【图片工具格式】选项卡的【图片样式】功能区中设置图片样式为【柔化边缘矩形】，设置完毕在【大小】功能区中设置图片的高度为【6.5 厘米】、宽度为【6.15 厘米】，并调整图片的位置使其如图 16-65 所示。

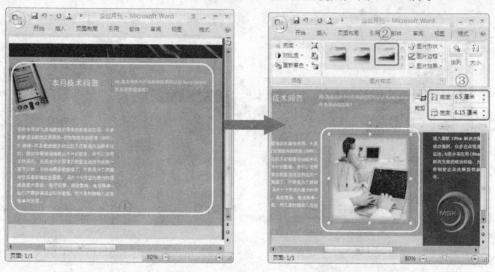

图 16-64 　插入文本框并设置子字体格式　　　　　图 16-65 　调整图片的大小和位置

步骤32 按<Ctrl>+<S>快捷键保存文档，企业刊物创建完毕。

16.3　实例总结

本实例主要介绍了在 Word 文档中对员工手册进行排版的方法，通过本实例的学习，需要重点掌握以下几个方面的内容。

- 页面的设置，包括设置纸张大小和页边距的方法。
- 形状的绘制，包括形状填充效果、填充轮廓和大小的设置。
- 文本框的创建，包括文本框形状填充效果和填充轮廓的设置。
- 文本的输入，包括文本格式和项目符号的设置。
- 图片的插入和设置，主要包括图片形状的更改和图片特殊效果的设置。
- 任意多边形的创建，包括创建的方法和形状的调整。
- 自由曲线的创建，包括创建的方法和形状的调整。

实例 **17**　杂志封面

使用 Word 2007 除了可以对长文档和报刊进行排版外，也可以对各类杂志的版式进行排列设置，通过插入文本框、图片、艺术字等内容对杂志封面进行设计。本实例就使用 Word 2007 对杂志的封面进行编排。

17.1　实例分析

本实例是创建育婴杂志的封面，在颜色搭配上使用了多种鲜艳的颜色作为杂志封面颜色的搭配，完成后的预览效果如图 17-1 所示。

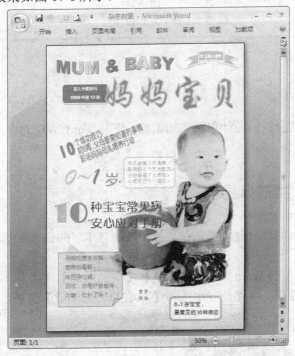

图 17-1　杂志封面的预览效果

17.1.1　设计思路

对于杂志封面的排版主要是通过插入图片、绘制形状和艺术字，然后分别设置效果和样式等方法对杂志封面进行编排。

杂志封面制作的基本设计思路为：设置页面→设置页面的背景→插入艺术字→插入图片和形状→插入文本框并输入相关的文本内容→结束。

17.1.2 涉及的知识点

在杂志封面的创建中使用了艺术字和多种 Word 自带的形状，并且页面颜色的设置也使用了图案填充的效果。

在杂志封面的制作中主要用到了以下方面的知识点：
- ✧ 页面大小和页边距的设置
- ✧ 对页面进行图案填充
- ✧ 形状的插入和设置
- ✧ 艺术字的创建和设置
- ✧ 图片的插入和设置
- ✧ 文本框的插入和设置
- ✧ 文本格式的编辑和设置

17.2 实例操作

本节就根据前面所分析的设计思路和知识点，使用 Word 2007 对杂志封面的排版制作步骤进行详细的讲解。

17.2.1 设置杂志封面的标题部分

设置杂志封面的标题部分就主要是在文档中绘制艺术字并插入形状和文本框，其具体的操作步骤如下。

步骤1 新建一个空白 Word 文档，然后选择【页面布局】选项卡，在【页面设置】功能区中单击【纸张大小】按钮，并在列表中选择【A4(21×29.7cm)】选项，如图 17-2 所示。

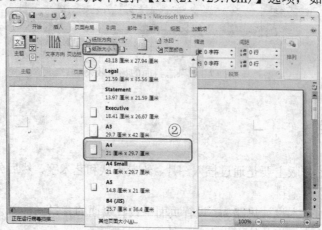

图 17-2　设置纸张大小

步骤2　选择【页面布局】选项卡，然后在【页面背景】功能区中单击【页面颜色】按钮，在弹出的列表中选择【填充效果】选项，打开【填充效果】对话框。

步骤3　选择【图案】选项卡，选择图案为【浅色竖线】，然后设置前景颜色为【白色，背景 1，深色 5%】，设置背景颜色为【橄榄色，强调文字颜色 3，淡色 80%】，设置完毕单击【确定】按钮，如图 17-3 所示。

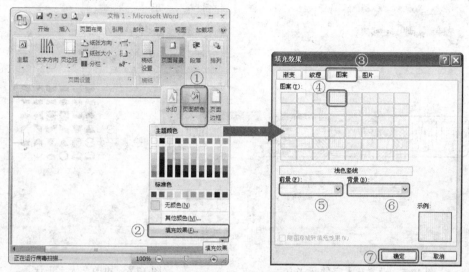

图 17-3　设置页面的背景图案填充效果

步骤4　在【插入】选项卡的【文本】功能区中单击【艺术字】按钮，在弹出的列表中选择【艺术字样式 1】，打开【编辑艺术字文字】对话框。

步骤5　在弹出的【编辑艺术字文字】对话框中输入文本"MUM & BABY"，然后在【字体】下拉列表中设置字体为【Arial Black】、字号为【36】，设置完毕单击【确定】按钮插入艺术字，如图 17-4 所示。

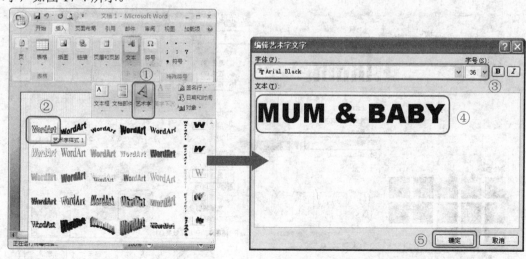

图 17-4　插入艺术字

步骤6 选择所插入的艺术字，然后在【艺术字工具格式】选项卡的【排列】功能区中单击【文字环绕】按钮，在弹出的列表中选择【浮于文字上方】选项，如图 17-5 所示。

步骤7 在【艺术字样式】功能区中单击【更改形状】按钮，在弹出的列表中选择【波形 2】选项，更改艺术字的形状，如图 17-6 所示。

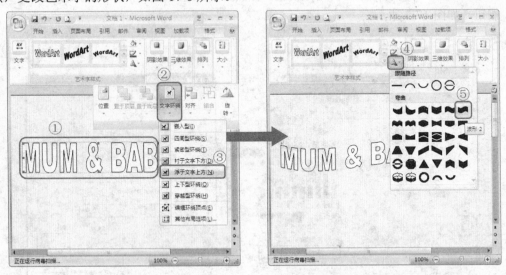

图 17-5　设置艺术字的环绕方式　　　　　　图 17-6　更改艺术字形状

步骤8 在【艺术字样式】功能区中单击 【形状填充】按钮，在弹出的列表中依次选择【渐变】、【其他渐变】选项，打开【填充效果】对话框。

步骤9 在对话框中选择【渐变】选项卡，并点选【预设】单选钮，然后在预设颜色下拉列表中选择【彩虹出岫 II】选项，设置【底纹样式】为【垂直】，并在右侧选择第三个变形效果，设置完毕单击【确定】按钮，如图 17-7 所示。

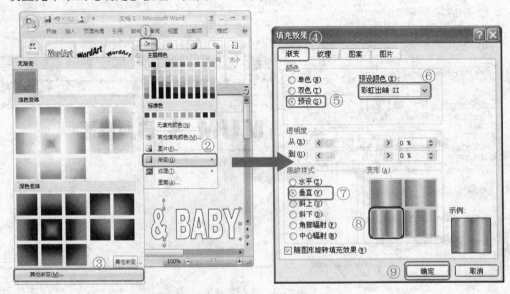

图 17-7　设置艺术字填充效果

步骤10 在【艺术字样式】功能区中单击 🖊 【形状轮廓】按钮，在弹出的列表中选择【无轮廓】选项，如图 17-8 所示。

步骤11 在【阴影效果】功能区中单击【阴影效果】按钮，在弹出的下拉列表中选择【阴影样式 18】，如图 17-9 所示。

图 17-8 设置艺术字轮廓   图 17-9 设置艺术字的阴影效果

步骤12 在【大小】功能区中设置艺术字的宽度为【12.5 厘米】，高度保持不变，然后调整艺术字的位置，使其位于文档的左上角，如图 17-10 所示。

步骤13 在【插入】选项卡的【插图】功能区中单击【形状】按钮，在弹出的列表中选择【上凸弯带形】选项，如图 17-11 所示。

图 17-10 设置艺术字的宽度   图 17-11 插入上凸弯带形

步骤14 在编辑区中绘制一个上凸弯带形，然后在上凸弯带形上单击鼠标右键，在弹出的菜单中选择【设置自选图形格式】命令，打开【设置自选图形格式】对话框，在对话框中选择【大小】选项卡，设置上凸弯带形的高度为【1.8 厘米】、宽度为【5.5 厘米】，设置完毕单击【确定】按钮，如图 17-12 所示。

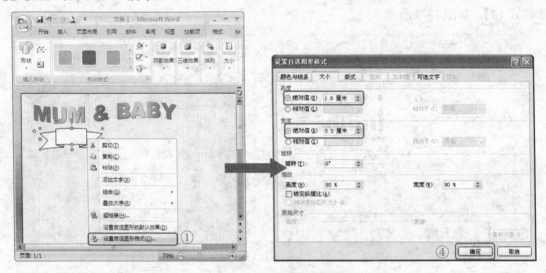

图 17-12　设置上凸弯带形的大小

　　步骤15　在所绘制的上凸弯带形上拖动调节点调整图形的形状，然后在【绘图工具格式】选项卡的【形状样式】功能区中选择【彩色填充，白色轮廓，强调文字颜色 3】样式，并移动图形的位置，使其位于文档的右上角，如图 17-13 所示。

　　步骤16　在【插入】选项卡的【文本】功能区中单击【文本框】按钮，在弹出的列表中选择【绘制文本框】选项，在文档中绘制一个文本框，如图 17-14 所示。

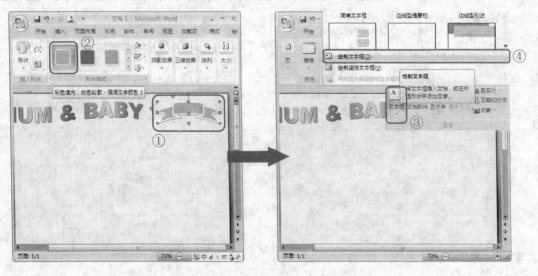

图 17-13　调整图形的样式和位置　　　　　　　　图 17-14　插入文本框

　　步骤17　选择所绘制的文本框，在【文本框工具格式】选项卡的【文本框样式】功能区中设置为【无填充颜色】和【无轮廓】，然后在文本框中输入文本，并设置字体为【汉仪中圆简】，字号为【五号】，字体颜色为【白色，背景 1】，调整文本框的位置，使其位于上凸弯带形的上方，如图 17-15 所示。

步骤18 在【插入】选项卡的【插图】功能区中单击【形状】按钮，在弹出的列表中选择【圆角矩形】选项，在文档中绘制一个圆角矩形，如图 17-16 所示。

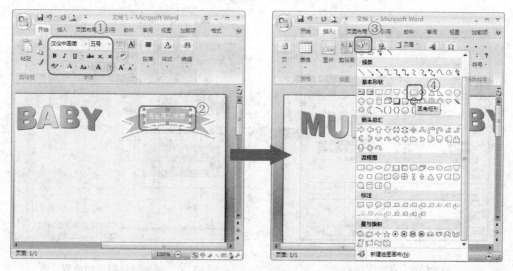

图 17-15　输入文本　　　　　　　图 17-16　插入圆角矩形

步骤19 在【绘图工具格式】选项卡的【形状样式】功能区中设置圆角矩形为【彩色填充，白色轮廓-强调文字颜色 4】形状样式，然后在【大小】功能区中设置圆角矩形的高度为【2.1厘米】，宽度为【4.9 厘米】，并调整圆角矩形的位置，如图 17-17 所示。

步骤20 在所绘制的圆角矩形上单击鼠标右键，在弹出的快捷菜单中选择【添加文字】命令，如图 17-18 所示。

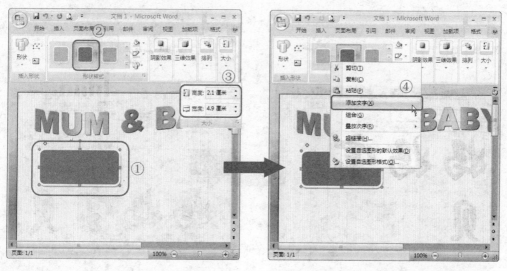

图 17-17　设置圆角矩形的样式　　　图 17-18　在圆角矩形上添加文字

步骤21 在圆角矩形中输入文本，然后选择所输入的文本打开【字体】对话框，在对话框中选择【字体】选项卡，设置中文字体为【汉仪中圆简】、西文字体为【Arial Black】、字号为【小四】、字体颜色为【白色】，如图 17-19 所示。

步骤22 设置完毕单击【确定】按钮，并调整圆角矩形的位置如图 17-20 所示。

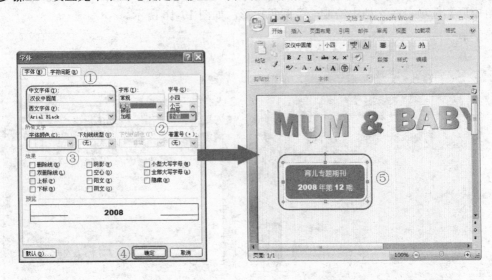

图 17-19 设置字体格式   图 17-20 调整圆角矩形的位置

步骤23 在【插入】选项卡的文本功能区中单击【艺术字】按钮，在列表中选择【艺术字样式 1】，打开【编辑艺术字文字】对话框，然后在对话框输入文本"妈妈宝贝"，并设置字体为【华文行楷】、字号为【96】，设置完毕单击【确定】按钮插入艺术字，如图 17-21 所示。

步骤24 在【艺术字工具格式】选项卡的【排列】功能区中单击【文字环绕】按钮，在弹出的列表中选择【浮于文字上方】选项，然后在【艺术字样式】功能区中单击 【形状填充】按钮，在弹出的列表中选择【橙色，强调文字颜色 6，深色 25%】选项，如图 17-22 所示。

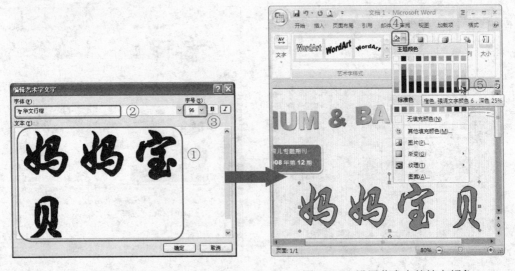

图 17-21 插入艺术字   图 17-22 设置艺术字的填充颜色

步骤25 在【艺术字样式】功能区中单击 ✏ ▪【形状轮廓】按钮，在弹出的列表中选择【茶色，背景 2，深色 25%】选项，设置粗细为【3 磅】，更改艺术字的轮廓颜色，如图 17-23 所示。

步骤26 调整艺术字的位置使其如图 17-24 所示，杂志封面的标题部分创建完毕。

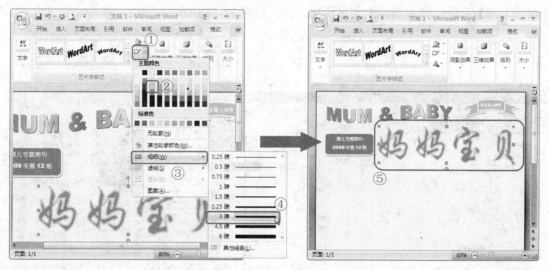

图 17-23　设置艺术字的轮廓　　　　　　　　　　图 17-24　调整艺术字的位置

步骤27 按<Ctrl>+<S>快捷键保存文档，在弹出的【另存为】对话框中选择保存路径，在【文件名】文本框中输入文件名称，然后单击【保存】按钮保存文档，如图 17-25 所示。

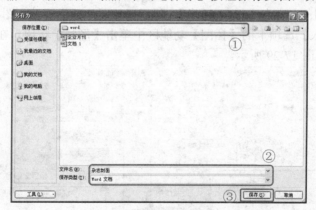

图 17-25　保存文档

17.2.2　设置封面的其他部分

杂志封面的其他部分包括折角形、艺术字、缺角矩形、十字形、圆形、上箭头、图片、文本框和文本等内容，创建杂志封面的其他部分的具体操作步骤如下。

步骤1 选择【插入】选项卡，在【插图】功能区中单击【图片】按钮，打开【插入图片】

对话框，选择路径为"Word 经典应用实例\第 3 篇\实例 11"文件夹中的"pic.png"图片文件，然后单击【插入】按钮插入图片，如图 17-26 所示。

    步骤2 使用鼠标右键单击所插入的图片，在弹出的快捷菜单中选择【文字环绕】→【浮于文字下方】命令，设置图片的文字环绕方式，如图 17-27 所示。

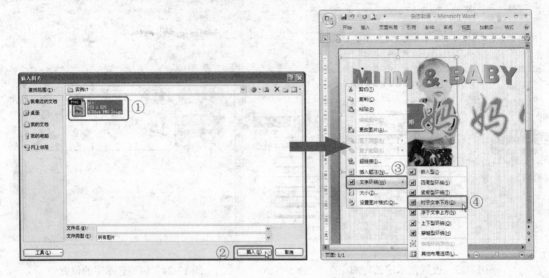

图 17-26 插入图片   图 17-27 设置图片的环绕方式

    步骤3 选择所插入的图片，在"图片工具格式"选项卡的"大小"功能区中设置图片的高度为【16.99 厘米】、宽度为【17.76 厘米】，然后调整图片的位置，如图 17-28 所示。

    步骤4 在【插入】选项卡的【插图】功能区中单击【形状】按钮，在弹出的列表中选择【折角形】选项，如图 17-29 所示。

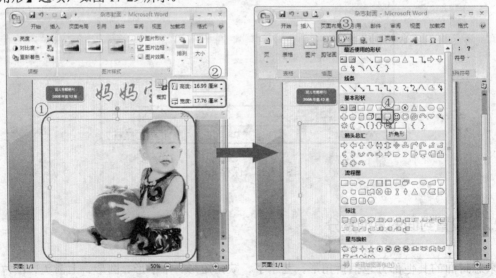

图 17-28 设置图片的大小   图 17-29 插入折角形

    步骤5 绘制一个折角形，然后在【绘图工具格式】选项卡的【大小】功能区中设置折角形的高度为【5.64 厘米】、宽度为【6.82 厘米】，如图 17-30 所示。

步骤6　在【绘图工具格式】选项卡的【形状样式】功能区中单击 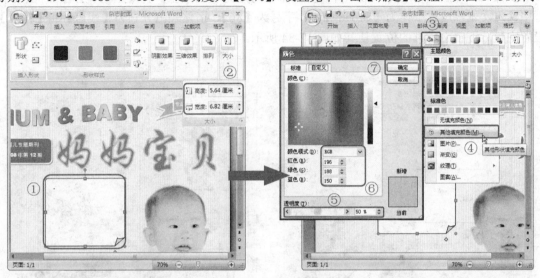 【形状填充】按钮，在弹出的列表中选择【其他填充颜色】选项，打开【颜色】对话框，设置填充颜色的 RGB 值分别为"196"、"188"、"150"，透明度为【50%】，设置完毕单击【确定】按钮，如图 17-31 所示。

図 17-30　设置折角形的大小　　　　図 17-31　设置折角形的填充颜色

步骤7　在【形状样式】功能区中单击 【形状轮廓】按钮，在弹出的列表中设置颜色为【蓝色】，并调整折角形的位置，如图 17-32 所示。

步骤8　在所绘制的折角形上单击鼠标右键，在弹出的快捷菜单中选择【添加文字】命令，在折角形中输入文本，并设置文本字体为【微软雅黑】、字号为【三号】、字体颜色为【蓝色】，如图 17-33 所示。

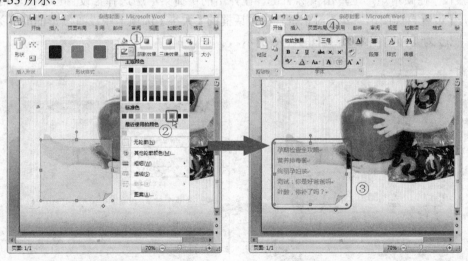

図 17-32　设置折角形的轮廓颜色　　　　図 17-33　在折角形中输入文本

步骤9　在文档中插入一个文本框，设置文本框为【无填充颜色】和【无轮廓】，然后在文本框中输入文本，并设置字体分别为【Brush Script MT】和【汉仪中圆简】，设置字号分别为【72】和【初号】，设置字体颜色分别为【浅绿】、【橙色】、【粉红】和【青绿】，设置完毕后调整文本框的位置。

步骤10 再插入一个文本框，并设置文本框为【无填充颜色】和【无轮廓】，然后在文本框中输入文本，设置字体为【Broadway】、字号为【86】、字体颜色分别为【浅蓝】和【粉红】，设置完毕后调整文本框的位置使其如图17-34所示。

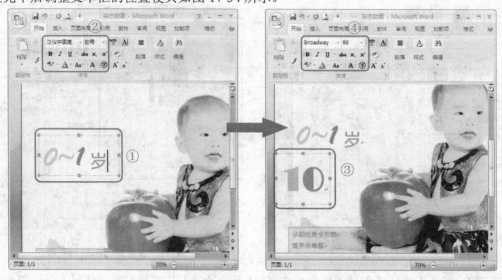

图17-34 设置文本格式并调整文本框的位置

步骤11 在【插入】选项卡的【插图】功能区中单击【形状】按钮，在弹出的列表中选择【缺角矩形】选项绘制一个缺角矩形，如图17-35所示。

步骤12 在缺角矩形上单击鼠标右键，在弹出的快捷菜单中选择【设置自选图形格式】命令，打开【设置自选图形格式】对话框，在对话框的【大小】选项卡中设置图形的高度为【3.19厘米】、宽度为【5.42厘米】，如图17-36所示。

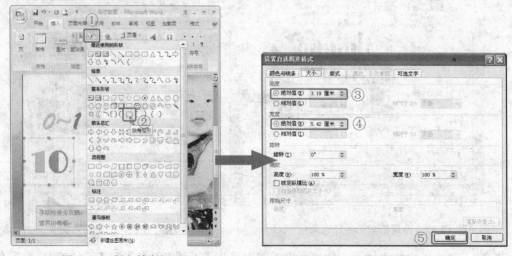

图17-35 插入缺角矩形　　　　　　　　图17-36 设置缺角矩形的大小

步骤13 对话框中选择【颜色与线条】选项卡，设置填充颜色为【白色】、透明度为【50%】，并设置线条颜色为【橙色，强调文字颜色 6】，设置完毕单击【确定】按钮，如图 17-37 所示。

步骤14 在缺角矩形上单击鼠标右键，在弹出的快捷菜单中选择【添加文字】命令，在缺角矩形中输入文本，并设置文本字体为【汉仪中圆简】、字号为【四号】、字体颜色为【橙色，强调文字颜色 6】，如图 17-38 所示。

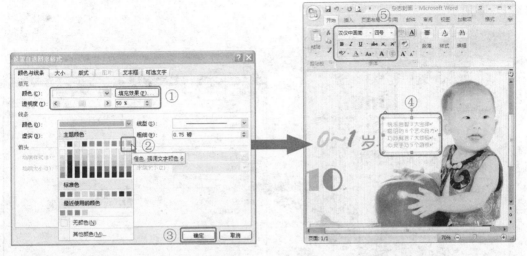

图 17-37 设置缺角矩形的填充和线条颜色   图 17-38 设置字体格式

步骤15 在文档中再插入一个文本框，并设置文本框为【无填充颜色】和【无轮廓】，然后在文本框中输入文本，设置字体为【汉仪中圆简】、字号为【小初】、字体颜色为【紫色】，设置完毕后调整文本框的位置，如图 17-39 所示。

步骤16 在【插入】选项卡的【文本】功能区中单击【艺术字】按钮，在列表中选择【艺术字样式 1】，打开【编辑艺术字文字】对话框，然后在对话框中输入文本"10"，并设置字体为【Bauhaus 93】、字号为【36】，设置完毕单击【确定】按钮插入艺术字，如图 17-40 所示。

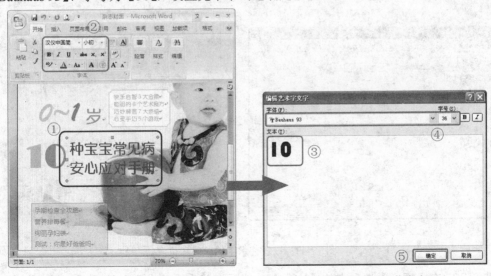

图 17-39 设置文本框中的字体格式   图 17-40 插入艺术字

步骤17 在【艺术字工具格式】选项卡的【排列】功能区中单击【文字环绕】按钮，在弹出的列表中选择【浮于文字上方】选项，然后在【艺术字样式】功能区中单击 【形状填充】按钮，在弹出的列表中选择【粉红】选项，如图 17-41 所示。

步骤18 在艺术字上单击鼠标右键，在弹出的快捷菜单中选择【设置艺术字格式】命令，打开【设置艺术字格式】对话框，然后在【大小】选项卡中设置艺术字的旋转角度为【340°】，如图 17-42 所示。

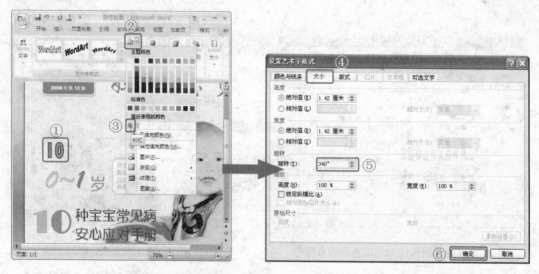

图 17-41　设置艺术字的填充颜色　　　　　　图 17-42　设置艺术字的旋转角度

步骤19 在对话框中选择【颜色与线条】选项卡，设置线条颜色为【无颜色】，设置完毕单击【确定】按钮，然后再调整艺术字的位置，如图 17-43 所示。

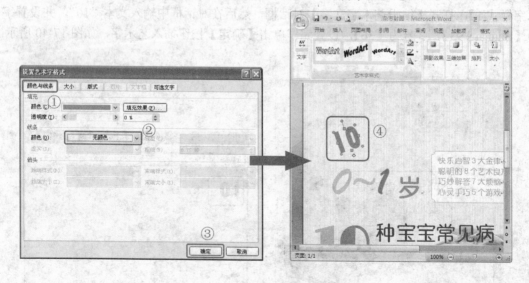

图 17-43　设置艺术字的轮廓和位置

步骤20 在【插入】选项卡的【文本】功能区中单击【艺术字】按钮，在列表中选择【艺术字样式 1】，打开【编辑艺术字文字】对话框，然后在对话框中输入文本，设置字体为【汉仪中圆简】、字号为【16】，并加粗显示，设置完毕单击【确定】按钮插入艺术字，如图 17-44 所示。

步骤21 在【艺术字工具格式】选项卡的【排列】功能区中设置艺术字的环绕方式为【浮于文字上方】，并在【大小】功能区中设置宽度为【7.3 厘米】，然后在文字功能区中设置对齐方式为【左对齐】，如图 17-45 所示。

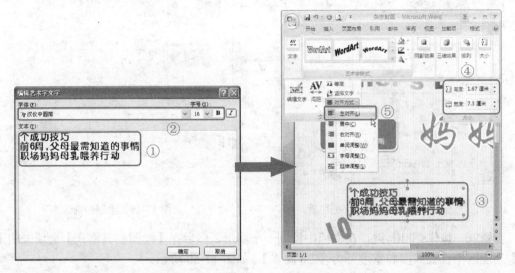

图 17-44 插入艺术字   图 17-45 设置艺术字的宽度和对齐方式

步骤22 在艺术字上单击鼠标右键，在弹出的快捷菜单中选择【设置艺术字格式】命令，打开【设置艺术字格式】对话框，然后在【大小】选项卡中设置艺术字的旋转角度为【340°】，如图 17-46 所示。

步骤23 选择【颜色与线条】选项卡，设置填充颜色为【粉红】，线条颜色为【无颜色】，设置完毕单击【确定】按钮，如图 17-47 所示。

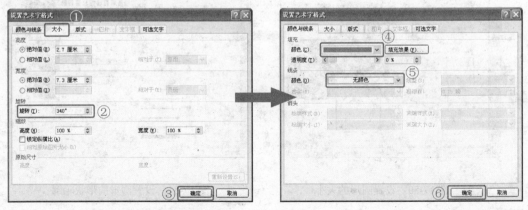

图 17-46 设置艺术字的旋转角度   图 17-47 设置艺术字的颜色和线条

步骤24 调整艺术字的位置使其位于上一个艺术字的右上方，如图 17-48 所示。

步骤25 在【插入】选项卡的【插图】功能区中单击【形状】按钮，在弹出的列表中选择

【椭圆】选项，如图 17-49 所示。

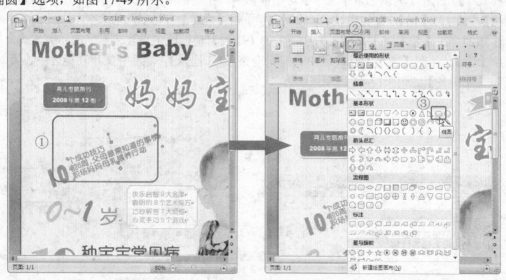

图 17-48　调整艺术字的位置　　　　　　　图 17-49　绘制椭圆

步骤26　按住<Shift>键，在文档中绘制一个圆形，然后在【绘图工具格式】选项卡的【大小】功能区中设置高度和宽度都为【2.6 厘米】，如图 17-50 所示。

步骤27　在【绘图工具格式】选项卡的【形状样式】功能区中设置填充颜色为【无填充颜色】，并设置轮廓颜色为【白色】，粗细为【4.5 磅】，如图 17-51 所示。

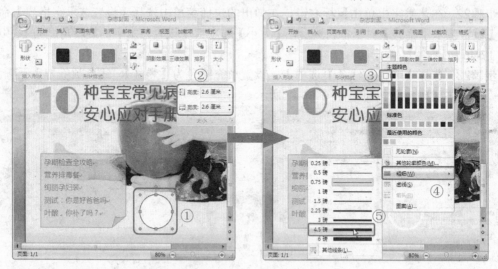

图 17-50　设置圆形的大小　　　　　　　图 17-51　设置圆形的形状轮廓

步骤28　在【插入】选项卡的【插图】功能区中单击【形状】按钮，在弹出的列表中选择【上箭头】选项，如图 17-52 所示。

步骤29　在文档中绘制一个圆形，然后在【绘图工具格式】选项卡的【大小】功能区中设置高度为【2.2 厘米】、宽度为【2.42 厘米】，在【形状样式】功能区中设置轮廓颜色为【无轮廓】，并调整上箭头的位置使其如图 17-53 所示。

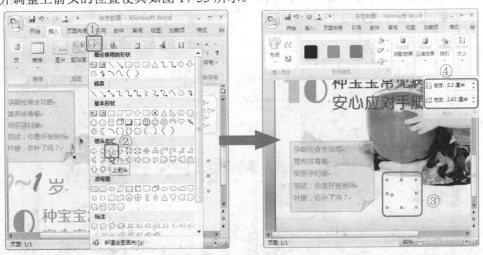

图 17-52　插入上箭头　　　　　　　　　图 17-53　设置上箭头大小

步骤30　插入一个文本框，并设置文本框为【无填充颜色】和【无轮廓】，然后在文本框中输入文本，设置字体为【微软雅黑】、字号为【小四】、字体颜色为【青绿】，并设置加粗显示，设置完毕调整文本框的位置，如图 17-54 所示。

步骤31　在文档中绘制一个矩形，在【绘图工具格式】选项卡的【大小】功能区中设置矩形高度为【2.62 厘米】、宽度为【21 厘米】，在【形状样式】功能区中设置为【线性向上渐变-强调文字颜色 5】，然后调整矩形的位置使其位于文档的正下方，如图 17-55 所示。

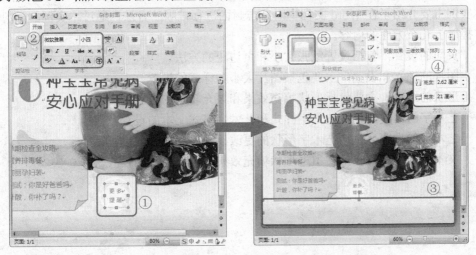

图 17-54　插入文本框　　　　　　　　　图 17-55　插入矩形

步骤32　在文档中绘制一个圆角矩形，在【绘图工具格式】选项卡的【大小】功能区中设置圆角矩形高度为【2.38 厘米】、宽度为【5.45 厘米】，在【形状样式】功能区中设置为【复合型轮廓-强调文字颜色 4】，然后调整圆角矩形的位置，如图 17-56 所示。

步骤33　插入一个文本框，并设置文本框为【无填充颜色】和【无轮廓】，然后在文本框中输入文本，设置字体为【方正粗圆简体】、字号为【三号】、字体颜色为【紫色】，设置完毕后调整文本框的位置使其如图 17-57 所示。

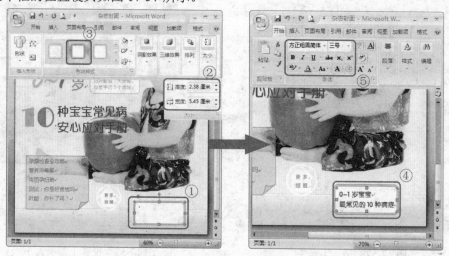

图 17-56　插入圆角矩形　　　　　　　图 17-57　插入文本框

步骤34　按<Ctrl>+<S>快捷键保存文档，杂志封面的版式就设置完毕。

17.3　实例总结

本实例主要介绍了在 Word 文档中对杂志封面进行排版的方法，通过本实例的学习，需要重点掌握以下几个方面的内容。

- 页面的设置，包括设置纸张大小和页边距的方法。
- 图片的插入和设置，主要包括图片大小和样式的设置。
- 形状的绘制，主要包括形状填充效果和填充轮廓的设置。
- 艺术字的创建，包括艺术字样式和艺术字格式文本的设置。
- 艺术字的设置，包括艺术字形状的更改、填充和轮廓的设置。
- 文本框的创建，包括文本框形状填充效果和填充轮廓的设置。

实例 **18**　杂志的正文

在上一个实例中对杂志的封面进行了设置，主要是通过图片、艺术字、形状和文本框等内容对封面的版式进行创建，本实例就使用 Word 2007 根据所封面内容对杂志中的目录和正文进行创建。

18.1　实例分析

本实例是创建育婴杂志的杂志正文，包括杂志的目录和部分的正文内容，其完成后的预览效果如图 18-1 所示。

图 18-1　杂志目录和正文的预览效果

18.1.1　设计思路

对于杂志目录和正文的排版主要是通过插入图片和剪贴画、绘制文本框、设置页边距和分栏，然后再设置字体效果以及段落样式等。

杂志正文的设计思路为：设置页面→绘制形状→插入图片和剪贴画→设置分栏→输入文本并设置格式→完成目录的创建→设置页眉页脚→输入文本→设置文本格式→完成正文的创建。

18.1.2　涉及的知识点

在杂志目录正文的创建中插入了 Word 2007 内置的剪贴画，并且通过分栏对目录和正文中的段落文本进行了设置。

重点知识

在杂志目录正文的制作中主要用到了以下方面的知识点：
- ◇ 页面大小和页边距的设置
- ◇ 页面分栏的设置
- ◇ 形状的插入和设置
- ◇ 图片的插入和设置
- ◇ 剪贴画的插入和设置
- ◇ 文本框的插入和设置
- ◇ 文本格式的编辑和设置

18.2　实例操作

本节就根据前面所分析的设计思路和知识点，使用 Word 2007 对杂志目录和正文的排版制作步骤进行详细的讲解。

18.2.1　创建杂志目录

杂志的目录部分主要是由形状、图片、剪贴画和文本组成，在创建之前还需要对纸张大小和页边距进行设置，其具体的操作步骤如下。

步骤1　在 Word 2007 中按<Ctrl>+<N>快捷键新建一个空白 Word 文档，然后选择【页面布局】选项卡，在【页面设置】功能区中单击【纸张大小】按钮，并在列表中选择【其他页面大小】选项，打开【页面设置】对话框。

步骤2　在打开的【页面设置】对话框中选择【纸张】选项卡，然后设置纸张的宽度为【42厘米】、高度为【29.7 厘米】，设置完毕单击【确定】按钮，如图 18-2 所示。

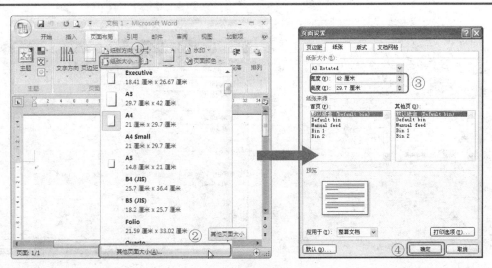

图 18-2　设置页面大小

步骤3　在【页面设置】功能区中单击【页边距】按钮，在弹出的列表中选择【自定义边距】选项，打开【页面设置】对话框。

步骤4　在打开的【页面设置】对话框中选择【页边距】选项卡，设置上页边距为【18.25厘米】，下页边距为【2.54厘米】，左、右页边距都为【3.17厘米】，设置完毕单击【确定】按钮，如图 18-3 所示。

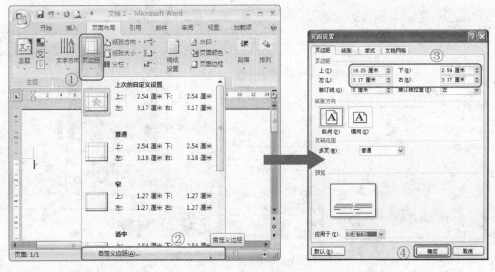

图 18-3　设置页边距

步骤5　在【插入】选项卡的【插图】功能区中单击【形状】按钮，在弹出的列表中选择【矩形】选项，如图 18-4 所示。

步骤6　在编辑区中单击鼠标拖动绘制一个矩形，然后在矩形上单击鼠标右键，在弹出的菜单中选择【设置自选图形格式】命令，打开【设置自选图形格式】对话框，对话框中选择【大小】选项卡，设置矩形的高度为【11厘米】、宽度为【42厘米】，如图 18-5 所示。

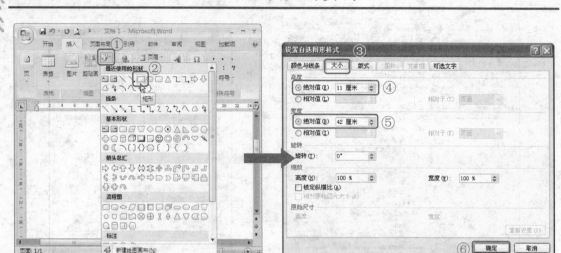

图 18-4　绘制矩形　　　　　　　　　　　　图 18-5　设置矩形的大小

步骤7　在对话框中选择【颜色与线条】选项卡，在【填充】选项组中单击【填充效果】按钮，打开【填充效果】对话框。

步骤8　在【填充效果】对话框中选择【图案】选项卡，并选择【窄竖线】图案样式，然后设置前景色的 RGB 值分别为"255"、"255"、"193"，背景色为"白色"，设置完毕单击【确定】按钮，返回【设置自选图形格式】对话框，如图 18-6 所示。

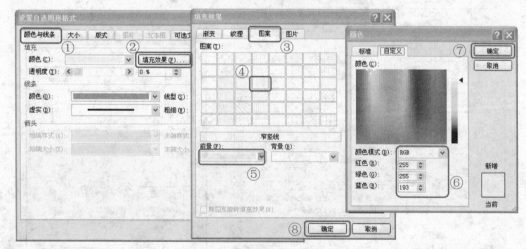

图 18-6　设置矩形的填充效果

步骤9　在【设置自选图形格式】对话框中设置线条颜色的 RGB 值分别为"255"、"102"、"153"，然后设置虚实为【短划线】选项，粗细为【1.5 磅】，设置完毕单击【确定】按钮，如图 18-7 所示。

步骤10　选择所设置的矩形，在【绘图工具格式】选项卡的【排列】功能区中单击【对齐】按钮，在弹出的列表中先选择【对齐页面】选项，然后再选择【左右居中】和【顶端对齐】选项，设置矩形对齐方式，如图 18-8 所示。

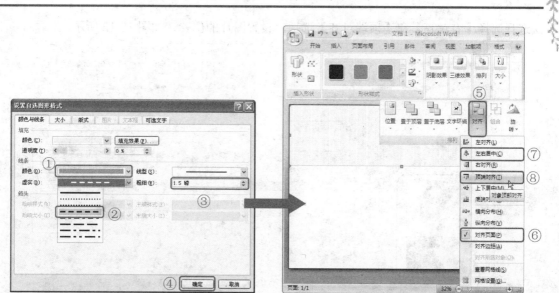

图 18-7　设置矩形的线条颜色　　　　　　　　图 18-8　设置矩形的对齐方式

步骤11　在【插入】选项卡的【插图】功能区中单击【图片】按钮打开【插入图片】对话框，选择路径为"Word 经典应用实例\第 3 篇\实例 18"文件夹中的"pic01.png"图片文件，并单击【插入】按钮插入图片，如图 18-9 所示。

步骤12　选择所插入的图片，然后在【图片工具格式】选项卡的【排列】功能区中单击【文字环绕】按钮，在弹出的列表中选择【浮于文字上方】选项，如图 18-10 所示。

图 18-9　插入图片　　　　　　　　　　图 18-10　设置图片的环绕方式

步骤13　在【大小】功能区中设置图片的高度为【11 厘米】、宽度为【9.83 厘米】，如图 18-11 所示。

步骤14　选择所设置的图片，在【排列】功能区中单击【对齐】按钮，在弹出的列表中依次选择选择【右对齐】和【顶端对齐】选项，设置图片的位置，如图 18-12 所示。

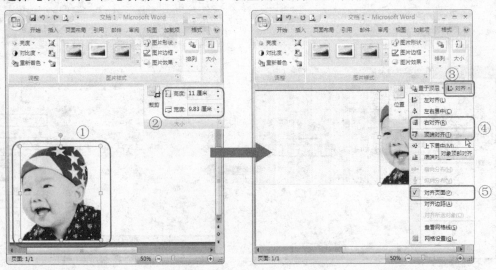

图 18-11　设置图片大小　　　　　　图 18-12　设置图片位置

步骤15　在【插入】选项卡的【文本】功能区中单击【文本框】按钮，在弹出的列表中选择【绘制文本框】选项，在文档中绘制一个文本框。

步骤16　选择所绘制的文本框，在【文本框工具格式】选项卡的【文本框样式】功能区中设置文本框为【无填充颜色】和【无轮廓】，然后在文本框中输入"Content"文本，并设置字体为【Berlin Sans FB】、字号为【72】，字体颜色的 RGB 值分别为"255"、"102"、"153"，调整文本框的位置使其如图 18-13 所示。

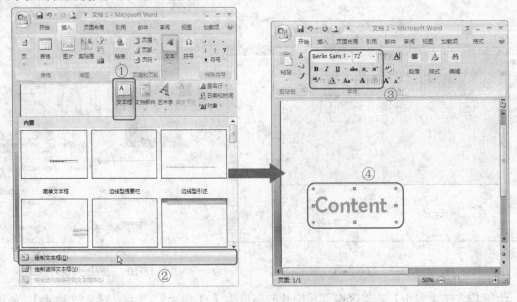

图 18-13　插入文本框并设置字体格式

步骤17　在【插入】选项卡的【插图】功能区中单击【形状】按钮，在弹出的列表中选择

【肘形连接符】选项，在编辑区中绘制一个肘形连接符

　　步骤18　设置肘形连接符的线条颜色的 RGB 值分别为 "255"、"102"、"153"，然后调整肘形连接符的形状和位置，使其如图 18-14 所示。

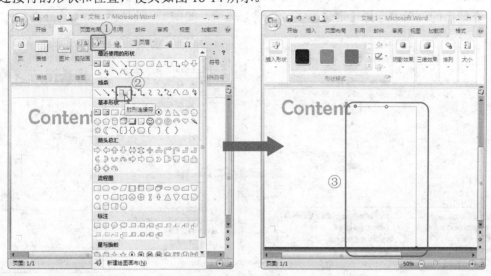

图 18-14　绘制肘形连接符

　　步骤19　在文档中插入一个文本框，然后选择所绘制的文本框，在【文本框工具格式】选项卡的【文本框样式】功能区中设置文本框为【无填充颜色】和【无轮廓】，并在文本框中输入文本 "目录"，设置字体为【黑体】、字号为【66】、字体颜色为【黑色，文字，淡色 50%】，调整文本框的位置使其如图 18-15 所示。

　　步骤20　将光标放置到文档中，然后在【页面布局】选项卡的【页面设置】功能区中单击【分栏】按钮，在弹出的列表中选择【两栏】选项，如图 18-16 所示。

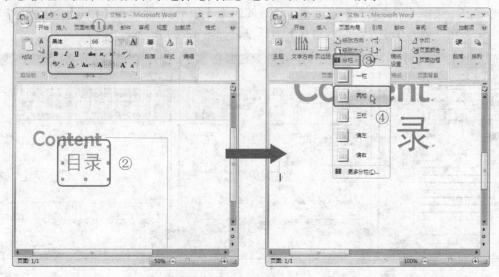

图 18-15　插入文本框并设置文本格式　　　　图 18-16　在光标处设置文档分栏

步骤21 在光标处输入目录标题的文本，然后设置字体为【方正粗圆简体】、字号为【一号】，如图 18-17 所示。

步骤22 选择所输入的文本，然后在【开始】选项卡的【段落】功能区中单击 ☰ ·【编号】按钮，在弹出的列表中选择【定义新编号格式】选项，如图 18-18 所示。

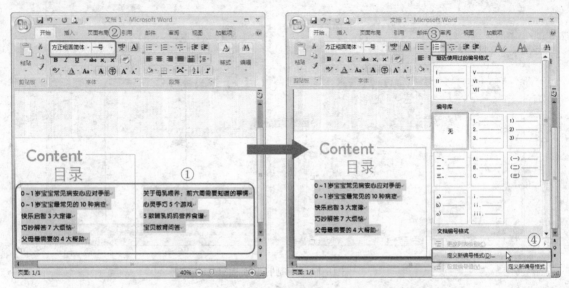

图 18-17 输入文本并设置字体格式　　　　　　　　图 18-18 定义新编号格式

步骤23 在打开的【定义新编号格式】对话框中选择编号样式为【01，02，03，...】，然后设置编号格式为【P01】，设置完毕单击【字体】按钮，打开【字体】对话框，如图 18-19 所示。

步骤24 在对话框中设置中文字体为【黑体】、西文字体为【Impact】、字号为【一号】、字体颜色的 RGB 值分别为"255"、"102"、"153"。

步骤25 选择【字符间距】选项卡，设置间距为【加宽】，磅值为【1 磅】，设置完毕单击【确定】按钮，返回【定义新编号格式】对话框，如图 18-19 所示。

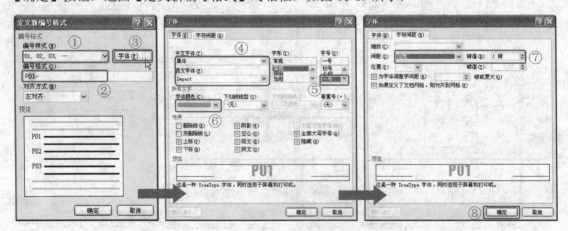

图 18-19 设置编号的格式和字体

步骤26　在【定义新编号格式】对话框中单击【确定】按钮即可对所选文本设置编号，如图 18-20 所示。

步骤27　选择第一行的文本，在【开始】选项卡的【段落】功能区中单击 ☰▾【编号】按钮，在弹出的列表中选择【设置编号值】选项，如图 18-21 所示。

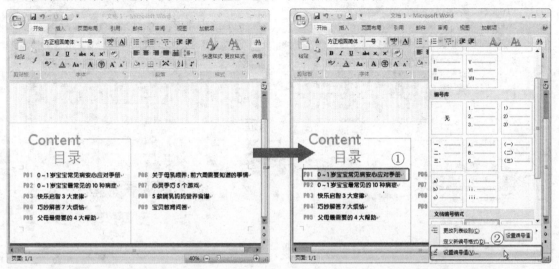

图 18-20　设置编号效果　　　　　　　图 18-21　选择【设置编号值】选项

步骤28　打开【起始编号】对话框，在【值设置为】文本框中输入该标题的页码数值，设置完毕单击【确定】按钮。

步骤29　采用同样的方法分别对剩余的文本设置相应的页码数值，然后将第一行和第六行至第九行文本颜色的 RGB 值分别为 "255"、"102"、"153"，其效果如图 18-22 所示。

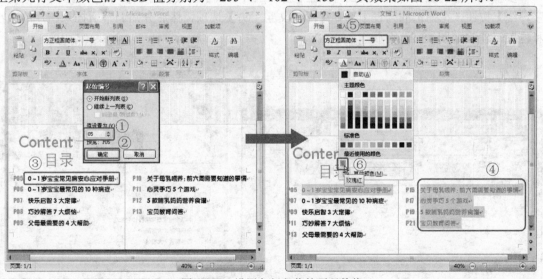

图 18-22　设置各行段落的页码数值

步骤30　选择第七行和第八行的文本，然后在【页面布局】选项卡的【段落】功能区中，设置文本段落的段前间距为【2 行】，如图 18-23 所示。

步骤31 在文档中插入两个相同大小的文本框并分别输入文本"启智游戏"和"营养美食"，设置字体为【黑体】、字号为【三号】，然后在【文本框工具格式】选项卡的【文本框样式】功能区中设置文本框为【无填充颜色】和【无轮廓】，并调整文本框的位置使其如图 18-24 所示。

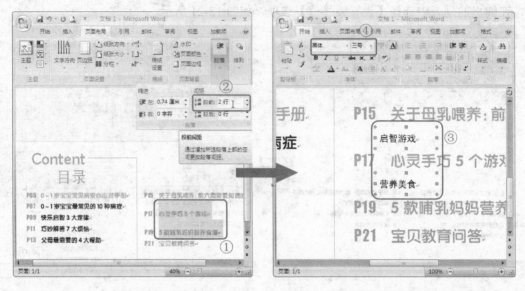

图 18-23 设置文本的段前间距　　　　　图 18-24 插入文本框并设置文本格式

步骤32 在【插入】选项卡的【插图】功能区中单击【图片】按钮，打开【插入图片】对话框，选择路径为"Word 经典应用实例\第 3 篇\实例 18"文件夹中的"pic02.png"、"pic04.png"和"pic06.png"图片文件，单击【插入】按钮插入图片，如图 18-25 所示。

步骤33 依次选择所插入的图片，在【图片工具格式】选项卡的【排列】功能区中单击【文字环绕】按钮，在弹出的列表中选择【浮于文字上方】选项，然后分别调整所插入图片的大小和位置，使其如图 18-26 所示。

图 18-25 插入图片　　　　　图 18-26 调整图片的大小和位置

步骤34　在【插入】选项卡的【插图】功能区中单击【剪贴画】按钮，打开【剪贴画】窗格，然后在【剪贴画】窗格中单击【搜索】按钮显示剪贴画，然后直接单击需要插入的剪贴画。

步骤35　选择所插入的剪贴画，在【图片工具格式】选项卡的【排列】功能区中单击【文字环绕】按钮，在弹出的列表中选择【浮于文字上方】选项，然后调整所插入剪贴画的大小和位置，使其如图 18-27 所示。

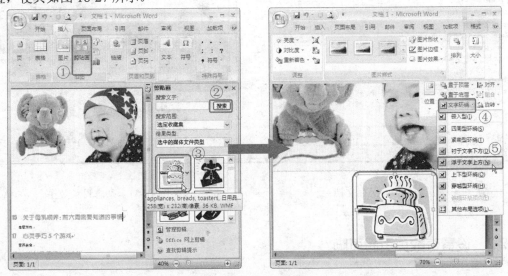

图 18-27　插入剪贴画

步骤36　采用同样的方法再插入一幅剪贴画并设置其大小和位置，如图 18-28 所示。

步骤37　选择所插入的剪贴画，在【图片工具格式】选项卡的【图片样式】功能区中设置图片边框颜色为【玫瑰红】，如图 18-29 所示。

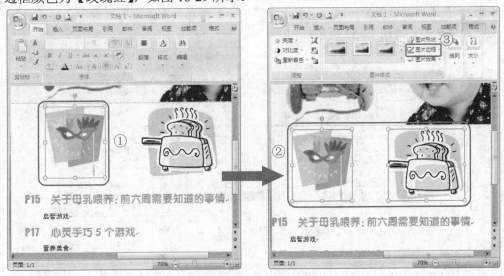

图 18-28　设置剪贴画的大小和位置　　　　图 18-29　设置图片的边框颜色

步骤38　在 Word 2007 界面的左上方单击 ![按钮] 按钮保存文档，在弹出的【另存为】

对话框中选择保存路径，在【文件名】文本框中输入文件名称，并在【保存类型】下拉列表中选择要保存的文档类型，然后单击【保存】按钮保存文档，如图 18-30 所示。

至此，杂志目录创建完毕，其效果如图 18-31 所示。

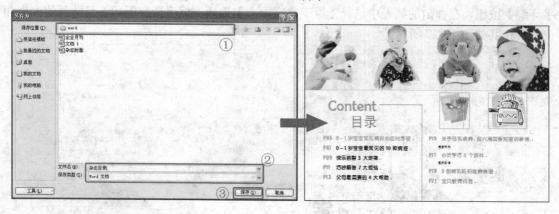

图 18-30　保存文档　　　　　　　　图 18-31　杂志目录效果

18.2.2　设置奇数页页眉页脚

奇数页页眉页脚主要是通过矩形和任意多边形的绘制对其进行修饰，具体操作步骤如下。

步骤1　新建一个空白 Word 文档，然后选择【页面布局】选项卡，在【页面设置】功能区中单击【纸张大小】按钮，并在列表中选择【A4（21×29.7cm）】选项，设置纸张的大小，如图 18-32 所示。

步骤2　在【页面设置】功能区中单击【页边距】按钮，在弹出的列表中选择【窄】选项，设置文档的页边距，如图 18-33 所示。

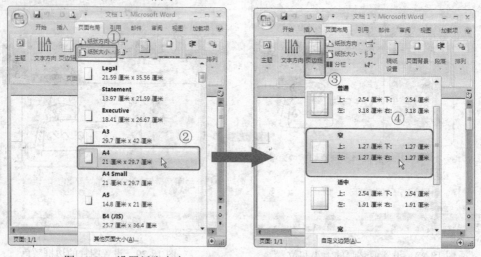

图 18-32　设置纸张大小　　　　　　图 18-33　设置页边距

步骤3　选择【插入】选项卡，然后在【页眉和页脚】功能区中单击【页眉】按钮，在弹出的列表中选择【编辑页眉】选项，进入页眉和页脚编辑区，如图 18-34 所示。

　　步骤4　在页眉和页脚编辑区中隐藏显示线，然后在【页眉和页脚工具设计】选项卡的【选项】功能区中勾选【奇偶页不同】复选框，如图 18-35 所示。

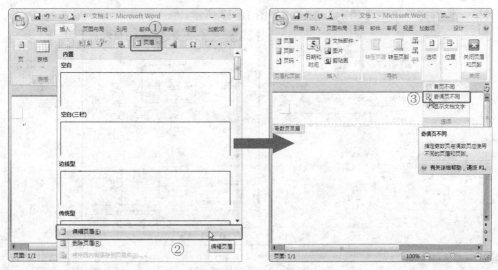

　　　图 18-34　进入页眉编辑区　　　　　　　　　　　图 18-35　设置奇偶页不同

　　步骤5　在【插入】选项卡的【插图】功能区中单击【形状】按钮，在弹出的列表中选择【矩形】选项，在编辑区中绘制一个矩形。

　　步骤6　选择所绘制的矩形单击鼠标右键，在弹出的菜单中选择【设置自选图形格式】命令，打开【设置自选图形格式】对话框，在对话框的【大小】功能区中设置矩形的高度为【29.7厘米】、宽度为【21 厘米】，如图 18-36 所示。

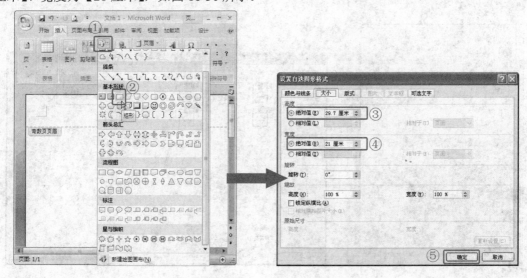

　　　　　　　　　　图 18-36　插入矩形并设置大小

　　步骤7　在对话框中选择【颜色与线条】选项卡，设置线条颜色为【无颜色】，然后单击【填充效果】按钮，打开【填充效果】对话框。

步骤8 选择【渐变】选项卡，点选【双色】单选钮，设置颜色 1 为【浅绿】，设置颜色 2 为【橄榄色，强调文字颜色，淡色 80%】，然后设置底纹样式为【水平】，并在右侧选择第三个变形效果，设置完毕单击【确定】按钮，如图 18-37 所示。

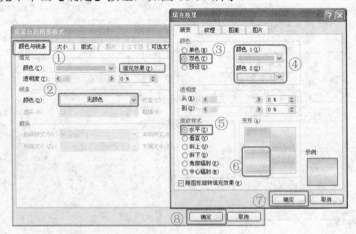

图 18-37　设置填充效果

步骤9 返回【设置自选图形格式】对话框中，单击【确定】按钮完成设置，然后调整矩形的位置，使其与文档重合，如图 18-38 所示。

步骤10 【插入】选项卡的【插图】功能区中单击【图片】按钮，打开【插入图片】对话框，选择路径为"Word 经典应用实例\第 3 篇\实例 18"文件夹中的"pic03.png"图片文件，并单击【插入】按钮插入图片，如图 18-39 所示。

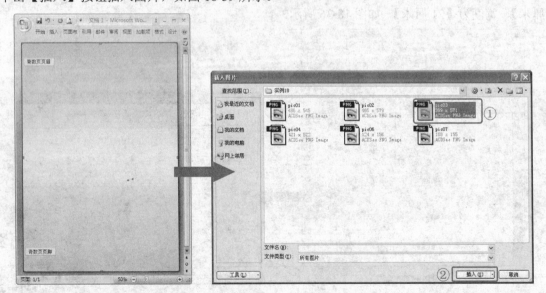

图 18-38　调整矩形的位置　　　　　　　图 18-39　插入图片

步骤11 选择所插入的图片，然后在【图片工具格式】选项卡的【排列】功能区中单击【文字环绕】按钮，在弹出的列表中选择【浮于文字上方】选项，如图 18-40 所示。

步骤12　在【大小】功能区中设置图片高度为【7.65 厘米】、宽度为【4.99 厘米】，如图 18-41 所示。

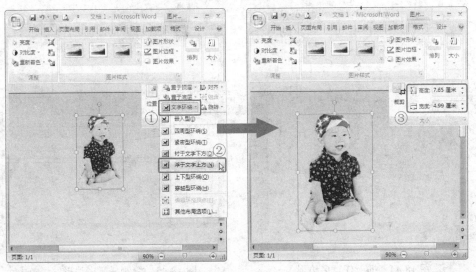

图 18-40　设置图片的环绕方式　　　　图 18-41　设置图片的大小

步骤13　在【排列】功能区中单击【旋转】按钮，在弹出的列表中选择【水平翻转】选项对图片进行水平翻转，如图 18-42 所示。

步骤14　选择所插入的图片，然后在【图片工具格式】选项卡的【排列】功能区中单击【文字环绕】按钮，在弹出的列表中选择【浮于文字上方】选项，如图 18-43 所示。

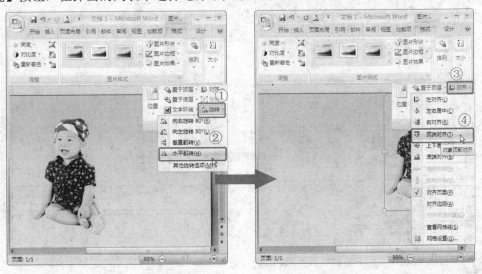

图 18-42　设置图片的水平翻转　　　　图 18-43　设置图片对齐方式

步骤15　在【插入】选项卡的【插图】功能区中单击【形状】按钮，在弹出的列表中选择【任意多边形】选项，如图 18-44 所示。

步骤16 在文档中依次单击鼠标绘制一个如图 18-45 所示的图形，并在【绘图工具格式】选项卡的【大小】功能区中设置所绘制图形的高度为【2.3 厘米】、宽度为【21.03 厘米】。

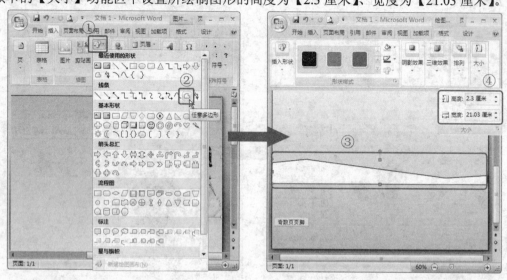

图 18-44　插入任意多边形　　　　　图 18-45　绘制任意多边形并调整大小

步骤17 选择所绘制的形状，然后在【绘图工具格式】选项卡的【插入形状】功能区中单击 【编辑形状】按钮，在弹出的列表中选择【编辑顶点】选项，然后在形状最上方的顶点上单击鼠标右键，在弹出的菜单中选择【角部顶点】命令，如图 18-46 所示。

步骤18 单击拖动左下角右侧的调节点，调整图形下方边的形状，然后依次调整形状各顶点的调节点，使形状如图 18-47 所示。

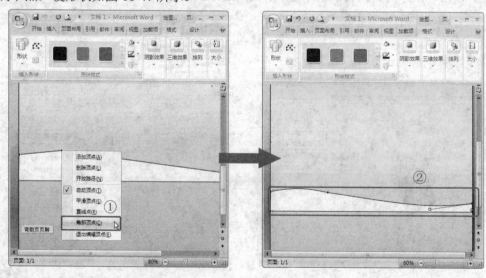

图 18-46　选择编辑角部顶点　　　　　图 18-47　调节形状的角部顶点

步骤19 退出顶点编辑模式，选择所绘制的形状，在【绘图工具格式】选项卡的形状样式功能区中设置形状轮廓为【无轮廓】，形状填充颜色为【绿色】，然后调整形状的位置，使其位于编辑区的正下方，如图 18-48 所示。

步骤20　采用同样的方法再创建一个如图 18-49 所示的形状，并在【绘图工具格式】选项卡的【大小】功能区中设置所绘制图形的高度为【2.43 厘米】、宽度为【21.03 厘米】。

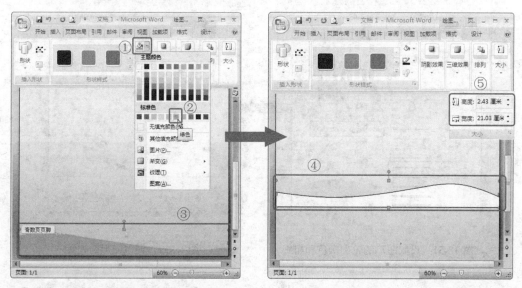

图 18-48　设置形状样式　　　　　　　　　　　　图 18-49　绘制新形状

步骤21　选择所绘制的图形，在【绘图工具格式】选项卡的【形状格式】功能区中单击 ![icon] 【形状填充】按钮，在弹出的列表中选择【图案】选项，打开【填充效果】对话框。

步骤22　在【填充效果】对话框中选择【渐变】选项卡，点选【双色】单选钮，设置颜色 1 的 RGB 值分别为 "0"、"102"、"0"，设置颜色 2 的 RGB 值分别为 "0"、"153"、"0"，然后设置底纹样式为【水平】，并在右侧选择第一个变形效果，如图 18-50 所示。

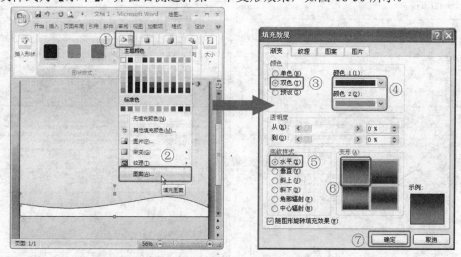

图 18-50　设置图形的渐变填充效果

步骤23　设置完毕单击【确定】按钮，然后在【形状格式】功能区中设置形状轮廓为【白色】，粗细为【1.5 磅】，如图 18-51 所示。

步骤24 调整形状的位置，使其位于编辑区的正下方，如图 18-52 所示。

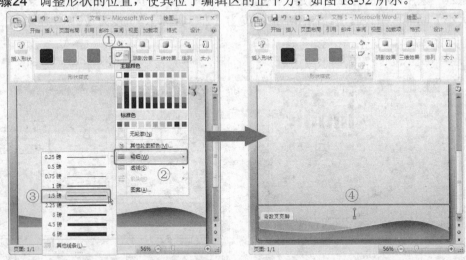

图 18-51　设置图形的轮廓颜色和粗细　　　　　图 18-52　调整图形的位置

18.2.3　创建杂志正文

杂志正文的创建主要是对文本格式的设置，其具体的操作步骤如下。

步骤1 在【页眉和页脚工具设计】选项卡的【关闭】功能区中单击【关闭页眉和页脚】按钮，退出页眉和页脚编辑区，如图 18-53 所示。

步骤2 在文档正文的光标处输入一段文本，并设置字体为【汉仪中圆简】，其他格式不变，如图 18-54 所示。

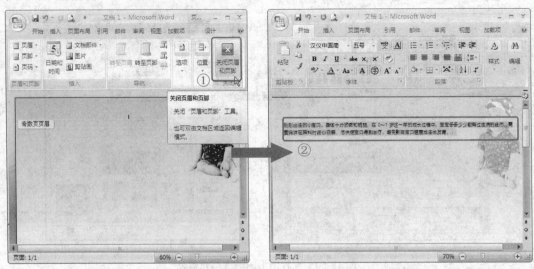

图 18-53　退出页眉和页脚编辑区　　　　　图 18-54　输入文本并设置字体格式

步骤3　在【视图】选项卡的【显示/隐藏】功能区中勾选【标尺】复选框，然后在标尺上设置所输入文本的首行缩进为【2】，右缩进为【42】。

步骤4　按<Enter>键换行，输入文本"0～1岁宝宝"，并设置字体为【微软雅黑】、字号为【一号】、字体颜色为【绿色】，文本的首行缩进2个字符，如图18-55所示。

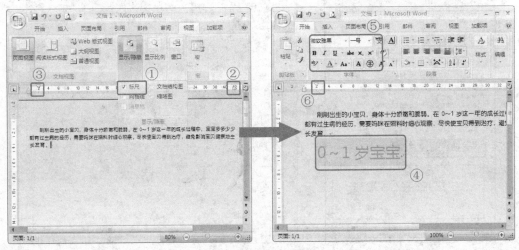

图18-55　输入文本并设置格式

步骤5　按<Enter>键换行，输入文本"几种常见病安心应对手册"，并设置字体为【方正综艺简体】、字号为【一号】、字体颜色为【浅绿】，文本的首行缩进为【8】，然后在页面布局选项卡的段落功能区中设置段后间距为【1行】，如图18-56所示。

步骤6　按<Enter>键换行，在光标处设置字体为【微软雅黑】、字号【五号】、字体颜色为【黑色】，文本的首行缩进为【2】，然后在页面布局选项卡的段落功能区中设置段后间距为【0行】，如图18-57所示。

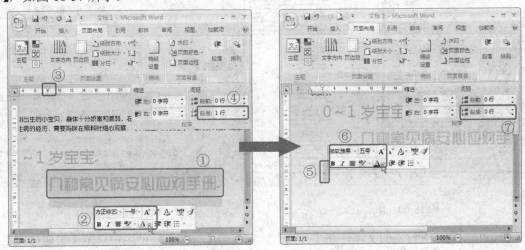

图18-56　设置第二段文本的段落格式　　　　图18-57　设置第三段文本的段落格式

步骤7　打开【段落】对话框，在【缩进和间距】选项卡中取消对【如果定义了文档网格，则对齐到网格】复选框的勾选，设置完毕单击【确定】按钮，如图 18-58 所示。

  步骤8 选择光标处的换行符，然后在【页面布局】选项卡的【页面设置】功能区中单击【分栏】按钮，在弹出的列表中选择【三栏】选项，如图 18-59 所示。

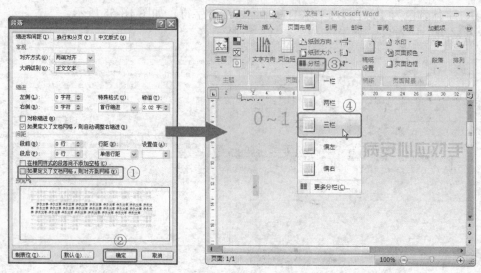

  图 18-58 设置段落间距   图 18-59 设置正文部分的分栏

  步骤9 在光标处输入杂志的正文内容，如图 18-60 所示。

  步骤10 选择所插入文本的第一行【1.普通感冒】文本，设置字体为【微软雅黑】、字号【小四】、字体颜色为【绿色】，首行缩进为【0】，如图 18-61 所示。

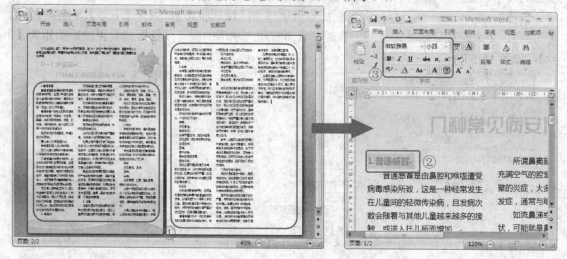

  图 18-60 插入正文内容   图 18-61 设置字体格式

  步骤11 选择所设置的文本，在【开始】选项卡的【样式】功能区中单击【快速样式】按钮，在弹出的列表中选择【将所选内容保存为新快速样式】选项，如图 18-62 所示。

  步骤12 在打开的对话框中直接单击【修改】按钮，打开【根据格式设置创建新样式】对话框，然后单击【格式】按钮，在弹出的列表中选择【快捷键】选项，如图 18-63 所示。

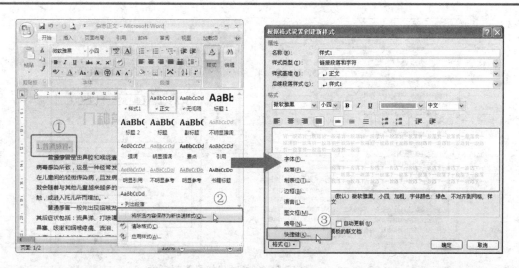

图 18-62　将所选内容保存为新快速样式　　　　图 18-63　根据格式设置创建新样式

步骤13　在【自定义键盘】对话框中将光标放置在【请按新快捷键】文本框中，并按下 <Ctrl>+<1>快捷键，然后在【将更改保存在】下拉列表中选择【杂志正文（即文档的文件名）】选项，再单击【指定】按钮指定快捷键，设置完毕单击【关闭】按钮，如图 18-64 所示。

步骤14　返回【根据格式设置创建新样式】对话框，直接单击【确定】按钮，然后分别对正文中的"2.鼻窦炎"、"3.过敏"、……、"7.咽炎和扁桃体炎"文本，依次按下<Ctrl>+<1>快捷键，设置标题样式都为【样式 1】，并设置段前间距都为【1 行】，如图 18-65 所示。

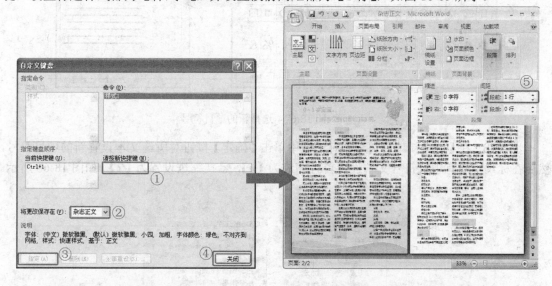

图 18-64　设置样式的快捷键　　　　　　　　图 18-65　应用快捷键创建样式

步骤15　在正文中选择并列关系的段落，然后依次在【开始】选项卡的【段落】功能区中单击【项目符号】按钮，在弹出的列表中选择【定义新项目符号】选项。

步骤16　在打开的【定义新项目符号】对话框中单击【符号】按钮，打开【符号】对话框，如图 18-66 所示。

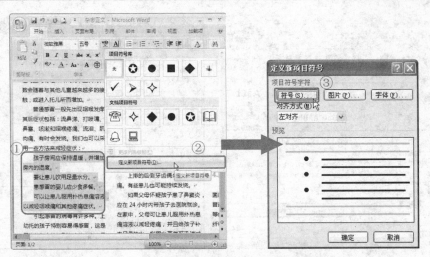

图 18-66　打开【定义新项目符号】对话框

步骤17　在【符号】对话框中选择一种需要的符号，然后单击【确定】按钮返回【定义新项目符号】对话框中，如图 18-67 所示。

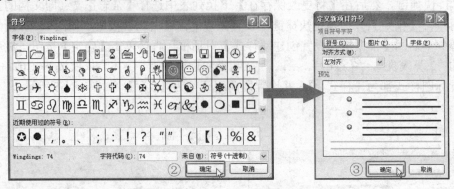

图 18-67　选择新的项目符号

步骤18　在【定义新项目符号】对话框中单击【确定】按钮对所选文本设置新的项目符号，然后在标尺中对有项目符号文本设置首行缩进为【0】，悬挂缩进设置为【2】，如图 18-68 所示。

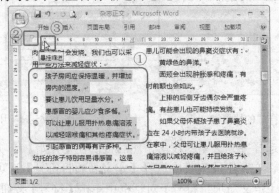

图 18-68　设置首行缩进和悬挂缩进

步骤19　选择设置了项目符号的文本，然后在【开始】选项卡的【剪贴板】功能区中双击【格式刷】按钮，然后依次单击需要设置项目符号的文本，设置完毕如图 18-69 所示。

图 18-69　设置项目符号

步骤20　将正文中需要设置提示的文本颜色都设置为【深绿色】，并且按<Enter>键对段落的前后换行进行格式设置，使其如图 18-70 所示。

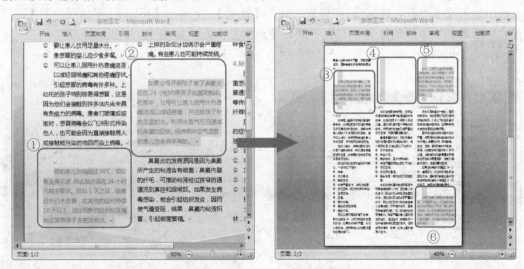

图 18-70　设置文本颜色和段落格式

步骤21　在【插入】选项卡的【插图】功能区中单击【形状】按钮，在弹出的列表中选择【圆角矩形】选项，如图 18-71 所示。

步骤22　在编辑区中绘制一个矩形，然后在矩形上单击鼠标右键，在弹出的菜单中选择【设置自选图形格式】命令，打开【设置自选图形格式】对话框，对话框中选择【大小】选项卡，设置圆角矩形的高度为【4.42 厘米】、宽度为【6.04 厘米】，如图 18-72 所示。

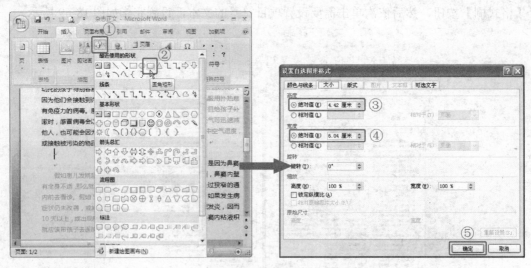

图 18-71　插入圆角矩形　　　　　　　　图 18-72　设置圆角矩形大小

　　步骤23　在对话框中选择【颜色与线条】选项卡，在填充颜色的下拉列表中选择【无颜色】选项，然后设置线条颜色为【深绿】、虚线类型为【方点】、粗细为【1.5 磅】，设置完毕单击【确定】按钮，如图 18-73 所示。

　　步骤24　在文档中插入一个文本框，设置文本框为【无填充颜色】和【无轮廓】，然后在文本框中输入文本"爱心提示"，并设置字体为【幼圆】、字号为【小四】、字体颜色为【深绿】，设置完毕后调整文本框的位置使其位于圆角矩形的左上方，如图 18-74 所示。

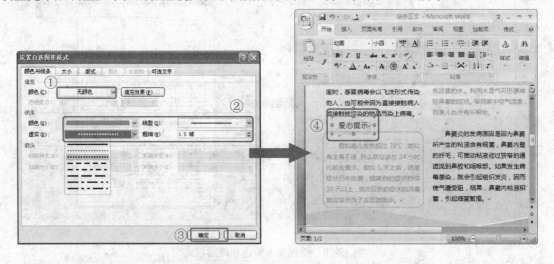

图 18-73　设置圆角矩形的颜色和线条　　　　图 18-74　设置文本格式

　　步骤25　在【插入】选项卡的【插图】功能区中单击【形状】按钮，在弹出的列表中选择【心形】选项，在编辑区中绘制一个心形，然后在【绘图工具格式】选项卡的【大小】功能区中设置心形的高度和宽度都为【0.6 厘米】，在【形状样式】功能区中设置填充颜色为【深绿】，轮廓颜色为【浅绿】，并调整心形的位置使其如图 18-75 所示。

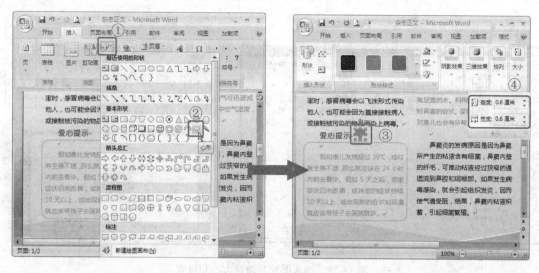

图 18-75　绘制心形

步骤26　将所绘制的心形再复制一个，然后调整复制后心形的位置使其如图 18-76 所示。

步骤27　采用同样的方法在正文的其他深绿色文本部分也创建相同的矩形、文本框和心形，其效果如图 18-77 所示。

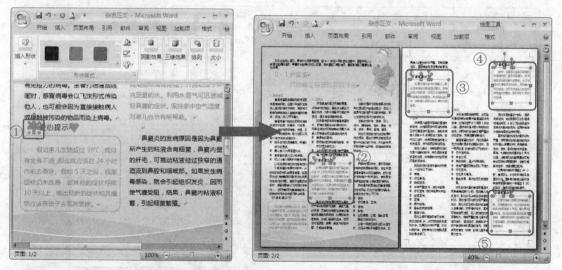

图 18-76　复制心形　　　　　　　　　　图 18-77　创建相同的形状

步骤28　在【插入】选项卡的【插图】功能区中单击【图片】按钮打开【插入图片】对话框，选择路径为"Word 经典应用实例\第 3 篇\实例 18"文件夹中的"pic01.png"图片文件，并单击【插入】按钮插入图片。

步骤29　选择所插入的图片，在【图片工具格式】选项卡的【排列】功能区中单击【文字环绕】按钮，在弹出的列表中选择【浮于文字上方】选项，然后在【大小】功能区中设置图片的高度为【5.24 厘米】、宽度为【6.35 厘米】，设置完毕后调整图片的位置使其如图 18-78 所示。

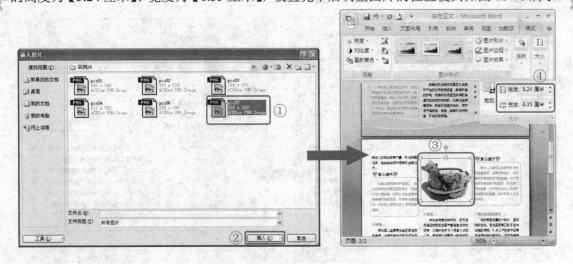

图 18-78　插入图片并调整大小和位置

步骤30　选择【插入】选项卡，然后在【页眉和页脚】功能区中单击【页眉】按钮，在弹出的列表中选择【编辑页眉】选项，进入页眉和页脚编辑区，如图 18-79 所示。

步骤31　将奇数页页眉中的矩形复制一个到偶数页页眉中，并设置对齐方式，使其与文档重合，如图 18-80 所示。

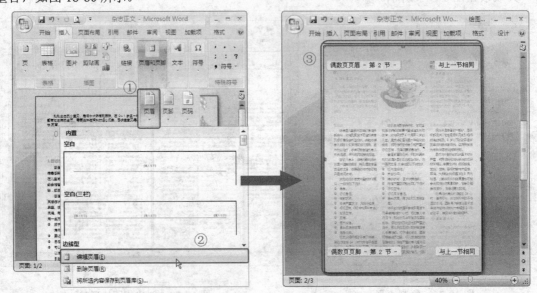

图 18-79　编辑页眉　　　　　　　　　　图 18-80　复制矩形至偶数页页眉中

步骤32　将奇数页页脚中的两个任意多边形复制到偶数页页脚中，然后在【绘图工具格式】选项卡的【旋转】功能区中设置为【水平翻转】，调整多边形的位置，如图 18-81 所示。

步骤33　在【页眉和页脚工具设计】选项卡的【关闭】功能区中单击【关闭页眉和页脚】按钮，退出页眉和页脚编辑区，如图 18-82 所示。

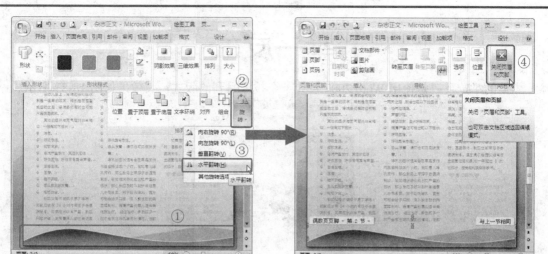

图 18-81　复制图形并设置水平翻转　　　　图 18-82　退出页眉和页脚编辑区

步骤34　按<Ctrl>+<S>快捷键保存文档，杂志正文设置完毕。

18.3 实例总结

本实例主要介绍了在 Word 文档中对杂志目录和杂志正文进行排版的方法，通过本实例的学习，需要重点掌握以下几个方面的内容。

● 　页面的设置，包括设置纸张大小和页边距的方法。

● 　图片的插入和设置，主要包括图片大小和样式的设置。

● 　形状的绘制，主要包括形状填充效果和填充轮廓的设置。

● 　任意多边形的创建，包括创建的方法和形状的调整。

● 　文本框的创建，包括文本框形状填充效果和填充轮廓的设置。

● 　文本的输入，包括文本格式和项目符号的设置。

举一反三

本篇的举一反三是使用 Word 2007 设计一个技术月刊的版式，其效果如图 18-83 所示。

图 18-83　技术月刊版式效果

分析及提示

本页面的组成分析和绘制提示如下。

● 页面设置页面大小为【21.59 厘米×27.94 厘米】，页边距都为【0.63 厘米】。

● 任意多边形的高度为【4.11 厘米】、宽度为【15.4 厘米】，如图 18-84 所示。

● 任意多边形的填充颜色为渐变双色填充，如图 18-85 所示。

● 文本的字体都为幼圆，字体颜色分别为【黑色】、【粉红】和【浅黄】。

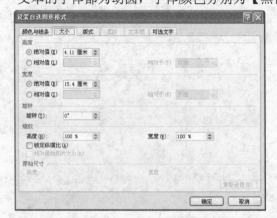

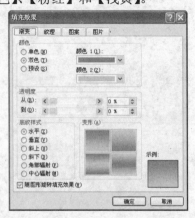

图 18-84　任意多边形的高度和宽度　　　　图 18-85　任意多边形的渐变效果

第4篇

我的地盘　个人篇

　　前面讲解了 Word 2007 在行政办公、商务活动和排版方面的使用，而对于个人来讲，使用 Word 2007 还可以制作与个人生活息息相关的一些贺卡、日历、个人食谱等文档。在编辑个人文档中不仅可以享受 Word 所带来的简便、美观、实用等特点，而且可以更加深入的熟悉文档的操作技巧，开拓设计和创意的思路，从而对软件的运用水平提升到一个更高的水平。

本篇导读

Let 's go

实例 19　星座日历

　　自己动手做新年的日历，可以设计日历的风格创建具有个性化的新年日历，同时也可以在日历中加入喜欢的图片、文本或者其他内容。本实例就使用 Word 2007 创建一个 2009 年的星座日历。

19.1　实例分析

　　本实例是结合黄道十二星座的图片和故事创建 2009 年的日历，其完成后的效果如图 19-1 所示。

图 19-1　星座日历的预览效果

19.1.1 设计思路

本实例主要由 12 个页面组成, 也就是以月历的方式进行制作, 在版式上"1"、"3"、...、"11"等单月的页面版式设置都相同, "2"、"4"、...、"12"等双月的页面版式设置都相同, 所以在主要对第一和第二页的创建进行讲解, 其他各页面参考这两页的方法完成即可。

本实例的基本设计思路为: 新建文档→创建表格设置月历→插入艺术字创建年份时间→插入图片和文本框描述星座故事→结束。

19.1.2 涉及的知识点

日历实例中页面主要是由表格、文本框、艺术字、图片等内容组成表格和艺术字, 用于设置年份和月历, 图片和文本框则主要是星座的图片和故事介绍。

在星座月历的制作过程中主要用到了以下方面的知识点:
- ◇ 纸张大小和方向的设置
- ◇ 页边距的设置
- ◇ 表格的创建和设置
- ◇ 图片的插入和设置
- ◇ 艺术字的插入和设置
- ◇ 表格中文本的输入和设置
- ◇ 文档缩进和对齐网格的设置

重点知识

19.2 实例操作

本节就根据前面所分析的设计思路和知识点, 使用 Word 2007 对星座日历的制作步骤进行详细的讲解。

19.2.1 创建一月份月历页面

创建全年的日历, 首先应该将页面增加到 12 个, 然后在分别进行设置, 其具体的操作步骤如下。

步骤1 新建一个空白 Word 文档, 然后选择【页面布局】选项卡, 在【页面设置】功能区中单击【纸张大小】按钮, 并在列表中选择【A4(21×29.7cm)】选项, 如图 19-2 所示。

步骤2 在【页面设置】功能区中单击【纸张方向】按钮, 并在弹出的列表中选择【横向】选项, 如图 19-3 所示。

步骤3 在【页面设置】功能区中单击【页边距】, 并在弹出的列表中选择【窄】选项, 如

图 19-4 所示。

步骤4 在【页面背景】功能区中单击【页面颜色】按钮，在列表中选择【填充颜色】选项，打开【填充效果】对话框，如图 19-5 所示。

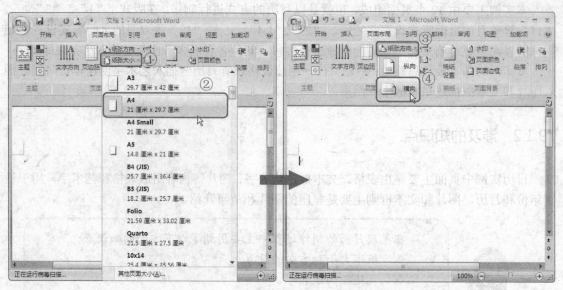

图 19-2 设置纸张大小	图 19-3 设置纸张方向

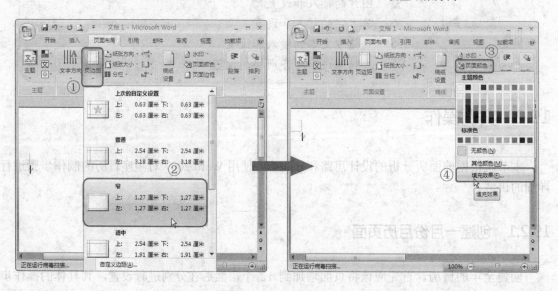

图 19-4 设置页边距	图 19-5 打开【填充效果】对话框

步骤5 在【填充效果】对话框中选择【图片】选项卡，然后单击【选择图片】按钮打开【选择图片】对话框，在对话框中选择路径为"Word 经典应用实例\第 4 篇\实例 19"文件夹中的"bg.png"图片文件，如图 19-6 所示。

步骤6 单击【插入】按钮，插入图片，返回【填充效果】对话框中，单击【确定】按钮即可设置页面的背景图片，如图 19-7 所示。

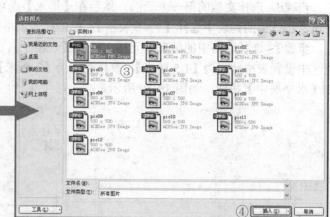

图 19-6　插入背景图片

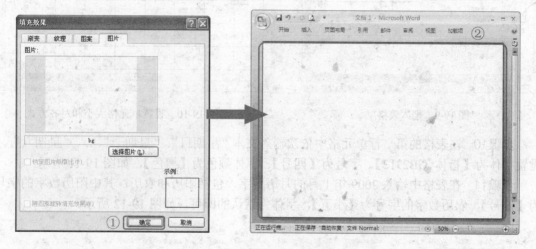

图 19-7　设置页面的背景图片

步骤7　在【插入】选项卡的【页】功能区中单击【分页】按钮 11 次，将文档页面设置为 12 个，如图 19-8 所示。

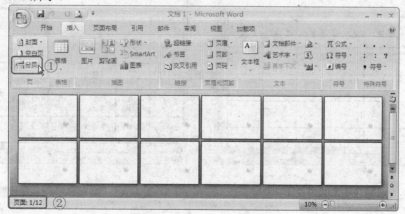

图 19-8　创建 12 个文档页面

步骤8 选择文档的第一个页面，然后在【插入】选项卡的【表格】功能区中单击【表格】按钮，在弹出的列表中选择【7×6 表格】，单击插入表格，如图 19-9 所示。

步骤9 选择表格中的所有单元格，选择【表格工具布局】选项卡，在【单元格大小】功能区中设置表格行高为【1.5 厘米】、表格列宽为【2 厘米】，然后在【对齐方式】功能区中单击 ☰【水平居中】按钮，如图 19-10 所示。

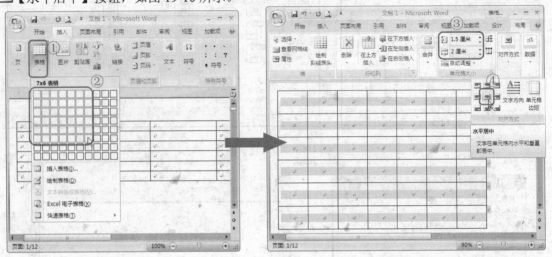

图 19-9　插入表格　　　　　　　　　图 19-10　设置单元格大小和对齐方式

步骤10 在表格的第一行单元格中依次输入文本"星期日"、"星期一"、...、"星期六"，并设置字体为【楷体_GB2312】、字号为【四号】、字体颜色为【黑色】，如图 19-11 所示。

步骤11 在表格中输入 2009 年 1 月的月历数字，包括阳历和农历，其中阳历数字的字号为【四号】，农历数字的字号为【小五】，字体为默认的即可，如图 19-12 所示。

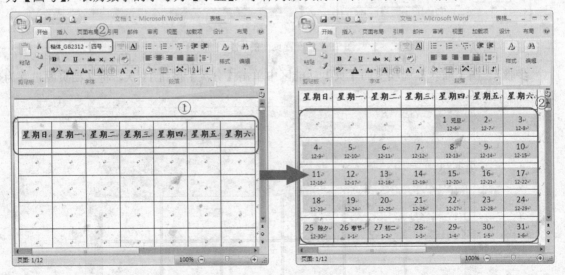

图 19-11　输入文本并设置字体格式　　　图 19-12　输入月历数字并设置字号

步骤12 对单元格中，对表示星期日天数、农历节日的阳历数字的字体颜色都设置为【红色】，如图 19-13 所示。

步骤13　选择整个表格，然后在【表格工具布局】选项卡的【表】功能区中单击【属性】按钮，打开【表格属性】对话框，如图 19-14 所示。

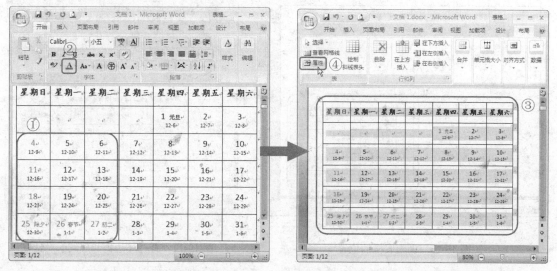

图 19-13　设置字体颜色　　　　　　　　图 19-14　打开【表格属性】对话框

步骤14　在对话框的【表格】选项卡中设置文字环绕为【环绕】，然后单击【定位】按钮，打开【表格定位】对话框。

步骤15　在对话框中设置水平位置为相对于【页边距】的【右侧】，垂直位置为相对于【页边距】的【底端】，设置完毕单击【确定】按钮，返回【表格属性】对话框，如图 19-15 所示。

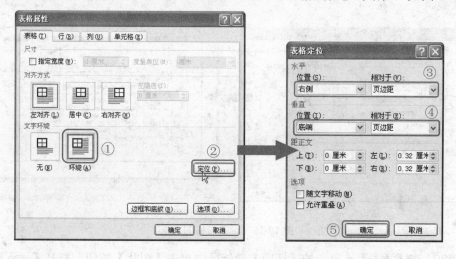

图 19-15　定位表格的位置

步骤16　在【表格属性】对话框中直接单击【确定】按钮即可设置表格的位置，如图 19-16 所示。

步骤17　在【表格工具设计】选项卡中单击【边框】按钮，在弹出的列表中选择【边框和底纹】选项，打开【边框和底纹】对话框，如图 19-17 所示。

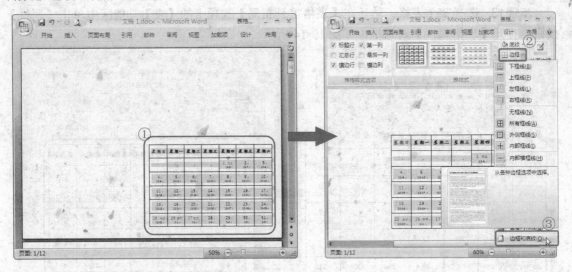

图 19-16　调整表格的位置　　　　　　　　　图 19-17　打开【边框和底纹】对话框

步骤18　在打开的【边框和底纹】对话框中选择【边框】选项卡，在【设置】项中先单击【全部】选项，然后选择边框的线条样式，并在预览图的左侧依次单击🗀、🗀、🗀和🗀按钮。

步骤19　设置完毕单击【确定】按钮即可完成表格的边框显示，如图 19-18 所示。

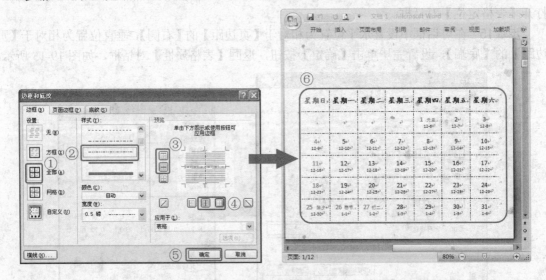

图 19-18　设置表格的边框

步骤20　在【插入】选项卡的【插图】功能区中单击【图片】按钮，打开【插入图片】对话框，然后在对话框的【查找范围】下拉列表中，选择路径为"Word 经典应用实例\第 4 篇\实例 19"文件夹中的"pic01.jpg"图片文件，单击【插入】按钮插入图片，如图 19-19 所示。

步骤21　选择所插入图片，在【图片工具格式】选项卡的【排列】功能区中单击【文字环绕】按钮，在弹出的列表中选择【浮于文字上方】选项，如图 19-20 所示。

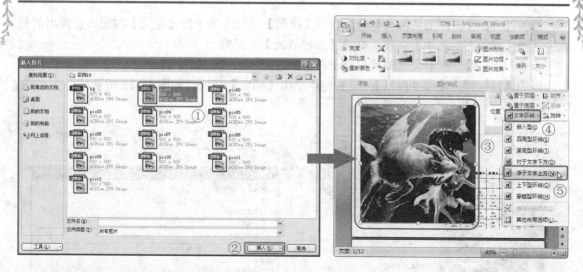

图 19-19　插入图片　　　　　　　　图 19-20　设置图片的文字环绕

步骤22　在【图片工具格式】选项卡的【大小】功能区中调整图片的高度和宽度均为【13厘米】，然后在【图片样式】功能区中选择【柔化边缘矩形】选项对图片边缘进行柔化，如图19-21 所示。

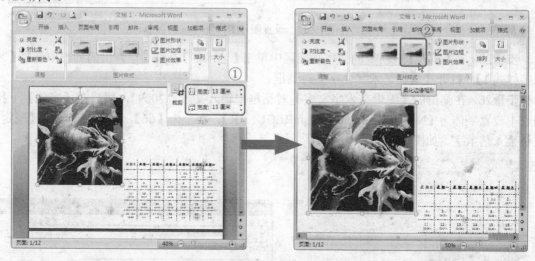

图 19-21　设置图片的大小和样式

操作技巧

　　在【图片工具格式】选项卡的【图片样式】功能区中选择【柔化边缘矩形】选项可以设置图片边缘的柔化效果，如果需要具体的设置柔化值，可以在【图片样式】功能区中单击【图片效果】按钮，然后在弹出的列表中选择【柔化边缘】选项，在子列表中选择柔化边缘的具体值。

步骤23 在【图片工具格式】选项卡的【排列】功能区中单击【位置】按钮，在弹出的列表中选择【其他布局选项】选项，打开【高级版式】对话框。

步骤24 在对话框中设置图片相对于右侧页边距的水平位置为【-0.8 厘米】，相对于下侧页边距的垂直位置为【-0.8 厘米】，设置完毕单击【确定】按钮，如图 19-22 所示。

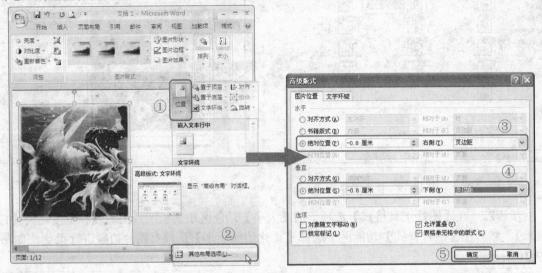

图 19-22　设置图片的位置

步骤25 在【插入】选项卡的文本功能区中单击【艺术字】按钮，在弹出的列表中选择【艺术字样式 1】，打开【编辑艺术字文字】对话框。

步骤26 在弹出的【编辑艺术字文字】对话框中输入文本"2009"，然后在【字体】下拉列表中设置字体为【NokianvirallinenkirjasinREGULAR】、字号为【66】，设置完毕单击【确定】按钮插入艺术字，如图 19-23 所示。

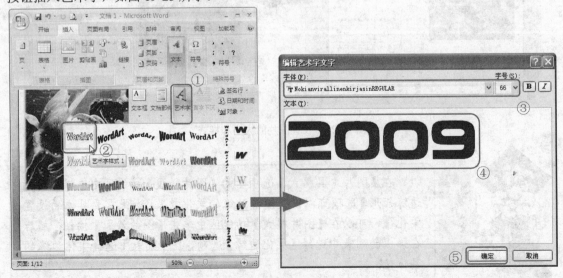

图 19-23　插入艺术字

步骤27　选择所插入的艺术字，然后在【艺术字工具格式】选项卡的【排列】功能区中单击【文字环绕】按钮，在弹出的列表中选择【浮于文字上方】选项，如图 19-24 所示。

步骤28　在【艺术字样式】功能区中单击 ⟐ 【形状轮廓】按钮，在弹出的列表中选择【无轮廓】选项，设置艺术字的轮廓，如图 19-25 所示。

図 19-24　设置艺术字环绕方式　　　　　　図 19-25　设置艺术字轮廓

步骤29　在【艺术字样式】功能区中单击 ⟐ 【形状填充】按钮，在弹出的列表中依次选择【纹理】、【信纸】选项，设置艺术字的填充效果，如图 19-26 所示。

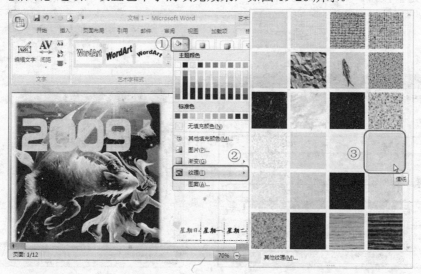

図 19-26　设置艺术字的填充效果

步骤30　选择所设置的艺术字，在【艺术字工具格式】选项卡的【三维效果】功能区中单击【三维效果】按钮，在弹出的列表中选择【三维样式 14】选项，然后在【三维效果】功能区中单击 ⟐【下俯】、⟐【上翘】、⟐【左偏】或者 ⟐【右偏】按钮微调艺术字的三维效果，使其如图 19-27 所示。

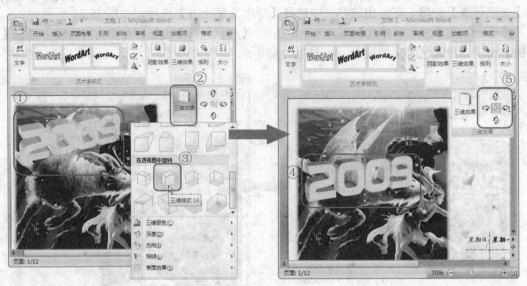

图 19-27　设置艺术字的三维效果

步骤31　在【艺术字工具格式】选项卡的【排列】功能区中单击【位置】按钮，在弹出的列表中选择【其他布局选项】选项，打开【高级版式】对话框，在对话框中设置艺术字相对于右侧页边距的水平位置为【-0.3 厘米】，相对于下侧页边距的垂直位置为【12.5 厘米】，设置完毕单击【确定】按钮，如图 19-28 所示。

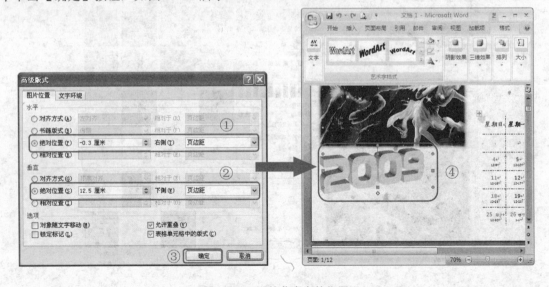

图 19-28　调整艺术字的位置

步骤32　在【插入】选项卡的【形状】功能区中单击【形状】按钮，在弹出的列表中选择【圆角矩形】选项，在文档中绘制一个圆角矩形，如图 19-29 所示。

步骤33　选择所绘制的圆角矩形，在【绘图工具格式】选项卡的【形状样式】功能区中设置【复合型轮廓-深】样式，然后在【大小】功能区中高度为【4.84 厘米】、宽度为【3.86 厘米】，如图 19-30 所示。

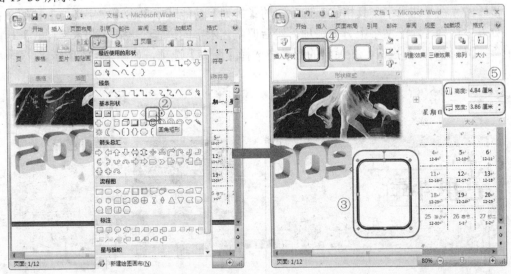

図 19-29　绘制圆角矩形　　　　　　　図 19-30　设置圆角矩形的形状样式和大小

　　步骤34　在形状样式功能区中单击 ━ 【形状填充】按钮，在弹出的列表中选择【茶色，背景 2】选项，设置圆角矩形的填充颜色，如图 19-31 所示。

　　步骤35　在圆角矩形上单击鼠标右键，在弹出的快捷菜单中选择【添加文字】命令，在圆角矩形中输入月份的文本"1"，并设置字体为【Impact】、字号为【96】、字体颜色为【红色】，如图 19-32 所示。

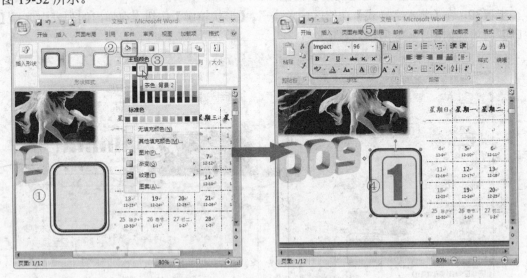

図 19-31　设置圆角矩形的填充颜色　　　　　図 19-32　输入文本并设置文本格式

　　步骤36　在【插入】选项卡的文本功能区中单击【艺术字】按钮，在列表中选择【艺术字样式 1】，打开【编辑艺术字文字】对话框，然后在对话框输入文本"乙丑 牛年"，设置字体为

【汉鼎繁特粗宋】、字号为【36】，并将字体加粗显示，设置完毕单击【确定】按钮，插入艺术字，如图 19-33 所示。

步骤37 在【艺术字工具格式】选项卡的【排列】功能区中单击【文字环绕】按钮，在弹出的列表中选择【浮于文字上方】选项，然后调整艺术字的位置，并在【艺术字样式】功能区单击 【形状填充】按钮，在弹出的列表中选择【图案】选项，如图 19-34 所示。

图 19-33　插入艺术字　　　　　　　图 19-34　打开【填充效果】对话框

步骤38 在打开的【填充效果】对话框中选择【渐变】选项卡，点选【预设】单选钮，然后在预设颜色下拉列表中选择【熊熊火焰】选项，设置底纹样式为【水平】，并在右侧选择第四个变形效果，设置完毕单击【确定】按钮，如图 19-35 所示。

步骤39 在【艺术字样式】功能区中单击 【形状轮廓】按钮，在弹出的列表中选择【无轮廓】选项，如图 19-36 所示。

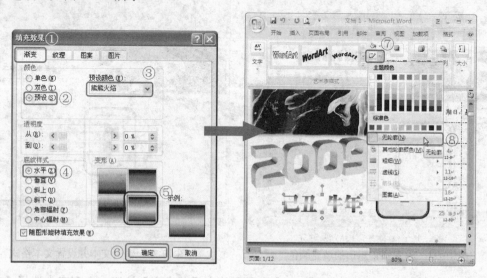

图 19-35　设置艺术字填充效果　　　　图 19-36　设置艺术字轮廓

步骤40 在【阴影效果】功能区中单击【阴影效果】按钮，在弹出的下拉列表中选择【阴影样式18】，然后调整艺术字的位置，使其如图19-37所示。

步骤41 在【插入】选项卡的【文本】功能区中单击【文本框】按钮，在弹出的列表中选择【绘制文本框】选项，在文档中绘制一个文本框，如图19-38所示。

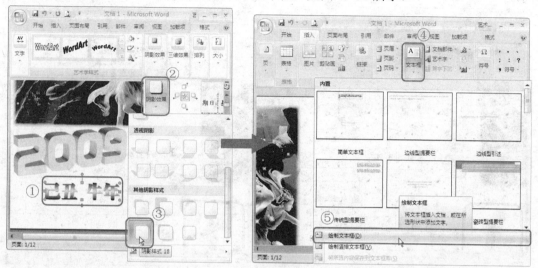

图 19-37 设置艺术字的阴影样式   图 19-38 绘制文本框

步骤42 在【文本框工具格式】选项卡的【文本框样式】功能区中设置为【无填充颜色】和【无轮廓】，然后在文本框中输入摩羯座的故事传说文本，并设置字体为【微软雅黑】、字号为【六号】、字体颜色为【茶色，背景2，深色50%】，调整文本框的位置使其如图19-39所示。

步骤43 在【插入】选项卡的【文本】功能区中单击【艺术字】按钮，在列表中选择【艺术字样式1】，打开【编辑艺术字文字】对话框，然后在对话框中输入文本"摩羯座"，设置字体为【汉仪娃娃篆简】、字号为【36】，设置完毕单击【确定】按钮，如图19-40所示。

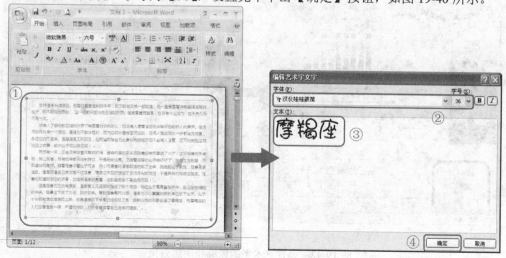

图 19-39 输入文本并设置文本格式   图 19-40 插入艺术字

步骤44 在【艺术字工具格式】选项卡的【排列】功能区中单击【文字环绕】按钮，在弹出的列表中选择【浮于文字上方】选项，然后在【艺术字样式】功能区中单击 🎨 【形状填充】按钮，在弹出的列表中选择【茶色，背景 2，深色 10%】选项，更改艺术字的颜色，如图 19-41 所示。

图 19-41　设置艺术字的环绕方式和填充颜色

步骤45 在【艺术字样式】功能区中单击 🖊 【形状轮廓】按钮，在弹出的列表中选择【无轮廓】选项，然后在【阴影效果】功能区中单击【阴影效果】按钮，在弹出的下拉列表中选择【阴影样式 18】，然后调整艺术字的位置，使其如图 19-42 所示。

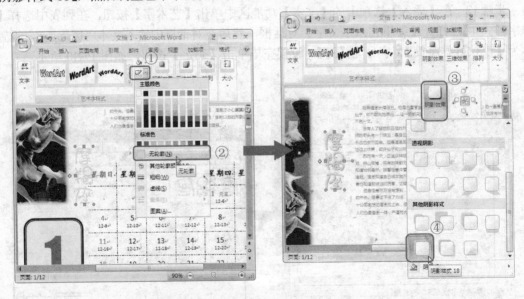

图 19-42　设置艺术字的轮廓和阴影效果

步骤46 按<Ctrl>+<S>快捷键保存文档，在弹出的【另存为】对话框中选择保存路径，在

【文件名】文本框中输入文件名称，然后单击【保存】按钮保存文档，如图 19-43 所示。

图 19-43　保存文档

步骤47　一月份月历就创建完毕，其预览效果如图 19-44 所示。

图 19-44　一月份月历预览效果

19.2.2　创建二月份月历页面

二月份月历中所包含的内容同月份月历中所包含的内容相似，但是在版式上稍有不同，创建二月份月历，具体的操作步骤如下。

步骤1　在文档中选择第二个页面，然后根据前面介绍的方法创建一个二月份月历的表格，并调整表格的位置使其位于页面的左下方，如图 19-45 所示。

步骤2　创建一个文本框，并在文本框中输入月份"2"，字体格式同一月份的格式相同，然后调整文本框的位置使其位于表格的右侧，如图 19-46 所示。

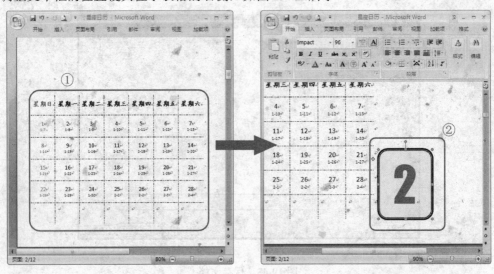

图 19-45　插入月历表格　　　　　　　图 19-46　在文本框中输入月份文本

步骤3　按照前面相同的方法创建一个文本为 "2009" 的艺术字，并在【艺术字工具格式】选项卡的【三维效果】功能区中单击【三维效果】按钮，在弹出的列表中选择【三维样式 13】选项，然后在【三维效果】功能区中单击 ↻【下俯】、↺【上翘】、▷【左偏】或者▷【右偏】按钮微调艺术字的三维效果，并调整位置使其如图 19-47 所示。

步骤4　将一月份月历页面中的 "己丑　牛年" 和 "摩羯座" 艺术字，复制到二月份月历页面中，并调整 "己丑　牛年" 艺术字的位置使其位于 "2009" 艺术字的下方，然后将 "摩羯座" 艺术字的文本改为 "水瓶座"，并调整其位置，使其如图 19-48 所示。

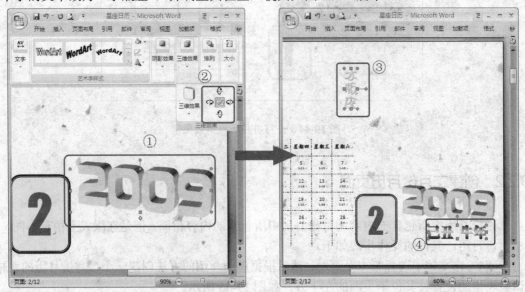

图 19-47　设置艺术字的三维效果　　　　　图 19-48　复制艺术字并进行设置

步骤5 在【文本框工具格式】选项卡的【文本框样式】功能区中设置文本框为【无填充颜色】和【无轮廓】，然后在文本框中输入水瓶座的故事传说文本，并设置字体为【宋体】、字号为【六号】、字体颜色为【茶色，背景2，深色50%】，调整文本框的位置使其位于文档的左上方，如图19-49所示。

步骤6 打开【插入图片】对话框，在对话框中选择路径为"Word 经典应用实例\第4篇\实例19"文件夹中的"pic02.jpg"图片文件，单击【插入】按钮插入图片，如图19-50所示。

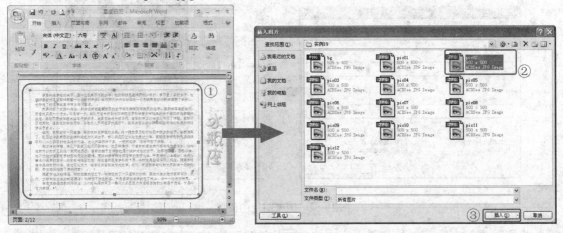

图 19-49 输入文本并设置文本格式　　　　　图 19-50 插入图片

步骤7 选择所插入图片，在【图片工具格式】选项卡的【排列】功能区中单击【文字环绕】按钮，在弹出的列表中选择【浮于文字上方】选项，然后在【图片工具格式】选项卡的【大小】功能区中调整图片的宽度设置为【13厘米】，并在【图片样式】功能区中选择【柔化边缘矩形】选项对图片边缘进行柔化，如图19-51所示。

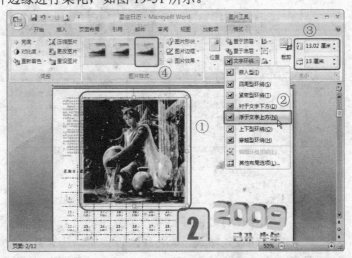

图 19-51 调整图片的格式

步骤8 在【图片工具格式】选项卡的【排列】功能区中单击【位置】按钮，在弹出的列表中选择【其他布局选项】选项，打开【高级版式】对话框，在对话框中设置图片相对于右侧

页边距的水平位置为【15 厘米】，相对于下侧页边距的垂直位置为【-0.8 厘米】，设置完毕单击
【确定】按钮，如图 19-52 所示。

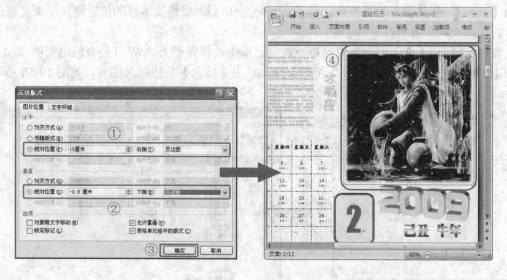

图 19-52　调整图片的位置

步骤9　按<Ctrl>+<S>快捷键保存文档，二月份月历就创建完毕，其效果如图 19-53 所示。

图 19-53　二月份月历预览效果

操作技巧

　　其他月份的文档可参考一二月份的进行制作，其中单数月份的参
考二月份的版式格式，双数月份的参考二月份页面的版式格式，各个
星座的图片素材位于"Word 经典应用实例\第 4 篇\实例 19"文件夹
中，在制作各页面时只需要按照图片顺序插入，并且对各星座相应的
艺术字文本进行更改即可。

操作技巧　在输入各星座的传说故事文本时，如果文本内容太长而导致文本框高度或者宽度太大，可以在【页面布局】选项卡的【段落】功能区中单击【段落】按钮，打开【段落】对话框，在对话框中选择【缩进和间距】选项卡，然后取消对【如果定义了文档网格，则自动调整右缩进】复选框和【如果定义了文档网格，则对齐到网格】复选框的勾选，从而缩小段落的缩进和间距，如图 19-54 所示。

图 19-54　设置缩进和间距

19.3　实例总结

　　本实例主要介绍了在 Word 文档中创建星座日历方法，通过本实例的学习，需要重点掌握以下的几个方面的内容。

- 页面的设置，包括设置纸张大小、纸张方向和页边距的方法。
- 图片的插入和设置，主要包括图片大小和样式的设置。
- 形状的绘制，主要包括形状填充效果和填充轮廓的设置。
- 艺术字的创建和设置，包括艺术字样式和艺术字格式文本的设置。
- 文本框的创建，包括文本框形状填充效果和填充轮廓的设置。
- 表格的创建，包括行高列宽的调整、对齐方式、边框和底纹的设置方法。

实例 20 家庭健康菜谱

随着生活水平的不断提高，健康和营养的家庭膳食已经被越来越多的家庭所接受，各种制作健康营养菜谱的书籍也越来越多。对于个人而言，可以通过家人的口味和饮食习惯对膳食的安排进行划分和记录。本实例就使用 Word 2007 对家庭健康菜谱进行创建。

20.1 实例分析

本实例是创建家庭营养健康菜谱，对几种常见菜的制作方法进行了介绍，其完成后的效果如图 20-1 所示。

图 20-1 家庭营养健康菜谱的预览效果

20.1.1 设计思路

对于家庭菜谱的版面制作和颜色搭配比较随意，各位读者可以根据自己不同的喜好进行定义，本实例中主要是通过创建圆角矩形和圆形对菜谱的相关文本进行输入，同时对所创建的图形和插入的图片进行阴影效果的设置，以达到特殊的视觉效果。

家庭健康菜谱文档制作的基本设计思路为：设置页面→插入图片并设置图片阴影→插入形状并设置阴影→插入文本框并设置字体格式→在形状中添加文本并设置字体格式→结束。

20.1.2　涉及的知识点

在家庭健康菜谱实例的创建中通过设置阴影参数创建了图片和形状的特殊阴影效果，并且对缩进和间距进行了设置。

在家庭健康菜谱的制作中主要用到了以下方面的知识点：
◇　页面大小和页边距的设置
◇　对页面边框进行设置
◇　形状的插入和设置
◇　图片的插入和设置
◇　文本框的插入和设置
◇　文本格式的编辑和设置
◇　阴影效果的设置

20.2　实例操作

本节就根据前面所分析的设计思路和知识点，使用 Word 2007 对家庭健康菜谱实例的制作步骤进行详细的讲解。

步骤1　在 Word 2007 中按<Ctrl>+<N>快捷键新建一个空白 Word 文档，然后选择【页面布局】选项卡，在【页面设置】功能区中单击【纸张大小】按钮，并在列表中选择【A4（21×29.7cm）】选项，设置纸张的大小，如图 20-2 所示。

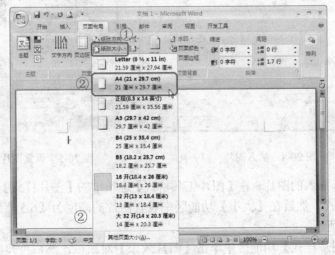

图 20-2　设置纸张大小

步骤2　在【页面布局】选项卡的【页面背景】功能区中单击【页面边框】按钮打开【边框和底纹】对话框，在对话框中选择【页面边框】选项卡，然后在【样式】列表框中选择曲线样式，并设置颜色为【橙色】。设置完毕单击【确定】按钮，其效果如图 20-3 所示。

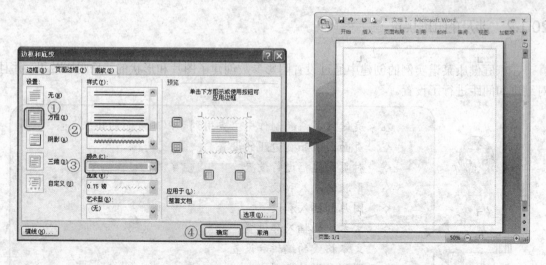

图20-3 设置页面边框效果

步骤3 在【插入】选项卡的【插图】功能区中单击【图片】按钮，打开【插入图片】对话框，选择路径为"Word经典应用实例\第4篇\实例20"文件夹中的"pic01.png"图片文件，单击【插入】按钮插入图片，如图20-4所示。

步骤4 使用鼠标右键分别单击所插入的两个图片，在弹出的菜单中选择【文字环绕】→【浮于文字上方】命令，设置图片的文字环绕，如图20-5所示。

图20-4 插入图片　　　　图20-5 设置图片的环绕方式

步骤5 选择所插入的图片，在【图片工具格式】选项卡的【图片样式】功能区中选择【简单框架，白色】样式，然后在【大小】功能区中设置图片的高度为【6.5厘米】、宽度为【5.25厘米】，如图20-6所示。

步骤6 在【图片样式】功能区中单击【图片效果】对话框，然后再弹出的列表中依次选择【预设】、【无】选项，如图20-7所示。

步骤7 在【图片样式】功能区中再次单击【图片效果】对话框，在弹出的列表中依次选择【阴影】、【右下斜偏移】选项，如图20-8所示。

步骤8 在所设置的图片上单击鼠标右键，在弹出的快捷菜单中选择【设置图片格式】命令，打开【设置图片格式】对话框，在对话框左侧选择【阴影】选项，然后在右侧设置阴影的距离为【5 磅】，如图 20-9 所示。

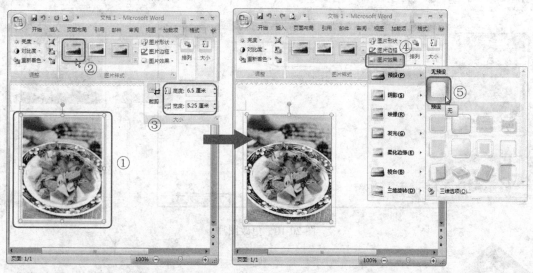

图 20-6 设置图片的样式和大小　　　　　图 20-7 设置图片效果

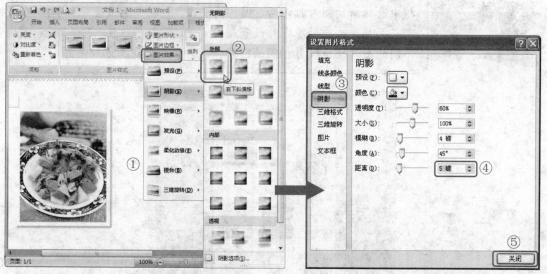

图 20-8 设置图片的阴影效果　　　　　图 20-9 设置阴影的距离

步骤9 按住<Ctrl>键拖动图片将其复制一个，然后选择复制后的图片，在【图片工具格式】选项卡的【调整】功能区中单击【更改图片】按钮，打开【插入图片】对话框。

步骤10 在对话框中选择路径为"Word 经典应用实例\第 4 篇\实例 20"文件夹中的"pic02.png"图片文件，单击【插入】按钮即可更改图片，如图 20-10 所示。

步骤11 采用同样的方法将文档中已经更改的图片再复制三个，然后打开【插入图片】对话框分别将所复制的图片更改为"Word 经典应用实例\第 4 篇\实例 20"文件夹中的"pic03.png"、"pic04.png"和"pic05.png"图片文件，并分别调整五个图片的位置，使其如图 20-11 所示。

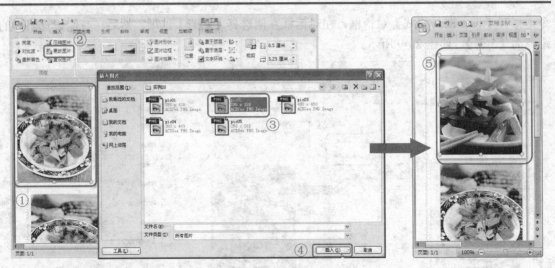

图 20-10　更改图片

　　　　在操作中可以看到，选择所复制的图片然后在【图片工具格式】选项卡的【调整】功能区中单击【更改图片】按钮，在打开的对话框中选择新的图片插入后，图片的设置，包括阴影设置、大小比例都与图片更改前的原图片设置相同。通过这样的方法，可以对多个不同的图片快速设置相同的图片样式，从而提高工作效率。

操作技巧

图 20-11　更改图片并调整图片位置

　　步骤12　在【插入】选项卡的【插图】功能区中单击【形状】按钮，在弹出的列表中选择【圆角矩形】选项，在编辑区中绘制一个圆角矩形，如图 20-12 所示。

　　步骤13　选择所绘制的圆角矩形，在【绘图工具格式】选项卡的【大小】功能区中设置其高度为【4.6 厘米】、宽度为【7 厘米】，如图 20-13 所示。

　　步骤14　在【形状样式】功能区中设置形状填充颜色的 RGB 值分别为"255"、"193"、

"224"，形状轮廓颜色的 RGB 值分别为"255"、"102"、"153"，然后调整圆角矩形的叠放次序使其位于底层，并调整位置使其如图 20-14 所示。

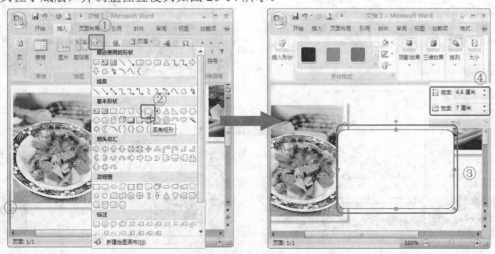

图 20-12 插入圆角矩形 　　　　　　图 20-13 设置圆角矩形的大小

步骤15 在圆角矩形上单击鼠标右键，在弹出的快捷菜单中选择【添加文字】命令，在圆角矩形中输入制作菜肴的文本，并设置字体为【微软雅黑】、字号为【小五】、字体颜色分别为【粉红】和【黑色】，然后设置【首行缩进】和【悬挂缩进】的值都为【2】，如图 20-15 所示。

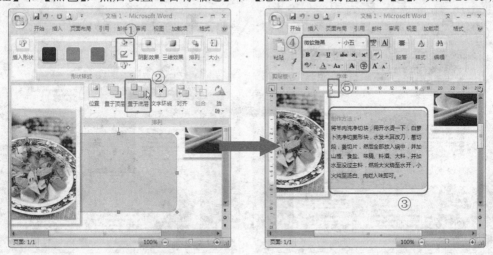

图 20-14 设置形状样式和叠放次序 　　　图 20-15 输入文本并设置文本格式

步骤16 再绘制一个圆角矩形，在【形状样式】功能区中设置形状填充为【无填充】，形状轮廓颜色的 RGB 值分别为"255"、"102"、"153"，如图 20-16 所示。

步骤17 将所创建的圆角矩形再复制三个，然后分别放置在相关的食谱图片旁，并根据图片大小分别调整四个圆角矩形的高度和宽度，如图 20-17 所示。

步骤18 分别在四个圆角矩形上单击鼠标右键，在弹出的快捷菜单中选择【添加文字】命令，在圆角矩形中输入各菜肴的制作文本，并设置字体为【微软雅黑】、字号为【小五】或者

【六号】、字体颜色分别为【粉红】和【黑色】，如图 20-18 所示。

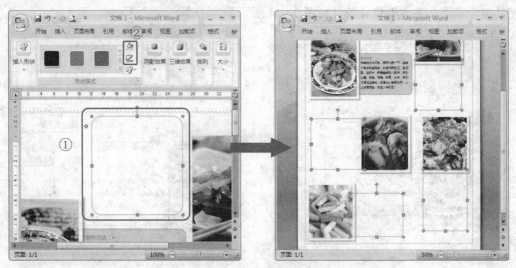

图 20-16　设置圆角矩形的形状样式　　　　图 20-17　调整四个圆角矩形的大小和位置

步骤19　依次选择各圆角矩形，然后在【文本框工具格式】选项卡的【排列】功能区中单击【置于底层】按钮，设置叠放次序都为【置于底层】，如图 20-19 所示。

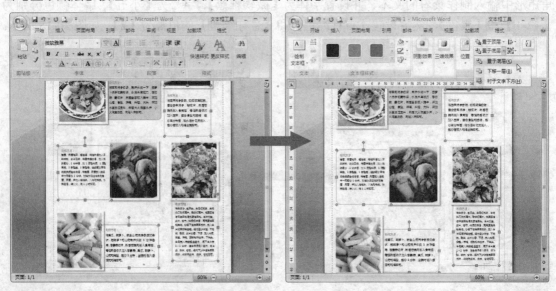

图 20-18　在圆角矩形中输入文本　　　　　图 20-19　设置圆角矩形的叠放次序

操作技巧

　　在圆角矩形文本框中，可根据所输入文本的多少调整字号的大小，如果所输入的内容很多导致文本不能全部显示，可以打开【段落】对话框，并选择【缩进和间距】选项卡，然后取消勾选【如果定义了文档网格，则自动调整右缩进】和【如果定义了文档网格，则对齐到网格】复选框，从而缩小段落的缩进和间距。

步骤20　在【插入】选项卡的【文本】功能区中单击【文本框】按钮，在弹出的列表中选择【绘制文本框】选项，在文档中绘制一个文本框。

步骤21　选择所绘制的文本框，在【文本框工具格式】选项卡的【文本框样式】功能区中设置文本框为【无填充颜色】和【无轮廓】，然后在文本框中输入文本"家庭营养健康菜谱"，并设置字体为【汉仪中圆简】、字号为【小初】、字体颜色为【粉红色】，如图 20-20 所示。

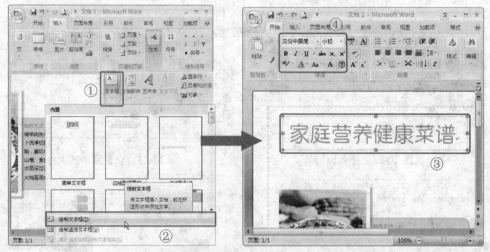

图 20-20　插入文本框并设置文本

步骤22　再插入一个文本框，并设置文本框样式为设置为【无填充颜色】和【无轮廓】，然后在文本框中输入文本"前五款"，并设置字体为【汉仪凌波体简】、字号为【小初】、字体颜色为【粉红色】，如图 20-21 所示。

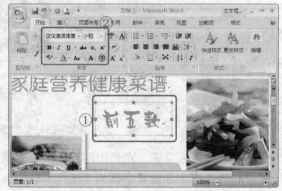

图 20-21　输入文本并设置文本格式

步骤23　在【插入】选项卡的【插图】功能区中单击【形状】按钮，在弹出的列表中选择【椭圆】选项，然后按住<Shift>键在编辑区中绘制一个圆形，如图 20-22 所示。

步骤24　选择所绘制的圆形，在【绘图工具格式】选项卡的【大小】功能区中设置其高度和宽度均为【3 厘米】，如图 20-23 所示。

步骤25　选择所绘制的圆形，在【阴影效果】功能区中单击【阴影效果】按钮，在弹出的下拉列表中选择【阴影样式 18】，如图 20-24 所示。

步骤26　将所设置的圆形再复制四个，然后分别调整各圆形的位置，如图 20-25 所示。

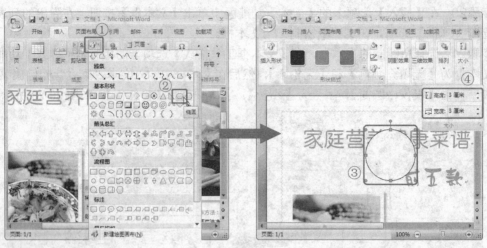

图 20-22 插入圆形　　　　　　　　图 20-23 设置圆形的大小

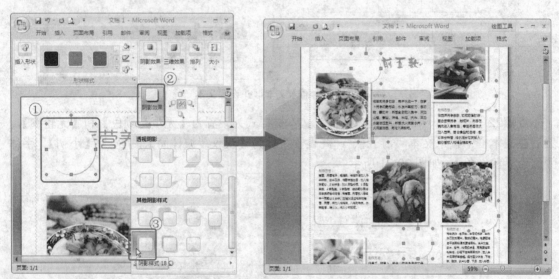

图 20-24 设置圆形的阴影　　　　　　图 20-25 复制圆形并调整位置

步骤27 分别在五个圆形上单击鼠标右键，在弹出的快捷菜单中选择【添加文字】命令，在圆角矩形中输入各菜所需原料的文本，并设置字体为【汉仪中圆简】、字号为【小五】、字体颜色为【粉红】。

操作技巧

　　在圆形中输入文本时，可以在标尺上通过减少首行缩进和增加右缩进对齐文本，使文本格式更加贴合圆形的形状，具体的操作可以根据字号的大小和圆形的高度和宽度进行不同的设置。

步骤28 绘制一个圆角矩形，在【形状样式】功能区中设置形状填充为【白色】，形状轮廓颜色的 RGB 值分别为【255】、【102】、【153】，设置其高度为【3.13 厘米】，如图 20-26 所示。

　　步骤29　将所创建的圆角矩形再复制四个，并分别在五个圆角矩形上添加菜名的文本，并设置字体为【汉仪中圆简】、字号为【五号】、字体颜色为【粉红】，然后分别调整各自的位置使其位于相应的菜肴图片上，如图 20-27 所示。

　　　　图 20-26　绘制圆角矩形　　　　　　　图 20-27　在各圆角矩形中添加文本

　　步骤30　按<Ctrl>+<S>快捷键保存文档，在弹出的【另存为】对话框中选择保存路径，在【文件名】文本框中输入文件名称，然后单击【保存】按钮保存文档，至此家庭健康菜谱就创建完毕。

20.3　实例总结

　　本实例主要介绍了在 Word 文档中创建家庭健康菜谱的方法，通过本实例的学习，需要重点掌握以下的几个方面的内容。

- 页面的设置，包括设置纸张大小和页边距的方法。
- 图片的插入和设置，主要包括图片大小和样式的设置。
- 文本框的创建，包括文本框形状填充效果和填充轮廓的设置。
- 形状的绘制，主要包括形状填充效果和填充轮廓的设置。
- 在形状中输入文本，包括文本的输入、格式和段落的设置。
- 图形阴影效果的设置，主要是特殊阴影效果的设置方法。

举一反三

本篇的举一反三是使用 Word 2007 创建一个贺卡，其效果如图 20-28 所示。

图 20-28　贺卡预览效果

分析及提示

本页面的组成分析和绘制提示如下。

- 页面设置页面大小为【18.2 厘米×25.7 厘米】，纸张方向为横向。
- 第一个页面中矩形的高度为【18.44 厘米】，宽度为【25.72 厘米】，如图 20-29 所示。
- 矩形的填充效果为图案填充，如图 20-30 所示。
- 艺术字的字体都为【Monotype Corsiva】。

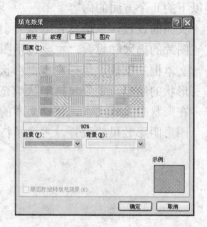

图 20-29　矩形的高度和宽度　　　　　　图 20-30　矩形的图案填充效果